青年植保与农业高质量发展

中国植物保护学会青年工作委员会
中国农业科学院博管会办公室
河北省农林科学院植物保护研究所
植物病虫害生物学国家重点实验室
组织编写

刘文德　王　贺　李建成　主编

中国农业科学技术出版社

图书在版编目（CIP）数据

青年植保与农业高质量发展 / 刘文德，王贺，李建成主编 .—北京：中国农业科学技术出版社，2018. 7
ISBN 978-7-5116-3761-1

Ⅰ. ①青… Ⅱ. ①刘…②王…③李… Ⅲ. ①植物保护-中国-文集②农业发展-中国-文集 Ⅳ. ①S4-53②F323-53

中国版本图书馆 CIP 数据核字（2018）第 140781 号

责任编辑 姚 欢
责任校对 贾海霞

出 版 者 中国农业科学技术出版社
北京市中关村南大街 12 号 邮编：100081
电 话 (010)82106636(编辑室) (010)82109702(发行部)
(010)82109709(读者服务部)
传 真 (010) 82106631
网 址 http://www.castp.cn
经 销 者 各地新华书店
印 刷 者 北京富泰印刷有限责任公司
开 本 787mm×1 092mm 1/16
印 张 14. 5
字 数 400 千字
版 次 2018 年 7 月第 1 版 2018 年 7 月第 1 次印刷
定 价 80. 00 元

《青年植保与农业高质量发展》

编委会

中国植物保护学会青年工作委员会
中国农业科学院博管会办公室
河北省农林科学院植物保护研究所
植物病虫害生物学国家重点实验室
组织编写

主　编：刘文德　王　贺　李建成

编　委：金雪婷　宁　云　李耀发　杜立新
郭庆港　周忠实　刘新刚　王大伟
刘　杨　朱　勋　刘永强

前　言

中国植物保护学会青年工作委员会自成立以来，结合青年植保科技工作者的特色，着眼于农业生产中的植保科学问题，集聚了一批扎根于生产与科研一线的植保青年才俊。由其主办的“全国青年植保科技创新学术研讨会”已历经十二届，是植保青年人才展现科研创新成果、交流学术思想、促进人才培养的重要平台。为了更好地展现我国青年植保科技工作者的新进展和新成果、促进交流与合作，定于2018年8月12—15日在河北省保定市举办第十三届全国青年植保科技创新学术研讨会。

本次会议由中国农业科学院植物保护研究所、中国植物保护学会青年工作委员会、植物病虫害生物学国家重点实验室、河北省植物保护学会共同主办，农业部华北北部作物有害生物综合治理重点实验室、河北省农林科学院植物保护研究所、河北农业大学植物保护学院、河北大学生命科学学院等单位联合承办。本次会议期间，将同时召开“全国植物保护博士后论坛”，由全国博士后管委会办公室、中国博士后科学基金会和中国农业科学院主办，中国农业科学院博士后联谊会植保所分会承办。

本次会议的主题为“青年植保与农业高质量发展”。习近平总书记在十九大报告中全面阐述了加快生态文明体制改革、推进绿色发展、建设美丽中国的战略部署。2017年中央农村工作会议明确了必须深化农业供给侧结构性改革，走质量兴农之路。农业高质量发展与绿色发展是京津冀协同发展的主色调，河北省委九届六次全会《关于全面推动高质量发展的决定》提出“要以供给侧结构性改革为主线，加快创新发展、绿色发展、高质量发展”。在此背景下，本次会议邀请国内植保领域院士、知名专家、优秀青年学者针对我国制约农业高质量发展中的短板与瓶颈问题开展高层次学术研讨，关注作物病虫草鼠害防治、不同地域农业协同发展、博士后群体成长与职业规划等话题，旨在促进国内青年植保科技工作者间的学术交流，扎实推进植保科技创新，努力践行植保科技“顶天立地”，更好地为我国农业高质量、绿色发展贡献力量。

同时，在“第十三届全国青年植保科技创新学术研讨会暨全国植物保护博士后论坛”召开之际，组委会经过精心组织策划，编制了《青年植保与农业高质量发展》论文集，集中展示了青年科技工作者的最新研究成果，论文集包括“新思路与新理论”和“新实践与新进展”两个版块：“新思路与新理论”突出介绍植物保护学科各方向或领域的国际前沿、展望研究动态，阐述学术观点、交流个人见解，展示青年植保科技工作者的活跃思想与卓越思路；“新实践与新进展”重点介绍相关研究团队已发表在有影响力的 SCI 杂志上的系统性创新研究成果，展示青年植保人的创新科研进展。

此论文集的编制过程中，得到了广大青年植保科技工作者的大力支持、积极投稿，在此表示感谢。由于时间仓促，编辑工作量大，编委会本着文责自负的原则对作者投文未作修改。错误之处，请读者批评指正！

编者

2018 年 7 月

目　录

新思路与新理论

新实践与新进展

新思路与新理论

植物生长过程中转录因子和 microRNA 介导的 *NLR* 抗病基因调控研究进展[*]

Transcription Factors and MicroRNA Mediated *NLR* Resistance Gene Regulatory Network during Plant Growth

刘　丹[**]，李　峰，邓颖天[***]
（华中农业大学园艺林学学院，武汉　430070）

植物生长发育和抗病性能是植物体生命活动中两大关键指标，人们常期望获得产品性状好产量高且具有较强抗病能力的超级作物。然而在实际遗传育种过程中，杂交整合不同的抗病资源促使抗病基因高量表达，导致所获得的抗病能力好的植株往往出现生长发育异常，产生植株生长缓慢、株型矮小、甚至生殖败育等性状（Yang and Hua，2004；Eichmann and Schafer，2015）。近年来，人们陆续发现多个植物内源 miRNAs 的靶基因均为抗病基因（Khalid et al.，2017；Islam et al.，2018），表明 miRNAs 能够特异地负调控抗病基因的表达。利用这一调控机制，可以有目的性地在植物特定生长发育时期调控抗病基因的表达，减小抗病蛋白对生长发育的抑制作用，从而维持植物生长发育与抗病能力之间的平衡（Deng et al.，2018a）。因此，研究植物生长过程中 miRNAs 介导的抗病基因的分子调控机理，对深入揭示生长发育与抗病性能在植物生命过程中的平衡关系具有重要的理论意义，同时对提高农作物育种产量也具有重要的应用价值。

1　miRNAs 靶定并调控植物 *NLR* 抗病基因

随着生物信息大数据时代的到来，越来越多的植物遗传信息被释放，人们发现基因组中约有 90%～95%的 DNA 可以转录生成 RNA，然而只有约 1%～2%的 DNA 序列最终编码生成蛋白质，表明非编码 RNA（non-coding RNA）对基因的表达调控极为重要（Tay et al.，2014）。非编码 RNA 种类繁多，其中 miRNAs 是最为重要的一类内源调节小分子 RNA。miRNA 长度为 21～24 个碱基，是由大小为 70～90 个碱基，且具有发卡结构的单链小分子 RNA 前体经 Dicer 酶和 AGO 蛋白加工后所生成（Chen，2005；Rogers and Chen，2013）。miRNA 通过与靶基因的序列互补造成靶基因的降解或翻译的阻断，从而作为负调控因子，在转录后水平和翻译水平上特异地调节靶基因的表达，对植物的生长发育与抗病功能起到重要的调控作用（Jin，2008；Li et al.，2010；Chen，2012；Tang and Chu，2017）。

---

* 基金项目：国家自然科学基因（31600984）

** 第一作者：刘丹，硕士研究生，主要从事 miRNA 介导的植物抗病机制研究；E-mail：1421295623@qq.com

*** 通信作者：邓颖天，副研究员，主要从事植物抗病性与生长发育研究；E-mail：dengyt@mail.hzau.edu.cn

在与病原物的长期斗争中，植物体自身进化出两层免疫屏障（Tsuda and Katagiri，2010）：第一层为基础免疫反应，是由病原相关的分子模式（Pathogen-associated molecular patterns，PAMPs）所触发的PTI（PAMP-triggered immunity）免疫反应；第二层即为植物*R*基因（Resistance gene）介导的ETI（effector-triggered immunity）免疫反应。根据蛋白结构，植物*R*基因编码的蛋白可以分为两种类型：NLR（NB-LRR receptor）类型和RLP/RLK（Receptor-like protein/kinase）类型。其中，NLR蛋白包含中间的NB（Nucleotide binding）结构域和C端的LRR（Leucine-rich repeat）结构域。根据蛋白N端的结构，NLR蛋白又进一步分为TNL（Toll/interleukin-1 receptor）和CNL（coiled-coil）两种亚类（Baker et al.，1997）。*NLR*基因作为植物体中最主要的抗病基因，CNL和TNL免疫受体在植物抵抗多种病原物的入侵过程都能起到关键的作用（Zhou and Yang，2016）。

近10年来，miRNA对*NLR*基因的调控作用也受到了广泛的关注。基因组范围的宏观检测发现，植物体中许多*NLR*基因都能直接被miRNA靶定（Deng et al.，2018a）。基于小分子RNA高通量测序和生物信息学分析，笔者前期从烟草、马铃薯和番茄等茄科植物中发现了10个miRNA家族和它们的*NLR*基因靶点（Li et al.，2012b）；最近又在烟草624个和番茄177个*NLR*基因中发现，分别有164个和87个*NLR*基因可以直接被miRNA靶定（Deng et al.，2018b）。在大豆中也发现，290个*CNL*基因和235个*TNL*基因中分别有178个和171个是miRNA的靶基因（Zhao et al.，2015a）。表明miRNA能够保守地对植物*NLR*基因进行转录后调控，miRNAs调控*NLR*基因的表达在植物界中是一个广泛存在的现象。

miR482（miR482/miR2118/miR1510）超家族广泛存在于植物界，它们都能够靶定NLR蛋白的P环（P loop）结构域，从而负调控*NLR*基因表达（Zhao et al.，2015b）。其中，miR472和miR482是最早被发现并实验证明能够靶定*NLR*基因的miRNA（Lu et al.，2005；Lu et al.，2007）。后来在蒺藜苜蓿、大豆和番茄中也陆续发现miR482/2118能够靶定*NLR*基因，并触发phasiRNA的产生（Jagadeeswaran et al.，2009；Zhai et al.，2011；Shivaprasad et al.，2012；Arikit et al.，2014）。在苹果中，MdmiRLn11能够靶定NL类型基因*MdNBS*，并在受到病原物侵染后表现为低抗的苹果品种中抑制*MdNBS*的表达，从而调控苹果MdNBS蛋白对叶斑病等病原物的抗性（Ma et al.，2014）。笔者课题组在研究工作中也发现，烟草中22nt大小的miR6019与21nt大小的miR6020能够靶定并介导烟草TMV抗病基因*N*基因（TNL类型）降解，从而抑制N基因的表达；过量表达miR6019将引起严重的TMV感病反应（Li et al.，2012b；Deng et al.，2018b），证明nta-miR6019/6020作为*N*-silencers，为后续分析miRNA对*NLR*基因的调控机制提供了一个稳定的研究模型。上述实例证明，miRNAs作为*NLR*-silencers能够特异抑制*NLR*基因表达，并能直接调控植物抗病机制，影响植物抗病性。

2 “转录因子-miRNAs-靶基因”调控网络

转录因子（Transcription factor，TF）是一类具有特定功能的蛋白质，它通过与目标基因5′端上游启动子区域中特定的顺式因子共价结合，来实现对该基因的表达进行抑制或增强的调控作用，从而保证目的基因以特定的强度在特定的时间与空间表达（Yu and Gerstein，2006）。20 世纪以来，随着对 miRNAs 研究的深入，人们发现真核生物中转录因子与 miRNAs 分别在基因的转录和转录后或者翻译后水平上共同履行基因调控功能，构成了复杂的“转录因子-miRNAs-靶基因”调控网络（Hobert，2008）。

在 miRNA 研究过程中，一方面，基于 miRNAs 的配对原则，人们利用生物信息学预测出大多数 miRNAs 的靶标基因都为转录因子，miRNAs 对转录因子有着广泛的调控作用（Wu et al.，2009）。例如，植物中第一个被发现的 miR171 所靶标的 Scare-crow-like6（SCL6）家族就是一类植物特异的转录因子，它们可以控制植物的多个发育过程，包括根的生长和激素信号等（Llave et al.，2002）。另一方面，miRNAs 的形成首先是由 RNA 聚合酶 II（RNA polymerase II）转录生成一个具有发卡结构的前体 miRNAs（*pri-MIRNAs*），再经 Dicer 酶剪切为成熟的 miRNAs（Chen，2005）。因此转录因子也能够结合到 miRNAs 前体基因 *pri-MIRNAs* 上游启动子区域，影响 miRNA 的转录（Hobert，2008）。因此转录因子，miRNA 及其调控基因，构成了重要的前馈环（Feed Forward Loops，FFLs）结构模式，可以单向或者双向进行正反馈调节，转录因子调控 miRNA，同时它们又合作调控下游靶基因。这一结构使得基因的调控更加稳定，在多个生物过程中都起到了重要作用（Arora et al.，2013；Hamed et al.，2015）。

动物中“转录因子-miRNAs”正反馈调节环路的研究较多。在人中脑多巴胺神经元细胞中发现，miR-133b 特异性地在该细胞中表达并且在帕金森综合征患者的中脑多巴胺神经元细胞中表达下降；转录因子 PITX3 能够特异地增强 miR-133b 的表达，同时 miR-133b 也能够靶定 *PITX*3 基因并抑制其表达（Kim et al.，2007）。在果蝇中，人们发现 miR-7 的靶基因 *Yan* 即为一个包含有 ETS 结构域的转录因子转录因子，miR-7 能够靶定 *Yan* 并抑制其表达；而在果蝇复眼光感受器细胞的分化过程中，转录因子 Yan 又能够特异地负调控 miR-7 的表达；同时，miR-7 前体前体基因 *pri-miR*-7 还受到转录因子 PNTP1（Pointed-P1）的正调控（Li and Carthew，2005）。

尽管研究不多，这种“转录因子-miRNAs-靶基因”调控网络也存在于植物中。miR156 和 miR172 在植物界中是一对十分保守的 miRNA，它们与转录因子构成了复杂的调控网络，与植物的生长发育紧密相关。在拟南芥中，miR156 能够靶定并负调控 SPL（SQUAMOSA promoter binding like）超家族中 11 个 *SPLs* 转录因子（Wu and Poethig，2006；Teotia and Tang，2015）；其中 SPL9 和 SPL10 能够反馈正调控 miR156，同时还可以增强下游 miR172 表达，从而抑制 miR172 靶基因 *TOE*1/2 的表达，最终影响植物从幼年期向成熟期的转化（Wu et al.，2009）。

虽然目前已揭示了 miRNAs 作为 *NLR*-silencers 能够负调控 *NLR* 基因表达，但是 *NLR*-silencers 在植物生长发育过程中是否受到转录因子的表达调控还不清楚。笔者在前期利用“TMV（tobacco mosaic virus）- *N* 基因”的抗病反应模型，发现 miR6019/6020 作为 *N*-silencer 能够靶定烟草 *N* 基因，并对 TMV 抗性产生负调控作用（Li et al.，2012b）；近期又进一步发现 miR6019/6020 的表达水平受生长发育下调，且植物的抗病能力与生长发育时期也密切相关（Deng et al.，2018b）。后续工作中笔者将继续探讨 *NLR*-silencers 在不同生长时期对 *NLR* 基因和植物抗病性的调控作用，揭示 *NLR*-silencers 上游与生长发育相关的转录因子及其调控机制，阐明“转录因子-miRNA-NLR 抗病基因”之间的信号网络，从而解析转录因子和 miRNA 调控植物 NLR 抗病基因的分子机理。

关键词： *NLR* 抗病基因；miRNA；转录因子

参考文献

Arikit S, Xia R, Kakrana A, et al. 2014. An atlas of soybean small RNAs identifies phased siRNAs from hundreds of coding genes [J]. Plant Cell, 26: 4584-4601.

Arora S, Rana R, Chhabra A, et al. 2013. miRNA-transcription factor interactions: a combinatorial regulation of gene expression [J]. Mol Genet Genomics, 288 (3-4): 77-87.

Baker B, Zambryski P, Staskawicz B, et al. 1997. Signaling in plant-microbe interactions [J]. Science, 276: 726-733.

Chen X. 2012. Small RNAs in development - insights from plants [J]. Curr Opin Genet Dev, 22: 361-367.

Chen X M. 2005. microRNA biogenesis and function in plants [J]. FEBS Lett, 579: 5923-5931.

Deng Y, Li X, Liu M, et al. 2018a. microRNA-mediated R gene regulation: molecular scabbards for double-edged swords [J]. Sci China Life Sci, 61: 138-147.

Deng Y, Wang J, Tung J, et al. 2018b. A role for small RNA in regulating innate immunity during plant growth [J]. Plos Pathog, 14: e1006756.

Eichmann R, Schafer P. 2015. Growth versus immunity—a redirection of the cell cycle? [J]. Curr Opin Plant Biol, 26: 106-112.

Hamed M, Spaniol C, Nazarieh M, et al. 2015. TFmiR: a web server for constructing and analyzing disease-specific transcription factor and miRNA co-regulatory networks [J]. Nucleic Acids Res, 43: W283-288.

Hobert O. 2008. Gene regulation by transcription factors and microRNAs [J]. Science, 319: 1785-1786.

Islam W, Noman A, Qasim M, et al. 2018. Plant responses to pathogen attack: Small RNAs in focus [J]. Int J Mol Sci, 19: E515.

Jagadeeswaran G, Zheng Y, Li Y F, et al. 2009. Cloning and characterization of small RNAs from *Medicago truncatula* reveals four novel legume - specific microRNA families [J]. New Phytol, 184: 85-98.

Jin H. 2008. Endogenous small RNAs and antibacterial immunity in plants [J]. FEBS Lett, 582: 2679-2684.

Khalid A, Zhang Q, Yasir M, et al. 2017. Small RNA based genetic engineering for plant viral resistance: Application in crop protection [J]. Front Microbiol, 8: 43.

Kim J, Inoue K, Ishii J, et al. 2007. A microRNA feedback circuit in midbrain dopamine neurons [J]. Science, 317: 1220-1224.

Li F, Orban R, Baker B. 2012a. SoMART, a webserver for miRNA, tasiRNA and target gene analysis in Solanaceae plants [J]. Plant J, 70: 891-901.

Li F, Pignatta D, Bendix C, et al. 2012b. MicroRNA regulation of plant innate immune receptors [J]. Proc Natl Acad Sci U S A, 109: 1790-1795.

Li X, Carthew R W 2005. A microRNA mediates EGF receptor signaling and promotes photoreceptor differentiation in the Drosophila eye [J]. Cell, 123: 1267-1277.

Li Y, Zhang Q, Zhang J, et al. 2010. Identification of microRNAs involved in pathogen - associated molecular pattern-triggered plant innate immunity [J]. Plant Physiol, 152: 2222-2231.

Llave C, Xie Z, Kasschau K D, et al. 2002. Cleavage of Scarecrowlike mRNA targets directed by a class of Arabidopsis miRNA [J]. Science, 297: 2053-2056.

Lu S, Sun Y H, Amerson H, et al. 2007. MicroRNAs in loblolly pine (*Pinus taeda* L.) and their association with fusiform rust gall development [J]. Plant Journal, 51: 1077–1098.

Lu S, Sun Y H, Shi R, et al. 2005. Novel and mechanical stress–responsive microRNAs in *Populus trichocarpa* that are absent from Arabidopsis [J]. Plant Cell, 17: 2186–2203.

Ma C, Lu Y, Bai S, et al. 2014. Cloning and characterization of miRNAs and their targets, including a novel miRNA–targeted NBS - LRR protein class gene in apple (golden delicious) [J]. Mol Plant, 7: 218–230.

Rogers K, Chen X. 2013. Biogenesis, turnover, and mode of action of plant microRNAs [J]. Plant Cell, 25: 2383–2399.

Shivaprasad P V, Chen H M, Patel K, et al. 2012. A microRNA superfamily regulates nucleotide binding site leucine–rich repeats and other mRNAs [J]. Plant Cell, 24: 859–874.

Tang J, Chu C. 2017. MicroRNAs in crop improvement: fine–tuners for complex traits [J]. Nat Plants, 3: 17077.

Tay Y, Rinn J, Pandolfi P P. 2014. The multilayered complexity of ceRNA crosstalk and competition [J]. Nature, 505: 344–352.

Teotia S, Tang G. 2015. To bloom or not to bloom: role of microRNAs in plant flowering [J]. Mol Plant, 8: 359–377.

Tsuda K, Katagiri F. 2010. Comparing signaling mechanisms engaged in pattern–triggered and effector–triggered immunity [J]. Curr Opin Plant Biol, 13: 459–465.

Wu G, Park M Y, Conway S R, et al. 2009. The sequential action of miR156 and miR172 regulates developmental timing in Arabidopsis [J]. Cell, 138: 750–759.

Wu G, Poethig R S. 2006. Temporal regulation of shoot development in *Arabidopsis thaliana* by miR156 and its target SPL3 [J]. Development, 133: 3539–3547.

Wu L, Zhang Q, Zhou H, et al. 2009. Rice microRNA effector complexes and targets [J]. Plant Cell, 21: 3421–3435.

Yang S, Hua J. 2004. A haplotype–specific resistance gene regulated by BONZAI1 mediates temperature–dependent growth control in Arabidopsis [J]. Plant Cell, 16: 1060–1071.

Yu H, Gerstein M. 2006 Genomic analysis of the hierarchical structure of regulatory networks [J]. Proc Natl Acad Sci USA, 103: 14724–14731.

Zhai J, Jeong D H, De Paoli E, et al. 2011. MicroRNAs as master regulators of the plant NB–LRR defense gene family via the production of phased, trans–acting siRNAs [J]. Genes Dev, 25: 2540–2553.

Zhao M, Cai C, Zhai J, et al. 2015a. Coordination of microRNAs, phasiRNAs, and NB–LRR genes in response to a plant pathogen: insights from analyses of a set of soybean rps gene near–isogenic lines [J]. Plant Genome, 8: 1–13.

Zhao M, Meyers B C, Cai C, et al. 2015b. Evolutionary patterns and coevolutionary consequences of MIRNA genes and microRNA targets triggered by multiple mechanisms of genomic duplications in soybean [J]. Plant Cell, 27: 546–562.

Zhou J M, Yang W C. 2016. Receptor–like kinases take center stage in plant biology [J]. Sci China Life Sci, 59: 863–866.

农药导向化：植物转运蛋白介导的前体农药*

Pesticide Vectorization：Propesticides Mediated by Plant Carrier System

吴瀚翔**，徐汉虹***

（华南农业大学，天然农药与化学生物学教育部重点实验室，广州 510642）

摘 要：农药的内吸输导性影响着药剂分子的生物活性，非靶标毒性以及有效利用率。与医药发展相同，新农药研发希望在提高药剂靶标活性的同时，也能不断提高药剂的生物利用度。从此角度出发，载体介导的前体医药策略对新农药的设计研发具有重要借鉴意义。本文介绍了利用植物氨基酸和糖转运蛋白介导，在设计开发具有韧皮部传导性的前体农药上所取得的进展，展望了应用导向农药理论开发维管组织病害杀菌剂的可能性。由此，为提高农药靶向性，改善农药有效利用率提供新的思路。

关键词：前体农药；韧皮部传导；内吸性；转运蛋白

随着内吸性农药的广泛使用，农药分子在植物体内的生物动力学特性（Biokinetics）受到研究者们越来越多的关注。内吸传导性可以影响农药在植物体内到达作用靶点的有效成分剂量，从而显著地影响药剂的生物活性。在实际生产中，药剂的内吸输导性对刺吸式或钻蛀性害虫的防治尤为重要。在药剂研发过程中，由于缺乏植物的吸收，或者体内的传导性，一些室内生测筛选出的活性分子在盆栽实验中就失去了活性（Satchivi et al.，2014）。所以，研究农药分子在植物体内的吸收/输导和分布，有助于了解在植物体内阻碍农药活性发挥的因素，从而采用相应策略提高农药分子的活性表现和有效利用率。

前体药物的概念最早于1958年被提出（Albert，1958），能够被用于改善医药分子在人体内的传递性，从而提高药物的生物利用度（Stella，2007）。随着前药策略在医药领域的应用，前体药物的数量已占到整个市场的10%左右（Zawilska et al.，2013）。目前在新农药研发中，农药前体化也已经成为了一种重要的优化活性成分理化性质，提高药剂动力学特性的策略，可以改善母体农药分子的生物活性，非靶标毒性以及内吸分布性（Jeschke，2016）。但是，前体农药的开发利用仍然相对滞后，尚未形成完善的前体农药设计开发策略。

现今，药物分子的生物利用度对医药和农药都十分重要，如何有效提高药剂的靶向性，减少向非靶标积累，是药剂开发共同关注的焦点（Lamberth et al.，2013）。在世界各

* 资助项目：国家自然科学基金项目（31672044）；广州市科技计划项目（201707020013）

** 第一作者：吴瀚翔，男，博士后，从事农药内吸输导机理与导向农药研究；E-mail：hanxiang. wu@ scau. edu. cn

*** 通信作者：徐汉虹，教授；E-mail：hhxu@ scau. edu. cn

国大力推行农药减量增效的背景下，前体医药研发的经验对新农药的设计具有重要借鉴意义。部分前体药物的设计策略可以推广到农药分子的研发中，从而为实现农药导向化，提高有效利用率提供新的思路。

1 转运蛋白介导的药剂主动靶向

载体介导策略是设计前体药物时广泛应用的一种思路，将活性药物分子与人体内源化合物偶联，得到的偶合物分子被内源底物的转运蛋白识别和转运，从而实现对特定组织和器官的主动靶向性（Han and Amidon，2000；Garnett，2001）。例如，人体的血脑屏障（Blood-brain barrier）是重要的药物传递屏障，其极大的限制了部分药物向中枢神经系统的传递（Begley，2003；Ballabh et al.，2004）。研究发现，向药物酮洛芬（ketoprofen）分别引入酪氨酸基团和葡萄糖基团后，得到的偶合物可以分别被血脑屏障上的氨基酸转运蛋白（L-type amino acid transporter）和葡萄糖转运蛋白（Glucose transporter isoform 1）介导转运进入大脑（Gynther et al.，2008；Gynther et al.，2009）。

人体内不同转运蛋白在药物吸收，分布，代谢，排泄以及组织靶向性中的作用被越来越多的发现和研究（Giacomini et al.，2010；Nigam，2014）。有学者认为载体介导的主动转运在药物吸收过程中是普遍存在的，并且发挥着重要作用（Dobson and Kell，2008）。目前医药研究中已经开始针对以一些特定的膜转运蛋白，对药物分子进行结构修饰，设计合成能够主动靶向的前体药物（Brandsch，2013；Vig et al.，2013；Patching，2016）。同样，植物体内不同的转运蛋白也为农药的转运提供了多种的转运载体。然而，农药现有内吸输导的理论体系仍建立在被动扩散原则上，植物转运蛋白介导农药吸收输导的研究很少被关注。

2 植物转运蛋白介导的农药内吸传导性

长期以来，研究者们都希望开发出具有韧皮部输导性的农药用于植物维管组织或根部病虫害的防治（Smith et al.，1995；Chollet et al.，2005）。因为，具有韧皮部输导性的农药可以实现从上到下的传导，药物不仅能经叶部吸收后被传递到根部，而且能通过共质体在植物体内形成更广泛的分布（Tjamos，1989）。但是，由筛管、伴胞等活细胞组成的植物韧皮部具有较强的选择性，迄今为止市场上很难找到具有良好韧皮部内吸性的杀虫剂和杀菌剂品种，已有的内吸性杀虫剂和杀菌剂主要表现为木质部内吸性。比如，邻甲酰氨基苯甲酰胺类（Chen et al.，2015）、部分新烟碱类杀虫剂（Maienfisch et al.，2001；Nauen et al.，2015）、三唑类（Lehoczki-Krsjak et al.，2013）、甲氧基丙烯酸酯类杀菌剂（Bartlett et al.，2001）等均不能通过韧皮部向下长距离运输。

20 世纪末开始，有学者开始探索通过植物转运蛋白介导来开发具有韧皮部输导性的前体农药。法国学者将氨基酸基团引入三唑醇和 2，4-D，得到了相应的氨基酸偶合物，研究发现偶合物分子能够被植物氨基酸转运蛋白识别且在植物韧皮部装载（Dufaud et al.，1994）。进一步的研究表明，赖氨酸 2，4-D 偶合物的输导分布性与母体化合物 2，4-D 存在明显差别，偶合物具有向植物顶端和根部积累的特性，积累量提高了 5～10 倍（Delétage-Grandon et al.，2001）。将氨基酸基团引入非内吸苯基吡咯杀菌剂后，偶合物能够被植物韧皮部装载和传导，且发现该过程受到氨基酸转运蛋白的介导（Wu et al.，

2016）。通过连接臂结构调整来优化转运蛋白识别可以进一步改善氨基酸偶合物的韧皮部输导性（Marhadour et al.，2017）。我国学者于2002年提出导向农药理念，将农药活性成分与导向基团拼接，借助导向基团的转运蛋白，实现药剂的定向输导积累（徐汉虹等，2004）。先后合成了吲哚乙酸三唑醇酯（李俊凯等，2005）、甘氨酸氟虫腈（Jiang et al.，2009）、糖基氟虫腈（Yang et al.，2011；Wu et al.，2012；Yuan et al.，2013；Wang et al.，2014）和氨基酸氯虫苯甲酰胺（Yao et al.，2017），发现了偶合物的韧皮部输导性均得到明显改善。部分氨基酸氯虫苯甲酰胺偶合物在植物韧皮部被检测到逆浓度梯度3倍的积累效应（Yao et al.，2017）。在活性释放方面，植物体内的β葡萄糖苷酶可以降解糖苷氟虫腈偶合物，释放出具有良好杀虫活性的母体化合物（Xia et al.，2014）。以上农药前体化的尝试，证明了载体介导的前药策略同样是提高农药内吸性与靶向性的有效手段。

迄今为止，植物体内韧皮部输导的前体农药研究主要针对氨基酸转运蛋白和糖转运蛋白（Delétage-Grandon et al.，2001；Xie et al.，2016；Mao et al.，2017；Wu et al.，2017）。研究发现，甘氨酸氟虫腈偶合物（GlyF）在蓖麻上的吸收存在载体介导过程，并且该偶合物能够诱导*RcLHT*6，*RcANT*15，*RcProT*2和*RcCAT*2四种氨基酸转运蛋白基因的表达（Xie et al.，2016）。糖基氟虫腈偶合物（GTF）能够被蓖麻单糖转运蛋白RcSTP1识别和转运，在*RcSTP*1过表达植株上GTF的传导性增加（Mao et al.，2017）。另外，研究还发现了三种具有内吸性的除草剂，草甘膦、百草枯和2，4-D能够被相应植物转运蛋白识别与介导（Denis and Delrot，1993；Hart et al.，1993；Chen et al.，2001）。目前，人体上已经发现了来自2个超家族（SLC和ABC转运蛋白超家族）的多种药物转运蛋白（Nigam，2014），而植物体内潜在的农药转运蛋白有待进一步的挖掘与开发。

3 总结与展望

农药的内吸输导性已成为新药筛选的重要指标之一，传统的做法主要通过优化农药分子的理化性质来改善其在植物体内的扩散传导能力（Kleier and Hsu，1996）。然而，不论在医药还是在农药研究中，载体介导的前体药剂策略已经被证明是有效改善药剂生物利用度的手段。有望成为农药从被动内吸往主动靶向发展的重要手段，由此提高农药有效利用率，减少农药用量。但是，植物转运蛋白介导的前体农药发展仍处于初始阶段。未来在活性药物选择，转运蛋白机理，前体药剂释放等方面还有待深入研究。

目前土传维管组织病害的防治是世界性难题，韧皮部传导的导向农药开发策略，可以用于的新型维管组织病害前体杀菌剂研发。以香蕉枯萎病为例，众多药剂在室内测定中对香蕉枯萎病病原菌表现出了良好的抑制活性，例如，咪鲜胺、丙环唑、多菌灵等（许文耀等，2005；Nel et al.，2007），但是，在田间的便失去防治效果。即便是现有内吸性杀菌剂，受自身理化特性和植物生理结构的影响，很难被有效传递到侵入维管组织内的病原菌，能够真正到达作用靶点的剂量很低。因此，化学防治香蕉枯萎病的关键在于如何提高杀菌剂在香蕉维管组织的靶向性。根据前药策略，将导向基团引入活性化合物，通过植物自身存在的转运蛋白介导机制，增加药剂的维管组织靶向性，有望为防治维管组织病害的杀菌剂研发提供新的途径。

参考文献

李俊凯，徐汉虹，江定心，等.2005. 吲哚乙酸引导下三唑醇在大豆植株中的传导与积累研究初报

[J]. 农药学学报，7：259-263.

徐汉虹，张志祥，程东美，等 . 2004. 导向农药 [J]. 世界农药，26：3-9.

许文耀，兀旭辉，林成辉 . 2005. 香蕉枯萎病防治剂的筛选 [J]. 福建农业大学学报，4：420-424.

Albert A. 1958. Chemical aspects of selective toxicity [J]. Nature，182：421-422.

Ballabh P，Braun A，Nedergaard M. 2004. The blood-brain barrier：an overview structure，regulation，and clinical implications [J]. Neurobiology of Disease，16：1-13.

Bartlett D W，Clough J M，Godfrey C R A，et al. 2001. Understanding the strobilurin fungicides [J]. Pesticide Outlook，12：143-148.

Begley D J. 2003. Understanding and circumventing the blood-brain barrier [J]. Acta paediatrica Supplementum，92：83-91.

Brandsch M. 2013. Drug transport via the intestinal peptide transporter PepT1 [J]. Current Opinion in Pharmacology，13：881-887.

Chen L，Ortiz-LopezA，Jung A，et al. 2001. ANT1，an aromatic and neutral amino acid transporter in Arabidopsis [J]. Plant physiology，125：1813-1820.

Chen X J，Ren Y J，Meng Z Y，et al. 2015. Comparative uptake of chlorantraniliprole and flubendiamide in the rice plant [J]. Journal of Agricultural Science，7 (12)：238-246.

Chollet J F，Rocher F，Jousse C，et al. 2005. Acidic derivatives of the fungicide fenpiclonil：effect of adding a methyl group to the N-substituted chain on systemicity and fungicidal activity [J]. Pest Management Science，61：377-382.

Delétage-Grandon C，Chollet J F，Faucher M，et al. 2001. Carrier-mediated uptake and phloem systemy of a 350-Dalton chlorinated xenobiotic with an alpha-amino acid function [J]. Plant physiology，125：1620-1632.

Denis M，Delrot S. 1993. Carrier-mediated uptake of glyphosate in broad bean (*Vicia faba*) via a phosphate transporter [J]. Physiologia plantarum，87：569-575.

Dobson P D，Kell D B. 2008. Carrier-mediated cellular uptake of pharmaceutical drugs：an exception or the rule? [J]. Nature Reviews Drug Discovery，7：205-220.

Dufaud A，Chollet J F，Rudelle J，et al. 1994. Derivatives of pesticides with an a-aminoacid function：synthesis and effect on threonine uptake [J]. Journal of Medicinal Chemistry，41：297-304.

Garnett M C. 2001. Targeted drug conjugates：Principles and progress [J]. Advanced Drug Delivery Reviews，53：171-216.

Giacomini K M，Huang S M M，Tweedie D J，et al. 2010. Membrane transporters in drug development [J]. Nature Reviews Drug Discovery，9：215-236.

Gynther M，Laine K，Ropponen J，et al. 2008. Large neutral amino acid transporter enables brain drug delivery via prodrugs [J]. Journal of Medicinal Chemistry，932-936.

Gynther M，Ropponen J，Laine K，et al. 2009. Glucose promoiety enables glucose transporter mediated brain uptake of ketoprofen and indomethacin prodrugs in rats [J]. Journal of Medicinal Chemistry，52：3348-3353.

Han H K，Amidon G L. 2000. Targeted prodrug design to optimize drug delivery [J]. AAPS PharmSciTech 2：E6.

Hart J J，DiTomaso J M，Kochian L V. 1993. Characterization of paraquat transport in protoplasts from maize (*Zea mays* L.) suspension cells [J]. Plant physiology，103：963-969.

Jeschke P. 2016. Propesticides and their use as agrochemicals [J]. Pest Management Science，72：210-225.

Jiang D X, Lu X L, Hu S, et al. 2009. A new derivative of fipronil: Effect of adding a glycinyl group to the 5-amine of pyrazole on phloem mobility and insecticidal activity [J]. Pesticide Biochemistry and Physiology, 95: 126-130.

Kleier D A, Hsu F C. 1996. Phloem mobility of xenobiotics. VII. The design of phloem systemic pesticides [J]. Weed Science, 44: 749-756.

Lamberth C, Jeanmart S, Luksch T, et al. 2013. Current challenges and trends in the discovery of agrochemicals [J]. Science, 341: 742-746.

Lehoczki-Krsjak S, Varga M, Szabó-Hevér Á, et al. 2013. Translocation and degradation of tebuconazole and prothioconazole in wheat following fungicide treatment at flowering [J]. Pest Management Science, 69: 1216-1224.

Maienfisch P, Angst M, Brandl F, et al. 2001. Chemistry and biology of thiamethoxam: A second generation neonicotinoid [J]. Pest Management Science, 57: 906-913.

Mao G L, Yan Y, Chen Y, et al. 2017. Family of *Ricinus communis* monosaccharide transporters and rcstp1 in promoting the uptake of a glucose-fipronil conjugate [J]. Journal of Agricultural and Food Chemistry, 65: 6169-6178.

Marhadour S, Wu H, Yang W, et al. 2017. Vectorisation of agrochemicals via amino acid carriers: influence of the spacer arm structure on the phloem mobility of phenylpyrrole conjugates in the *Ricinus* system [J]. Pest Management Science, 73: 1972-1982.

Nauen R, Jeschke P, Velten R, et al. 2015. Flupyradifurone: A brief profile of a new butenolide insecticide [J]. Pest Management Science, 71: 850-862.

Nel B, Steinberg C, Labuschagne N, et al. 2007. Evaluation of fungicides and sterilants for potential application in the management of fusarium wilt of banana [J]. Crop Protection, 26: 697-705.

Nigam S K. 2014. What do drug transporters really do? [J]. Nature Reviews Drug Discovery, 14: 29-44.

Patching S G. 2016. Glucose transporters at the blood-brain barrier: function, regulation and gateways for drug delivery [J]. Molecular Neurobiology, 1-32.

Satchivi N M, Myung K, Kingston C K (eds) . 2014. Retention, uptake, and translocation of agrochemicals in plants [M]. American Chemical Society.

Smith P H, Chamberlain K, Sugars J M, et al. 1995. Fungicidal activity of N- (2-Cyano-2-methoximinoacety1) amino acids and their derivatives [J]. Pesticide Science, 44: 219-224.

Stella V J. 2007. Prodrugs: challenges and rewards. Part 1 [M]. AAPS Press/Springer.

Tjamos E C. 1989. Problems and prospects in controlling *Verticillium wilt*. In: E. C. Tjamos CHB (ed) Vascular wilt diseases of plant [M]. Springer Berlin Heidelberg, 441-456

Vig B S, Huttunen K M, Laine K, et al. 2013. Amino acids as promoieties in prodrug design and development [J]. Advanced Drug Delivery Reviews, 65: 1370-1385.

Wang J, Lei Z, Wen Y, et al. 2014. A novel fluorescent conjugate applicable to visualize the translocation of glucose-fipronil [J]. Journal of Agricultural and Food Chemistry, 62: 8791-8798.

Wu H, Marhadour S, Lei Z W, et al. 2017. Use of D-glucose-fenpiclonil conjugate as a potent and specific inhibitor of sucrose carriers [J]. Journal of Experimental Botany, 68: 5599-5613.

Wu H, Marhadour S, Lei Z W, et al. 2018. Vectorization of agrochemicals: amino acid carriers are more efficient than sugar carriers to translocate phenylpyrrole conjugates in the Ricinus system [J]. Environmental Science and Pollution Research, 25 (15): 14336-14349.

Wu H X, Yang W, Zhang Z X, et al. 2012. Uptake and phloem transport of glucose-fipronil conjugate in *Ricinus communis* involve a carrier - mediated mechanism [J]. Journal of Agricultural and Food

Chemistry, 60: 6088-6094.

Xia Q, Wen Y J, Wang H, et al. 2014. β-Glucosidase involvement in the bioactivation of glycosyl conjugates in plants: Synthesis and metabolism of four glycosidic bond conjugates *in vitro* and *in vivo* [J]. Journal of Agricultural and Food Chemistry, 62: 11037-11046.

Xie Y, Zhao J L, Wang C W, et al. 2016. Glycinergic-fipronil uptake is mediated by an amino acid carrier system and induces the expression of amino acid transporter genes in *Ricinus communis* seedlings [J]. Journal of Agricultural and Food Chemistry, 64: 3810-3818.

Yang W, Wu H X, Xu H H, et al. 2011. Synthesis of glucose-fipronil conjugate and its phloem mobility [J]. Journal of Agricultural and Food Chemistry, 59: 12534-12542.

Yao G, Wen Y, Zhao C, et al. 2017. Novel amino acid ester-chlorantraniliprole conjugates: design, synthesis, phloem accumulation and bioactivity [J]. Pest Management Science, 73: 2131-2137.

Yuan J G, Wu H X, Lu M L, et al. 2013. Synthesis of a series of monosaccharide-fipronil conjugates and their phloem mobility [J]. Journal of Agricultural and Food Chemistry, 61: 4236-4241.

Zawilska J B, Wojcieszak J, Olejniczak A B. 2013. Prodrugs: A challenge for the drug development [J]. Pharmacological Reports, 65: 1-14.

膜下滴灌水稻田杂草稻的发生及综合防控*

Occurrence and Integrated Control of Weedy Rice in Drip Irrigation under Mulch Film Rice Field

朱江艳**，银永安***，王永强，陈伊锋

（新疆天业（集团）有限公司，石河子 832000）

摘　要：本文综述了杂草稻概念、发生情况、形态特征、对膜下滴灌栽培稻的影响以及杂草稻的综合防治。明确了杂草稻是稻区的一种主要杂草，和水稻形态极为相似，因此防治比较困难。只有采用种源控制、加强栽培管理和开发相应的除草剂综合防治，才能有效控制杂草稻分蔓延和危害。

关键词：水稻；膜下滴灌；杂草稻；发生；防控

杂草稻（*Oryza sativa* f. *spontanea*）是能够在稻田自然延续并危害栽培水稻的稻属植物，其在水稻中产生，成熟后稻粒自然脱落，也称为落粒稻，但是它在稻田中生长，秋天的时候不收获，也等同于田间杂草，故称之为杂草稻（张生忠等，2011；邵世平等，2011；代磊等，2014）。杂草稻是在稻田间或者周边耕地中作为杂草类型而伴随栽培稻生长的水稻植株，表现为与野生稻相似的特性，如颖壳发黑，种皮红色，种子有较长的休眠期，自动落粒且能在田间自然生长等特点，在田间与栽培稻竞争温度、光照、水肥等资源，严重影响水稻的正常生产（Suhh et al.，1997；李茂柏等，2006）。从全球来看，杂草稻主要分布在亚洲、中美洲，以及欧洲的南部，在中国分布于安徽、江苏、海南、广东、辽宁、吉林、黑龙江、新疆等地，是水稻栽培中一个严重问题（李茂柏等，2006；孙建昌等，2014；潘学彪等，2007；马殿荣等，2012；沈雪峰等，2013；朱建义等，2012，杨红梅等，2011）。近几年来，随着大量农民工入城，农业生产趋向于轻便简单的全程机械化，这种大面积粗放式管理造成杂草稻面积蔓延，给水稻栽培带来了较大的问题。

膜下滴灌栽培是新疆天业（集团）有限公司农研所于2004年成立的膜下滴灌水稻创新团队开展的一项新型水稻栽培方法，将膜下滴灌节水栽培技术结合到水稻栽培模式上，在旱地不起垄，不建立水层也能种植水稻，从播种、田间管理、施肥和收获全程实行机械

* 基金项目：中国博士后科学基金；新疆兵团博士后资金；新疆兵团科技创新人才计划（2017CB006）

** 第一作者：朱江艳，女，助理研究员，主要从事膜下滴灌水稻栽培研究；E-mail：yanzhujiang@163.com

*** 通信作者：银永安，男，在站博士后，副研究员，从事膜下滴灌水稻研究；E-mail：270457471@qq.com

化，这种栽培方式可年年更换地块，需水量少，可实现水稻的大面积推广（陈林等，2012；银永安等，2013；银永安等，2014；银永安等，2016）。近年在膜下滴灌水稻推广中发现这种栽培方式不易发生病害和虫害，但是杂草稻发生面积有上升趋势，为此，新疆天业农业科研人员开展了广泛的调查研究，明确了在膜下滴灌条件下稻田杂草稻的形态特征与生长特点，分析杂草稻发生的原因，并研究总结一套简便易操作的综合防控技术，为杂草稻的科学有效控制提供参考。

1　杂草稻发生情况

膜下滴灌水稻田中杂草稻有高秆型和矮秆型，高秆型和栽培稻的生育期差不多，矮秆型生育期短，属于早熟型，均为落粒型，对生产危害较大的是早熟型杂草稻，即所谓的“红米稻”，在重茬地块杂草稻株率可达30%，并还有逐年上升的趋势。

2　形态特征

杂草稻的生命力和适应性都很强，随气候、环境、栽培方式的变化，它会出现新的突变体，其表现的株型、种皮颜色、分蘖能力、结实率、粒型也在发生变化（马殿荣等，2008）。

2.1　叶片

杂草稻出苗早，一般来说整好地后，在田间地头就可见杂草稻了，与栽培稻相比，杂草稻叶片嫩绿，生长速度快，不栽培稻多2~3片叶。拔节后叶片发白，比栽培稻叶片宽而长，叶片松散。

2.2　株型

按照株高分有两种，即高秆和矮秆，高秆高度达120cm以上，矮秆高度在80~100cm。分蘖能力强，分蘖在5~8个（栽培稻分蘖个数在2~3个）。杂草稻株型偏向于松散型。

2.3　穗型

杂草稻穗型排列稀疏，颖壳颜色差异大，有褐色、黄色、淡黄色和黑色等，种皮颜色以红色为主，考种数据显示平均穗粒数110粒，结实率73.2%，千粒重21g，加工成米后，大米上有红线，米粒偏扁大，口感差。

3　杂草稻的生长特点

3.1　杂草稻整个生育期生长能力强，抗逆性强

水稻种子出苗的动力主要是中胚轴伸长，而杂草稻的中胚轴伸长能力特别强。进而当杂草稻苗期的苗龄大于栽培稻的，其竞争光、水、肥和空间能力强于栽培稻。分蘖时节，杂草稻分蘖能力强，根系发达，由于杂草稻在自然环境中自然繁殖，养成了它对环境的抗逆性强，对病虫害及不良环境有较强的抗性，使得它对环境适应能力强于栽培稻。

3.2　极易落粒、休眠期长和耐贮藏

杂草稻在稻田中经过长期的繁衍，已经适应了稻田的耕作环境，同时也保留了它的野生性，比如说落粒性强、休眠期长、耐储藏等特点（李茂柏等，2010）。一般来说，杂草稻边成熟边落粒，又极早熟，等到栽培稻成熟的时候，杂草稻基本都落粒了，随着采收机

的进入，它又跟着采收机进入其他条田地块，进而扩大它的生长“地盘”。科研人员对上海地区收集的14份杂草稻进行老化处理，部分材料在处理40d后仍能发芽，具有相当好的耐贮藏性。良好的休眠性和耐贮藏性有利于杂草稻种子在土壤中长时间保持活力，在耕地中埋藏数年仍可能发芽（陆林云等，2015）。

4 杂草稻对栽培稻生产的影响

从考种数据来看，杂草稻的植株松散，分蘖能力强，生长势强，特别是在与栽培稻争夺光照、温度、水、肥和空间等资源时尤其明显，这样会严重影响水稻的生长，降低了水稻的穗粒数、千粒重和株高，从而造成水稻减产。研究表明，杂草稻密度在5~20株/m^2时，水稻的减产幅度可达30%以上（宋冬明等，2009）。

杂草稻果皮为红褐色，影响稻米的外观品质，杂草稻和栽培稻在相同强度下研磨，整精米率低，杂草稻长宽比不同于栽培稻，食味值低于栽培稻，影响稻米的外观品质、加工品质和食味品质，从而影响稻米的等级品质和商品价值（Smith et al.，1981）。

5 综合防控措施

5.1 加强技术人员的认知度

加强对杂草稻的认知度，明确杂草稻的来源，分清是种子来源，还是重茬引起的，进而采取有效的防治手段。

5.2 强化种子质量

加强种源控制，选择没有杂草稻污染的优良水稻品种，从源头上控制杂草稻的蔓延。种子监督管理部门用制度来约束良种的生产和销售环节，杜绝掺有杂草稻污染的种子流入市场。加强制种田去杂去劣工作，收获后严格检查良种质量。

5.3 加强田间农机作业清查

膜下滴灌水稻全程机械化，给农机作业带来了难度，田间作业要求还田时，要清理机械上的稻株残枝，尤其在苗期中耕、收获期收割时，更应该加强农机具的清理工作。

5.4 加强稻田的垄作倒茬和深耕

杂草稻春天发芽早，在春播时，可先进行一遍深耕工作，将先出的杂草稻除掉，对于未发芽的杂草稻籽粒深埋土下难以萌发。对于杂草稻发生严重的地块，可进行垄作，换成其他作物，这样可有效降低杂草稻的危害。

5.5 研究杂草稻的发生机理，开发相应的除草剂

正因为杂草稻的生理、生化以及对除草剂的反应与栽培稻有很多相似之处，膜下滴灌栽培水稻，整个生育期不建立水层，使得多数水田用除草剂在这种栽培条件下不能使用，需加强膜下滴灌水稻除草剂的研制工作。

6 结语

杂草稻是目前稻区的一种主要杂草，它与栽培稻有很多的相似之处，自身还有野生的特性，严重影响稻米产量降低稻米品质。只有充分研究其发生情况、形态特征、生长特点和对水稻生产的影响，采用种源控制、加强栽培管理和开发相应的除草剂，才能有效控制杂草稻分蔓延和危害。

参考文献

陈林，高哲，银永安，等．2012. 不同浓度除草剂对膜下滴灌水稻苗期生长及土壤环境的影响［J］. 北方水稻，42（3）：24–26.

代磊，戴伟民，宋小玲，等．2014. 江苏省杂草稻植物学性状的多样性［J］. 杂草科学，32（1）：10–18.

李茂柏，马殿荣，徐正进，等．2006. 辽宁省杂草稻生物学特性研究［J］. 安徽农业科学，34（20）：5224–5225.

李茂柏，王慧，温广月，等．2010. 杂草稻人工老化和耐储藏特性的初步研究［J］. 作物杂志，（5）：30–33.

陆林云，胡大明，薛瑞敏，等．2015. 杂草稻对水稻生产的影响及防控措施探讨［J］. 安徽农业科学，43（1）：342–343.

马殿荣，李茂柏，王楠，等．2008. 中国辽宁省杂草稻遗传多样性及群体分化研究［J］. 作物学报，34（3）：403–411.

马殿荣，马巍，唐亮，等．2012. 吉林省杂草稻遗传多样性及起源的研究［J］. 沈阳农业大学学报，43（3）：265–272.

潘学彪，陈宗祥，左示敏，等．2007. 江苏省杂草稻成因及防控策略［J］. 江苏农业科学，（4）：52–54.

邵世平，王福贵，宋玉英，等．2011. 杂草稻的发生与防除［J］. 现代农业科技，（10）：171.

沈雪峰，梁居林，陈 勇，等．2013. 广东省杂草稻防控技术初探［J］. 杂草科学，31（3）：53–55.

宋冬明，马殿荣，杨庆，等．2009. 杂草稻对栽培粳稻产量和品质及群体微生态环境的影响［J］. 作物学报，35（5）：914–920.

孙建昌，王兴盛，马静，等．2014. 宁夏杂草稻的危害与防除措施［J］. 宁夏农林科技，55（3）：32–34.

杨红梅，冯莉，田兴山．2011. 广东雷州杂草稻生物学特性研究［J］. 广东农业科学，（11）：95–98.

银永安，陈林，陈伊锋．2014. 膜下滴灌水稻绿色环保栽培技术探索与实践［J］. 大麦与谷类科学，（1）：1–4.

银永安，陈林，王永强，等．2013. 膜下滴灌水稻技术优势及在宁夏推广前景分析［J］. 北方水稻，43（5）：34–36.

银永安，陈林，丁志强，等．2016. 北京新禾丰肥料在膜下滴灌水稻中的应用研究［J］. 中国稻米，22（2）：72–74.

张生忠，赵学智，马毅．2011. 吴忠市灌区杂草稻发生特点及防治技术［J］. 农业科学研究，32（4）：48–50.

朱建义，周小刚，何洪元，等．2012. 四川省杂草稻发生危害初步调查与防除研究［J］. 杂草科学，30（3）：44–46.

Smith R J. 1981. Control of red rice（*Orya sativa* L.）in water seeded rice（*Orya sativa* L.）［J］. Weed Science，29：61–62.

Suhh S，Satoy I，Morishima H. 1997. Genetic characterization of weedy rice（*Oryza sativa* L.）based on morpho–physiology，isozymes and RAPD markers［J］. Theoretical and Applied Genetics，94：316–321.

蚜虫报警信息素（E）-β-fanesene 及其类似物的生物活性研究进展*

Research Progress on Bioactivity of Aphid Alarm Pheromone（E）-β-fanesene and Its Derivatives

秦耀果[1,2]**，蒋　欣[2]，陈巨莲[2]，段红霞[1]，王　倩[2]，谷少华[2]，杨新玲[1]***
（1. 中国农业大学理学院应用化学系，北京　100193；
2. 中国农业科学院植物保护研究所，北京　100193）

摘　要：作为天然蚜虫信息素，（E）-β-fanesene 具有驱避、杀蚜、增效等多种生物活性，是一种新型、绿色的蚜虫行为控制剂。本文就国内外学者对蚜虫报警信息素及其衍生物的合成及生物活性研究进展展开综述，并预测了其应用前景。

关键词：（E）-β-fanesene；衍生物；生物活性

1891 年和 1958 年，Büsgen（1891）和 Dixon（1958）分别发现，当蚜虫被天敌攻击时，会从特殊结构即腹管分泌液滴。主要成分为蚜虫报警信息素（aphid alarm pheromone）。蚜虫报警信息素能对同种其他个体产生报警反应，蚜虫从栖息地逃离或掉落，使其迅速逃离现场，从而停止对作物的侵害（Kislow et al.，1972；Pickett et al.，1992）。这种油状液滴可以通过粘住捕食者或天敌的头、四肢及尾翼等部位，从而起到保护自身的作用（Büsgen，1891；Butenandt，1959；Callow et al.，1973），并使它们成为移动的气味标记信号，从而同类其他蚜虫能及时作出反应，而被动接收报警信息素的蚜虫不会释放额外的报警信息素以扩大报警信号（Mondor et al.，2004）。Bowers（1972）和 Edwards 等（1973）首次从蚜虫体内分离出报警信息素，并鉴定出该化合物的主要成分为倍半萜类的（*E*）-7，11-二甲基-3-亚甲基十二烷-1，6，10-三烯（（反）-β-法尼烯，（*E*）-β-farnesene，简称 EBF）。

Francis 等（2005）对 23 种蚜虫的报警信息素进行研究，结果表明 EBF 是其中 16 种蚜虫报警信息素的主要或唯一成分，5 种蚜虫的报警信息素中 EBF 中含量很少，在 *Euceraphis punctipennis* 和 *Drepanosiphum platanoides* 这 2 种蚜虫中未检测到 EBF。另外，只有少数蚜虫的报警信息素的主要成分为大根香叶烯 A 及 α-蒎烯等，但这几种报警信息素对其他种类蚜虫没有报警活性（Bowers et al.，1977；Nishino et al.，1977；Gibson et al.，

* 资助项目：国家重点研究开发计划（No. 2017YFD0200504，2017YFD0201700）；中国博士后科学基金（No. 2018M631646）

** 第一作者：秦耀果，女，博士后，从事昆虫嗅觉反应及信息素类似物的设计研究；E-mail：qinyg1018@ 163. com

*** 通信作者：杨新玲，教授；E-mail：yangxl@ cau. edu. cn

1983；Pickett et al.，1980）。这说明 EBF 是大多数蚜虫报警信息素的主要成分或唯一成分（Edwards et al.，1973；Nishino et al.，1977；Gibson et al.，1983；Pickett et al.，1980），如豌豆蚜、桃蚜、麦蚜等。

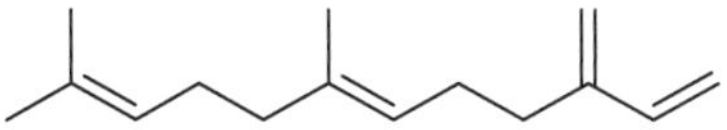

EBF 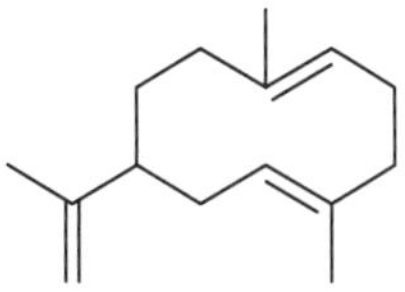　　大根香叶烯A 　　α-蒎烯

除报警活性外，EBF 还具有其他多重生物活性，如杀蚜活性、增效作用、影响变态发育、调控有翅蚜比例、利它素作用等，而且其具有环境相容性好的优点。但由于 EBF 分子量小且分子结构末端存在不稳定的共轭双键，在空气中极易挥发并易被氧化（Dawson et al.，1982），不能在田间长时有效地发挥作用，严重限制了它的应用。针对这种情况，国内外众多科研人员主要通过降低不饱和度、引入杂原子、增加分子量、引入活性亚结构等方面进行结构改造获得 EBF 类似物，以保留 EBF 本身固有的驱避活性、改善稳定性、降低挥发性、提高其田间应用价值；其生物活性主要是驱避活性、杀蚜活性、对病毒病抑制。本文就近几十年来国内外学者对蚜虫报警信息素及其类似物的结构改造和生物活性的研究进展展开综述，旨在为今后蚜虫报警信息素及其类似物的深入研究和开发利用提供科学参考。

1　EBF 的生物活性

1.1　报警活性

EBF 的释放能对周围其他蚜虫产生报警作用，且 EBF 在蚜虫体内的产生途径与其保幼激素的产生途径相关，因此 EBF 的释放会影响蚜虫自身的生长、发育及繁殖，这种影响对蚜虫自身是不可逆的（Gut et al.，1987；Van et al.，1990；Mondor et al.，2003）。当蚜虫受到天敌攻击时，蚜虫释放 EBF 与其周围蚜虫的种类有关。Robertson 等（1995）研究发现，当豌豆蚜受到天敌攻击时，在同种基因型种群时释放的 EBF 要多于其在不同种基因型种群。研究表明，蚜虫若虫对报警信息素的反应弱于成虫，可能是由于若虫停止取食的代价比成虫大，当蚜虫的食物来源比较贫瘠时其作出报警反应的可能性也会减小（Lawrence et al.，1990）。Montgomery 等（1977）对 14 种蚜虫进行 EBF 行为实验，结果表明：用 EBF 驱避 50%蚜虫的最小剂量在 0.02～100ng，其中麦二叉蚜对 EBF 最为敏感。此外一些蚜虫与蚂蚁有互利关系，它们产生的报警信息素能够吸引蚂蚁来攻击自己的天敌，这类蚜虫对报警信息素的反应也会减弱（Nault et al.，1976；Mondor et al.，2007）。以上这些现象说明蚜虫的报警行为受自身的生理条件和周围环境两种因素的影响，它们会在分散、逃避与继续取食之间进行代价权衡，由此决定要做出什么反应。

1.2　杀蚜活性

EBF 在高浓度下对蚜虫有杀死活性。比如 EBF 在高浓度（100ng/蚜虫）下，对蚜虫有明显的毒杀作用（Van et al.，1990）。中国农业大学杨新玲研究团队筛选 EBF 类似物时，发现EBF在高浓度下对多种蚜虫均表现出杀死活性。例如，EBF在600μg/mL浓度下，对五日龄黑豆蚜（*Aphis craccivora* Koch）的致死率达到94%（孙玉凤等，2011）；EBF在300、150和75μg/mL三种浓度下，对桃蚜（*Myzus persicae*）的致死率分别达到65.3%、53.7%和44.1%（孙亮等，2011）；EBF在300和150μg/mL两种浓度下，对大豆蚜（*Aphis glycines*）的致死率分别达到65.1%和21.5%（秦耀果等，2015）。

1.3 吸引天敌

EBF不仅能对同种蚜虫释放危险信号，起到报警作用，而且还可以作为天敌捕食或者寄生的信号。如EBF对蚜虫的天敌具有利它素作用，Abassi研究组（2000）和Francis（2004）等研究了EBF对蚜虫天敌瓢虫的诱导活性试验，结果表明，EBF可以诱导瓢虫定位蚜虫；EBF还可以诱导食蚜蝇、蚜茧蜂、步甲等定位并捕食蚜虫，并对天敌食蚜蝇的产卵行为具有调节作用（Francis et al.，2005；Foster et al.，2005；Micha et al.，1996）。蚜虫天敌寄生蜂还可以利用EBF作为寻找寄主植物的信号（Almohamad et al.，2008）。近年来，研究人员开始利用转基因技术，将EBF合成基因导入植物当中。Beale等（2006）研究发现，转基因拟南芥释放的EBF不仅可以吸引天敌蚜茧蜂，并且在一定程度上能防治蚜虫。中国农科院植保所研究发现，将EBF合成基因转入到作物马铃薯中，转基因的马铃薯释放的EBF，虽不能显著地驱避蚜虫，但可以有效地吸引天敌草蛉（Yu et al.，2012）。英国洛桑研究所Bruce等（2015）利用基因工程将EBF合成基因转入小麦作物，纯的EBF得以持续释放，虽然室内生测活性表明这种转基因小麦可以驱避蚜虫，并增加天敌寄生蜂的取食行为，但田间试验结果表明，转基因小麦不能减少蚜虫数量和增加天敌。

1.4 其他生物活性

EBF还具有其他生物活性。Phelan等（1982）研究发现，EBF不仅可以减少有翅蚜虫刺吸植物汁液，而且可以增加其在寄主植物上的活动时间。EBF与商品化药剂混用防治蚜虫时，可以作为增效剂，增加蚜虫在作物上与药剂的接触时间与接触几率，从而提高防治蚜虫的效果（Cui et al.，2012）。EBF还具有类似于保幼激素III的功能，影响昆虫变态发育（Mauchamp et al.，1987）。另外，研究发现，EBF能够影响基因表达（De Vos et al.，2010），能够调控蚜虫有翅蚜与无翅蚜的比例，还能够调节蚜虫的繁殖，减轻蚜虫的体重，对后代有翅蚜发育产生影响（路虹等，1994；Kunert et al.，2005；Kunert et al.，2007）。

2 EBF的结构改造及其类似物的生物活性

2.1 降低不饱和度及其类似物的生物活性

Nishino（1976a，b）和Bowers（1977）研究了一些碳原子数为14和15的衍生物，发现以下化合物（1-6）对麦二叉蚜具有较好的报警活性，同时与活性较差化合物结构对比发现：①从左端碳数起，第十个碳上必须存在双键，顺反构型都具有较好的报警活性，此双键必须连有一个可以自由旋转的单键，当此双键被还原则活性消失；②骨架结构中间的双键还原后仍具有报警活性，如果此双键存在则必须为反式结构；③最左端双键对报警活性没有显著影响，可有可无。

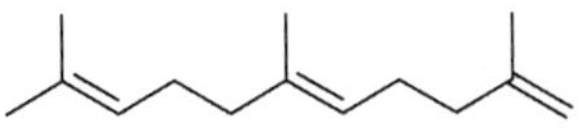

1 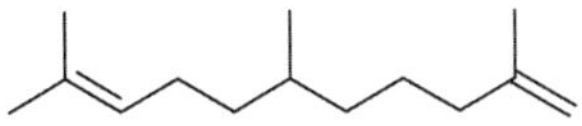 2 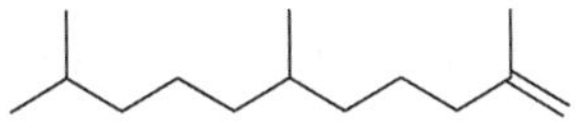 3

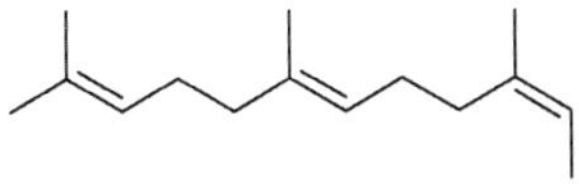

4 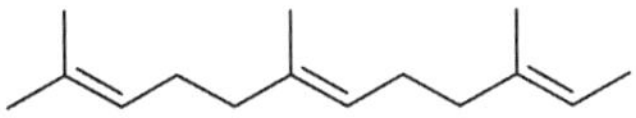 5 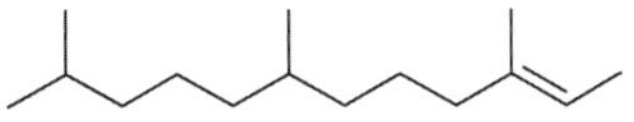 6

Dawson 等（1988）及 Gibson 等（1984）针对 EBF 易氧化、易挥发等特点，从减少不饱和度和增加分子量两方面入手，以增加 EBF 类似物在空气中的稳定性和降低其挥发性。他们利用亲双烯体与 EBF 的共轭双键进行 Diels-Alder 反应，将末端的共轭双键用环状结构保护起来，合成了以下结构的化合物（7-10）：

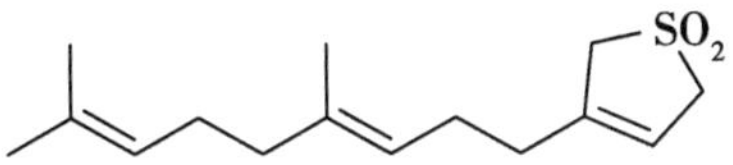

SO_2

7

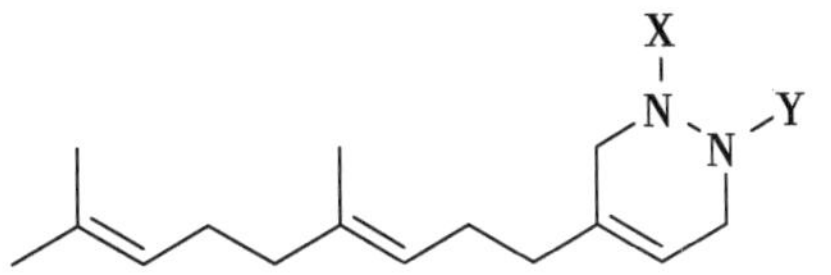

X N N Y

8

其中，48a：X = Y = $COOC_2H_5$；48b：X = $COOC_2H_5$，Y=H；48c：X = Y = CH_3。

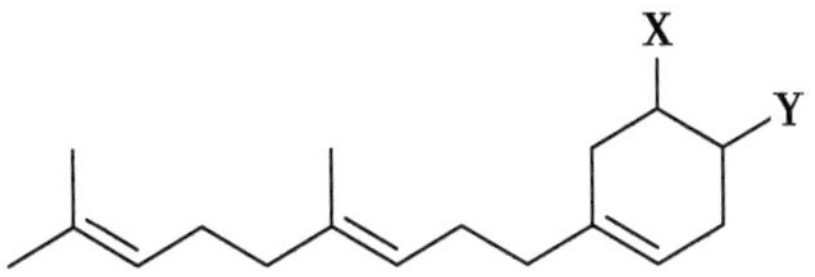

X Y

9

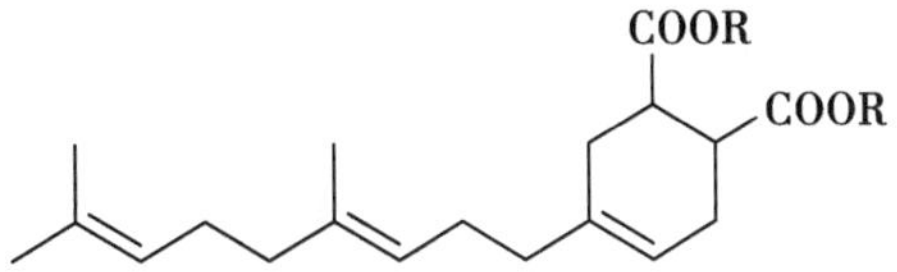

COOR COOR

10

通式 9 中，9a：X = Y = $COCH_3$；9b：X = Y = $COOC_2H_5$；9c：X = Y = COO$(CH_2)_9CH_3$；9d：X = Y = COONa。通式 10 中，10a：C_2H_5；10b：$(CH_2)_7CH_3$；10c：$(CH_2)_8CH_3$；10d：$(CH_2)_9CH_3$；10e：$(CH_2)_{10}CH_3$；10f：$(CH_2)_{11}CH_3$；10g：$(CH_2)_{13}CH_3$；10h：$(CH_2)_9CH = CH_2$；10i：$(CH_2)_5CH = CH(CH_2)_7CH_3$；10j：$CH(CH_3)(CH_2)_8CH_3$。

在这些化合物中，化合物 7 可以释放出 EBF，该化合物具有与 EBF 相当的报警活性，但是由于其分解过程中释放二氧化硫，会对植物叶片产生药害，因此不能在田间应用。在通式（8-10）的化合物中，大部分化合物不仅对蚜虫具有较好的报警活性，而且可以有效地防止蚜虫传播甜菜黄矮病毒及马铃薯 Y 病毒，其中化合物 10e 的活性最好。而 EBF 只对蚜虫具有报警活性，不能防治蚜虫传播植物病毒。

李正名等（1987）以易得的柠檬醛为原料，经还原、氯化、丙酮化及羰基烯化等反应，合成了 EBF 类似物 11。其中，R 为 H，CH_3，C_2H_5，n-C_3H_7，$CH=CH_2$，$CO_2C_2H_5$，CN，Ph。生物实验结果表明，当 R 为 H、CH_3、$CO_2C_2H_5$时化合物对蚕豆蚜（*Aphid craccivora* Kich）有明显的报警活性，活性顺序为 H> CH_3> $CO_2C_2H_5$，而其他化合物均无活性。

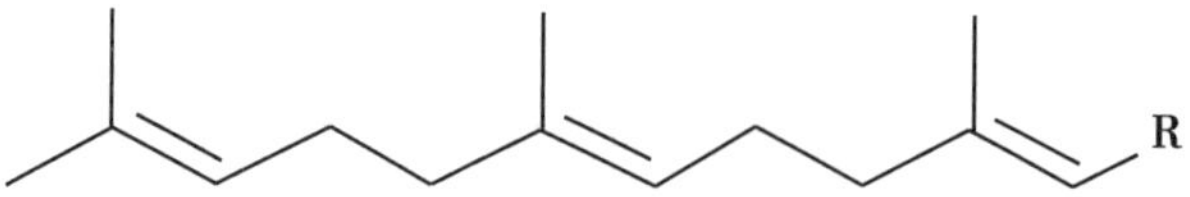

R

11

2.2 引入杂原子及其类似物的生物活性

Briggs 等（1986）首次将氟原子引入到 EBF 的结构中，合成一系列含氟的 EBF 类似物，其中两个含氟 EBF 类似物 12 和 13，对桃蚜（*Myzus persicae*）的报警活性与 EBF 相当，但稳定性显著高于 EBF。

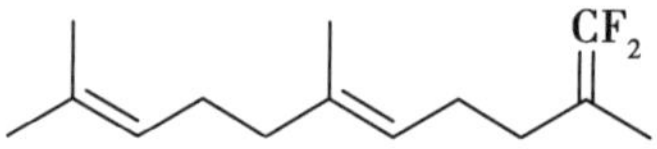

CF_2

12

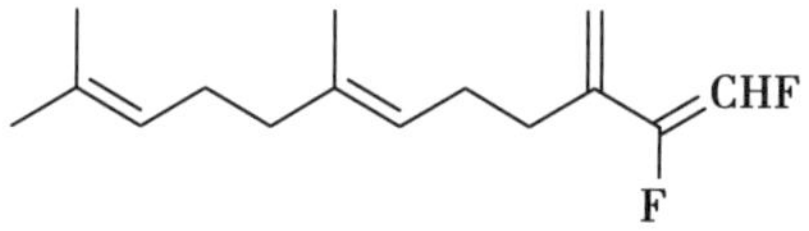

CHF

F

13

张钟宁等（1988）以 Dawson 改造的化合物为先导，对左侧末端双键进行改造，引入氯、甲氧基、环氧基等杂原子合成了一系列具有较好生物活性的化合物。生物活性测试结果表明，化合物（14-17）对桃蚜均具有较好驱避活性。有意思的是，当利用 Diels-Alder 反应将两个 EBF 分子首尾连接在一起得到的化合物不具有生物活性，但是当全部五个双键被氢化还原得到的化合物 18 则对桃蚜有生物活性。

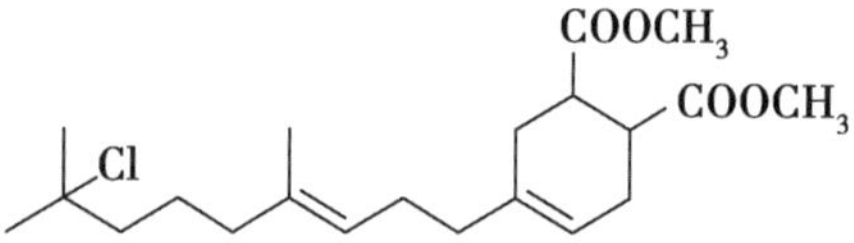

$COOCH_3$

$COOCH_3$

Cl

14

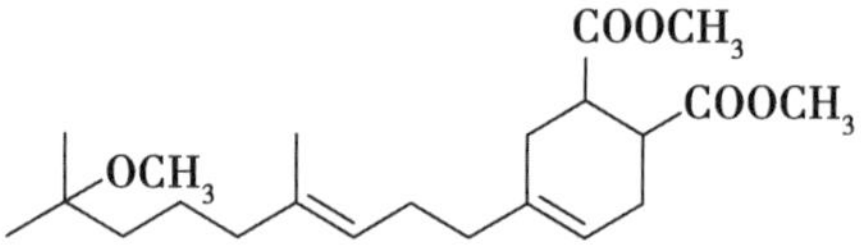

$COOCH_3$

$COOCH_3$

OCH_3

15

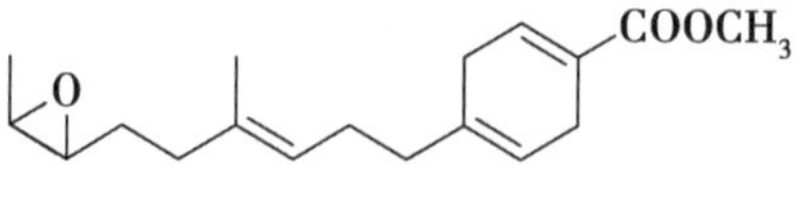

$COOCH_3$

O

16

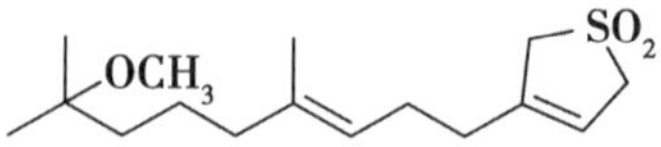

SO_2

OCH_3

17

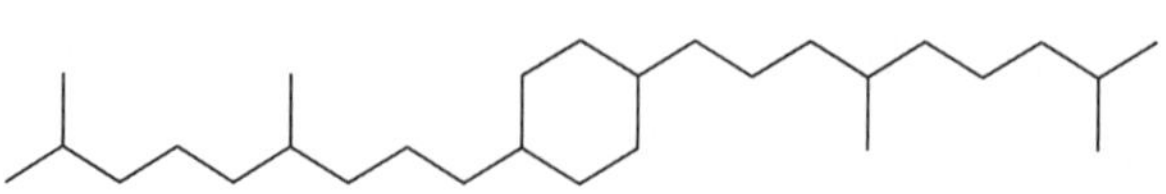

18

2.3 引入杀虫活性杂环及其类似物的生物活性

杨新玲等（2004）首次引入具有杀虫活性的片段咪唑烷，用 N 代替 EBF 中的 C9，用 C=N 代替 C10 上的 C=C，合成了如下通式的化合物 19。EBF 的共轭双键结构替换为五元含氮杂环后仍具有生物活性。在行为实验中发现，19a 及 19b 对菜缢管蚜（*Lipaphis erysimi*）表现出一定的驱避报警活性。更有意思的是，化合物 19g-19j 及 19m 具有很好的杀蚜活性，在低浓度时活性尤其显著，如浓度为 25 mg/L 时，处理 48 h 后，蚜虫的校正死亡率分别达到 93.1%和 87.1%。因此，该类 EBF 类似物不仅仅具有驱避活性，而且兼有杀蚜活性，可能代表一种新颖的、具有重要意义的蚜虫控制剂。

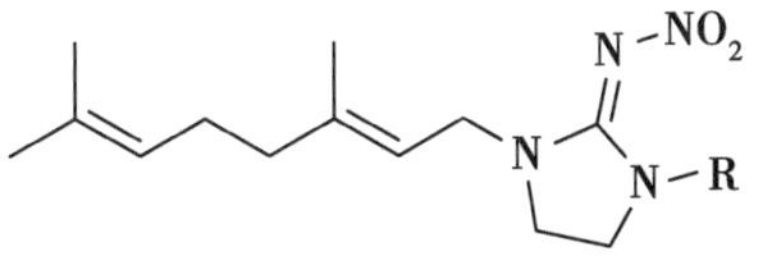

19

其中 R 为：

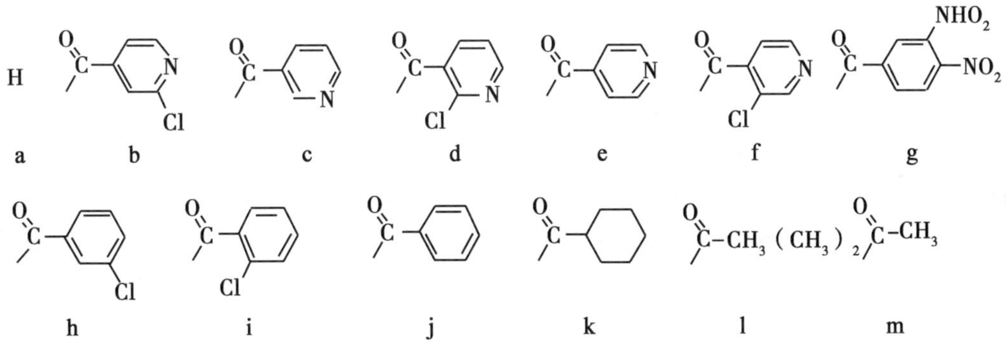

在此基础上，康铁牛等（2004）将不同的新烟碱类杀虫剂药效团（咪唑烷和噁二嗪杂环）引入到 EBF 骨架结构中，合成了如下结构通式的化合物 20 和 21。初步杀虫活性结果表明，化合物 20 对菜缢管蚜（*L. erysimi*）均有一定的杀蚜活性，部分化合物的生物活性优于对照药剂噻虫啉；同一杂环而取代基不同，杀蚜活性存在较大差异。当噁二嗪 5 位连接的烷基主链 C 原子数为两个时，具有优异的杀蚜活性，连接其他烷基时则活性较低；杂环的不同是导致活性差异的主要原因；化合物 21 中取代基 R 对其生物活性有重要的影响，其中 R 为 $CH(CH_3)_2$的化合物 CAU-1204 活性最好。

为了增强 EBF 类似物的稳定性和脂溶性，邱庆正等（2008）在前期改造的含咪唑环及噁二嗪环的类似物结构基础上，对其结构中的左侧末端双键进行改造，引入不同种类的杂原子基团，设计并合成了化合物 22 及 23。生测实验结果表明，在 600 mg/L 浓度下化合物 22 和 23 不仅对棉蚜（*Aphis gossypii*）表现出中等杀虫活性，对小菜蛾（*Plutella xylostella*）也具有一定致死活性，同时对朱砂叶螨（*Tetranychus cinnabarinus*）有一定的杀螨活性。

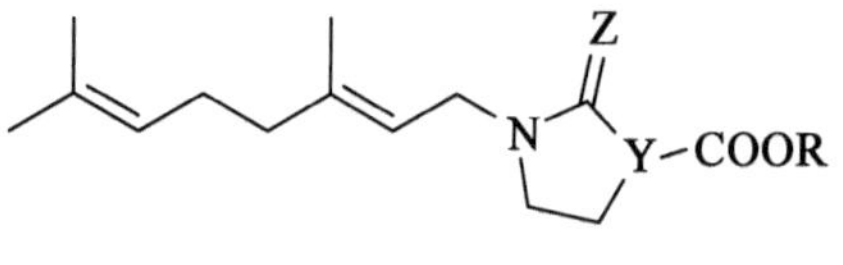

20 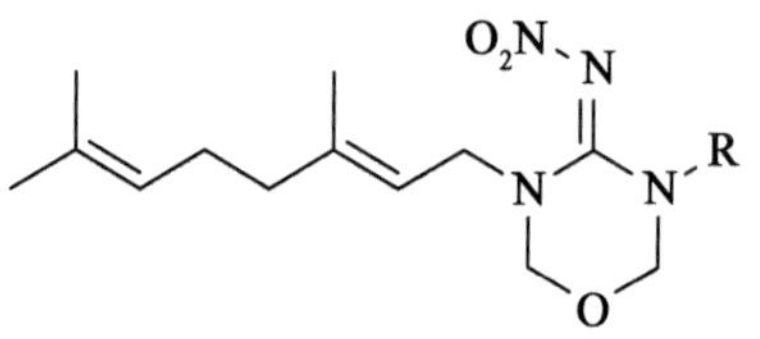　　21

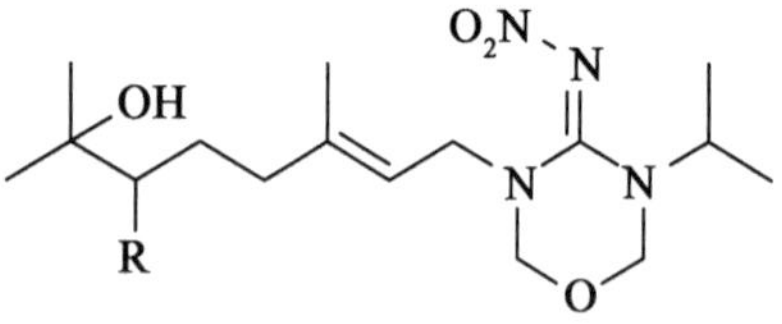

22 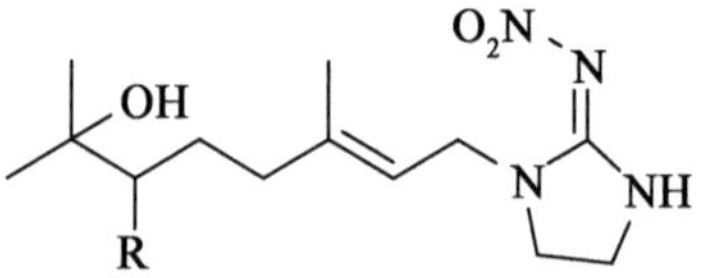　　23

通过活性亚结构拼接的方法，孙亮等（2013）将商品化新烟碱开环活性片段、吡蚜酮的活性杂环部分三嗪酮杂环和氟啶虫酰胺中的吡啶甲酰胺结构分别引入到EBF骨架中，设计合成了如下图所示结构通式的化合物24、25和26。生测结果表明，化合物24和EBF的结构具有更高相似性，并且大部分化合物对桃蚜（*M. persicae*）的杀虫活性优于CAU-1204，并对朱砂叶螨（*T. cinnabarinus*）和小菜蛾（*P. xylostella*）具有较好的生物活性。25和26化合物大部分对桃蚜、菜缢管蚜具有较好的杀虫活性，化合物25对桃蚜的杀虫活性与CAU-1204相当；而在化合物26中，A为O、R为4-Cl时的活性优于对照药剂吡蚜酮和EBF，并优于CAU-1204。

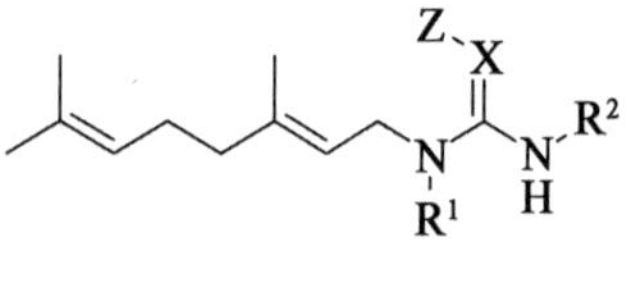

24 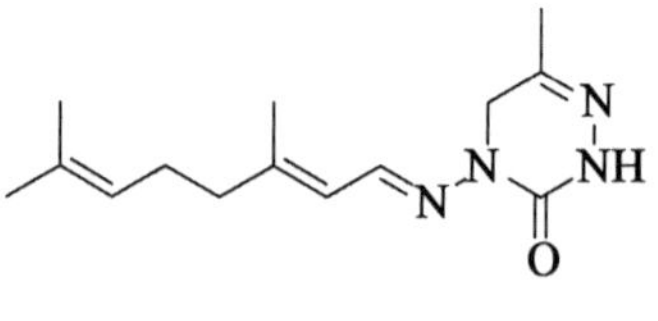　　25 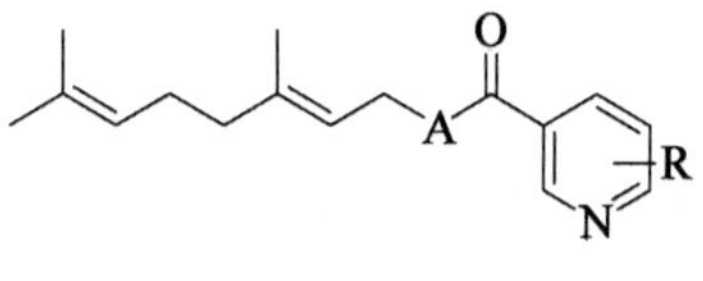　　26

刘少华（2014）和秦耀果等（2016）采用活性亚结构拼接和生物电子等排原理，将具有杀虫活性的均三嗪环等结构代替EBF结构中的共轭双键，设计合成了如下图所示结构的化合物27、28和29。生物活性试验结果表明，均三嗪环基团的引入有利于杀虫活性，所合成的EBF类似物对大豆蚜均表现出一定的杀虫活性。其中，化合物27中，Ar为Cl-Pry、Cl-Thy和F-Pry时的杀蚜活性较为显著，对大豆蚜的LC_{50}分别为0.73 mg/L、0.50 mg/L、0.67 mg/L、0.33 mg/L与商品化药剂吡虫啉的活性（对大豆蚜的LC_{50}为

0. 25mg/L）相当。化合物 29 除了表现出较好的杀蚜活性，还显示出对蚜虫的驱避活性。

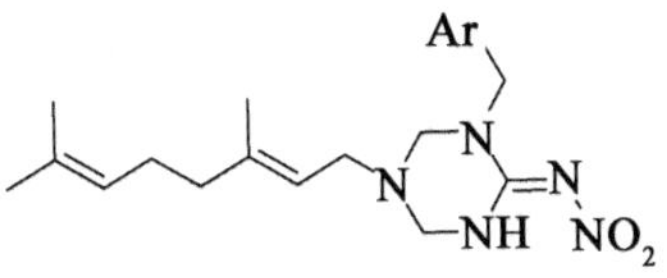

27 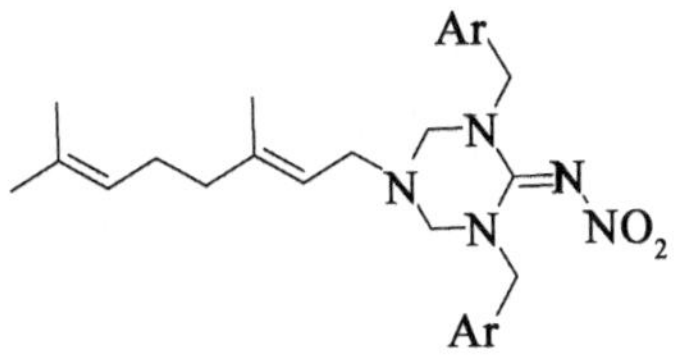　　28 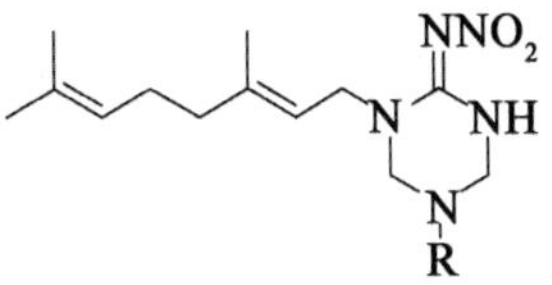　　29

张景朋等（2016，2017）将不同类型的杂环，如苯环、吡啶环、噻唑环、苯并噻唑、嘧啶等结构，通过胺基直接与香叶基链相连，设计合成了如下图所示结构的化合物 30。生物活性试验结果表明，引入不同类型的杂环基团，所得 EBF 类似物表现出杀蚜活性和蚜虫驱避活性。化合物 30 中，Het 为 5-Me-pyridin-2-yl 时，化合物的驱避活性最优，达到 64. 6%；Het 为 5-Me-（1，3，4-thiadiazol）-2-yl 时，化合物的杀蚜活性最优，达到 75. 5%。

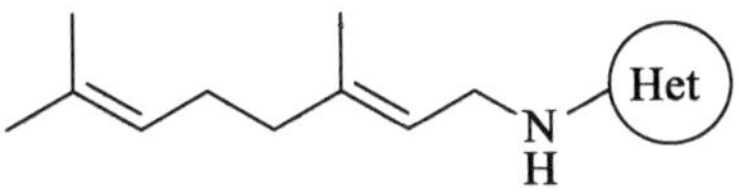

30

2. 4　共轭双键环化为杂环及其类似物的生物活性

Sun 等（2011，2012）和 Zhang 等（2017）将苯环、吡唑杂环和噻二唑环引入 EBF 骨架结构中，替换 EBF 结构中的不稳定共轭双键，通过酯基、（N 取代）酰胺基与香叶基链连接，设计合成了如下通式化合物（31-34）。结果表明，由于芳香性杂环的引入，目标化合物不仅具有较好的稳定性，而且均表现出较好的生物活性。含酯基的引入有利于驱避活性，而酰胺基的引入有利于杀蚜活性。

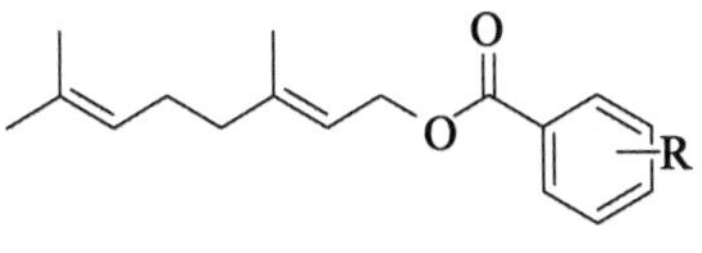

31 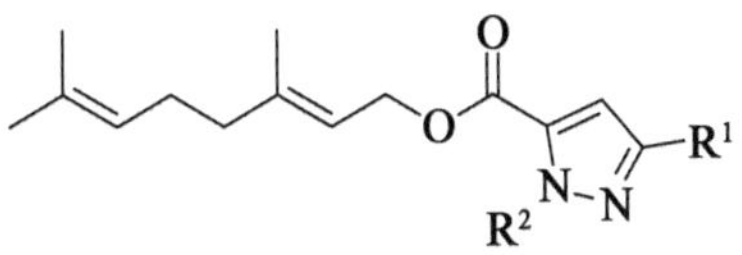　　32

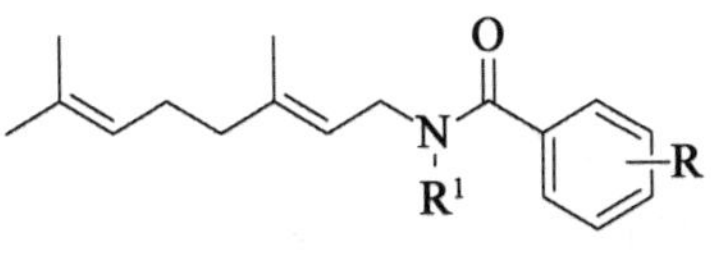

33 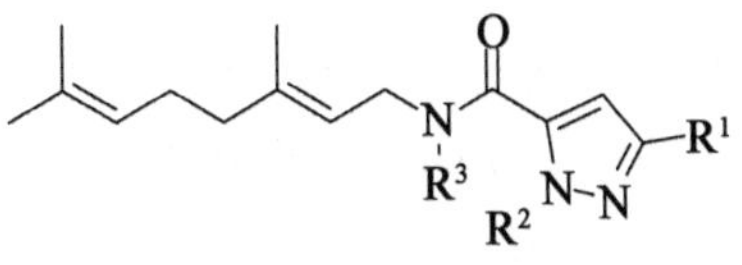　　34

为了探究了酯基的朝向及分子的长度对于 EBF 类似物驱避活性的影响，李文浩等（2016）以 31 号化合物为先导，通过改变以前 EBF 结构改造中的酯基的连接方向或去掉了香叶基与酯基连接部分的两个亚甲基，从而缩短碳链的长度，设计、合成了如下结构通式的 EBF 类似物 35 和 36。结果表明，在保留先导化合物苯环的情况下，酯基的方向的改变对于化合物的驱避蚜虫活性是有利的。而香叶基与酯基相连的两个亚甲基的结构对于化合物驱避活性的影响，还取决于苯环上取代基类型及取代基位置。

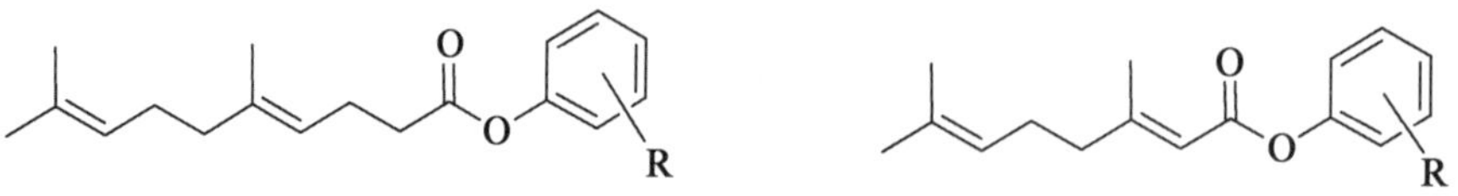

35　　36

杜少卿等（2016）从增加 EBF 的稳定性及增加抗虫活性入手，将茉莉酸结构引入 EBF 骨架结构中，设计、合成了含茉莉酸基团的 EBF 类似物 37 和 38 对桃蚜具有较好的驱避活性，在 5μg 的剂量下对桃蚜的驱避率分别达到 80. 9%和 70%，尤其是化合物 37，驱避率接近先导 EBF，而且化合物味道清新，带有明显的茉莉花香。

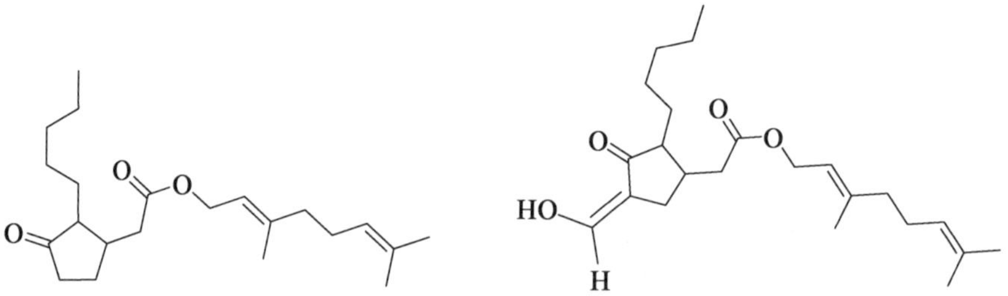

37　　38

2.5　桥链替代共轭双键及其类似物的生物活性

刘少华等（2016）采用活性亚结构拼接和生物电子等排原理，将肉桂醛、肟醚和草酸结构分别替代 EBF 骨架结构中的末端共轭双键，设计、合成了与先导 EBF 结构较为接近的目标化合物 39 和 40。蚜虫驱避活性测定结果表明，在 5μg 剂量下，引入肉桂醛、肟醚结构和草酸结构的化合物均表现出驱避活性。部分化合物的驱避蚜虫活性较好，如化合物 79 中 R 为 4-Cl 和化合物 40 中 R 为 2，4-Cl_2、X 为 NH 时，对蚜虫的驱避率分别达到 61. 9%和 64. 3%。进一步对以上化合物的生物活性数据分析，将 logP 值的概念引入到 EBF 类似物杀虫活性及驱避活性的影响因素中，并认为当 EBF 类似物与杀虫活性基团拼接，logP 值小于 4. 7 时，化合物更倾向于杀虫活性，而当 EBF 类似物的结构与先导 EBF 接近，其熔点在 40℃以下或常温下为液态，且 logP 值高于 5. 3 的时候，化合物倾向于驱避活性。

孙亮等（2013）还将具有广泛生物学活性的肉桂醛活性基团引入 EBF 骨架结构，从驱避活性角度考虑，分别设计、合成了含有肉桂酰胺结构的目标化合物 41 以及含肉桂醛

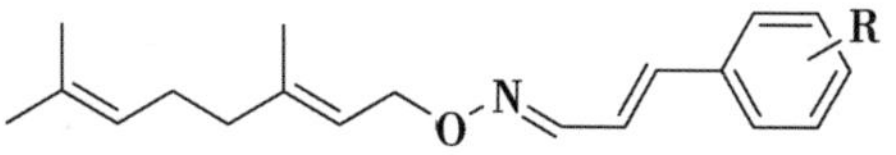

39

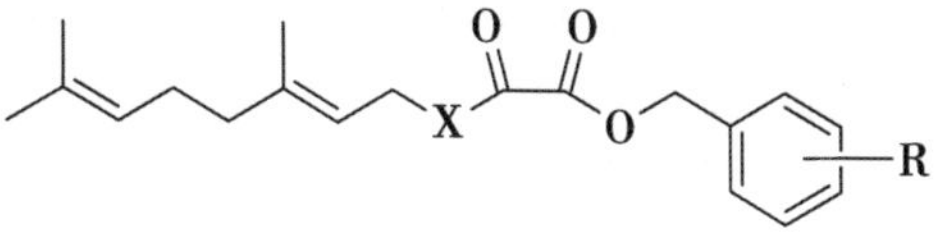

40

基团的目标化合物 42。其中，含肉桂醛基团的化合物 42 中，R 为氢和 4-甲基苯环时，在 5μg 剂量下，显示了对桃蚜较好的驱避活性，对桃蚜的驱避率分别为 58.3%和 61.9%，虽弱于先导 EBF 的驱避率 91.2%，但目标化合物的分子稳定性显著提高。

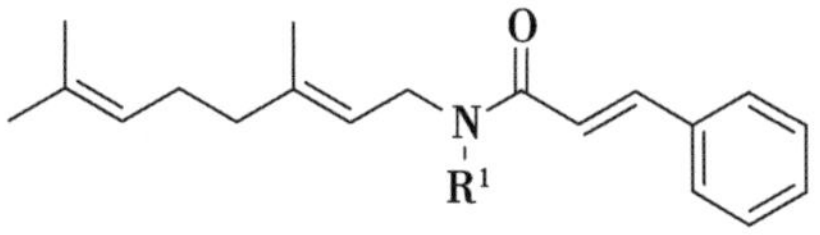

41

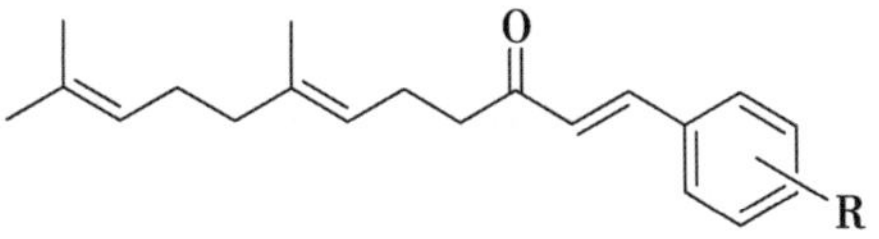

42

3 结语与展望

与传统杀蚜剂相比，蚜虫报警信息素的优势在于无毒、低量高效、专一性强，因而对环境更加友好。对天然蚜虫报警信息素分子减少不饱和度、增加分子量、引入杂原子、引入杂环、共轭双键环化为杂环和桥链替代共轭双键等方式，能够保持天然的蚜虫报警信息素的生物活性并提高其稳定性。大量的试验结果表明，结构修饰后的报警信息素类似物对蚜虫仍表现出致死、驱避等多样的生物活性。因此，EBF 类似物在蚜虫的综合防治方面具有良好的应用前景，尤其是当报警信息素的使用存在降解速度快、易氧化、易挥发、稳定性差和成本高等问题时。其开发和应用工作的开展，势必给当今农业生产所面临的蚜虫抗药性和环境污染严重等问题提供新的解决方案和途径。然而，国内目前尚未见与其相关的商品化品种，因此加强对该类化合物的关注显得尤为必要。

参考文献

杜少卿 . 2016. 以气味相关蛋白为导向的（E）-β-法尼烯类似物的设计、合成和生物活性［D］. 北京：中国农业大学 .

康铁牛 . 2004. 新型含杂环 EBF 类似物的合成和生物活性研究［D］. 北京：中国农业大学 .

李文浩 . 2016. 含芳香环 EBF 类似物的设计、合成及生物活性研究［D］. 北京：中国农业大学 .

李正名，王天生，么恩云，等 . 1987. 昆虫信息素研究 III. 拟蚜虫警戒素的研究［J］. 化学学报，45：1124-1128.

刘少华 . 2014. 新烟碱与 EBF 类似物的设计、合成及生物活性研究［D］. 北京：中国农业大学 .

路虹，宫亚军，王军，等 . 1994. 蚜虫报警信息素对桃蚜产生有翅蚜的影响［J］. 北京农业科学，12（5）：1-4.

秦耀果，曲焱焱，张景朋，等 . 2015. 不同杂环取代 E-β-Farnesene 类似物的合成及生物活性研究

[J]. 有机化学，35（2）：455-461.
邱庆正．2008. EBF 类似物的端基双键结构优化与生物活性研究［D］. 北京：中国农业大学．
孙亮，凌云，王灿，等．2011. 含硝基胍 E-β-法尼烯类似物的合成及生物活性研究［J］. 有机化学，31（12）：2061-2066.
孙亮．2013. EBF 类似物 CAU-1204 的合成工艺及结构优化研究［D］. 北京：中国农业大学．
孙玉凤，李永强，凌云，等．2011. 含吡唑甲酰胺基 E-β-法尼烯类似物的设计、合成及生物活性［J］. 有机化学，31（9）：1425-1432.
杨新玲，黄文耀，凌云，等，2004.［反］-β-法尼烯类似物的设计，合成与生物活性研究［J］. 高等学校化学学报，25（9）：1657-1661.
张景朋，秦耀果，李文浩，等．2016. 含苯环（E）-β-Farnesene 类似物的设计、合成及驱避活性研究［J］. 有机化学，36（8）：1883-1889.
张景朋，秦耀果，李欣潞，等．2017. 含亚胺基（E）-β-Farnesene 类似物的设计、合成及生物活性研究［J］. 有机化学，37（4）：987-995.
张钟宁，刘珣，Pickett J A. 1988. 几种具有生物活性的蚜虫报警信息素类似物［J］. 昆虫学报，31（4）：435-438.
Abassi S，Birkett M A，Pettersson J，et al. 2000. Response of the seven-spot ladybird to an aphid alarm pheromone and an alarm pheromone inhibitor is mediated by paired olfactory cells［J］. J. Chem. Ecol.，26（7）：1765-1771.
Almohamad R，Verheggen F，Francis F，et al. 2008. Emission of alarm pheromone by non-preyed aphid colonies［J］. J. Appl. Entomol.，132（8）：601-604.
Beale M H，Birkett M A，Bruce T J A，et al. 2006. Aphid alarm pheromone produced by transgenic plants affects aphid and parasitoid behavior［J］. P. Natl. Acad. Sci.，103（27）：10509-10513.
Bower W. 1972. Aphid alarm pheromone：isolation，identification，synthesis［J］. Science，177：1121-1122.
Bowers W S，Nishino C，Montgomery M E，et al. 1977. Structure-activity relationships of analogs of the aphid alarm pheromone，（E）-β-farnesene［J］. J. Insect Physiol.，23（6）：697-701.
Bowers W S，Nishino C，Montgomery M E，et al. 1977. Sesquiterpene progenitor，germacrene A：an alarm pheromone in aphids［J］. Science（New York），196（4290）：680-681.
Briggs G G，Cayley G R，Dawson G W，et al. 1986. Some fluorine-containing pheromone analogues［J］. Pestic. Manag. Sci.，17（4）：441-448.
Bruce T J A，Aradottir G I，Smart L E，et al. 2015. The first crop plant genetically engineered to release an insect pheromone for defence［J］. Sci. Rep.，5：11183.
Büsgen M. 1891. Der honigtau biologische studien an pflanzen und pflanzenlaüsen［J］. Jena. Zeits. Naturwiss，25：339-428.
Butenandt A. 1959. Über den Sexual-lockstoff des seidenspinners bombyx mori：reindarstellung und konstitution［J］. Verlag d. Zeitschr. f. Naturforschung：283-284.
Callow R，Greenway A，Griffiths D. 1973. Chemistry of the secretion from the cornicles of various species of aphids［J］. J. Insect Physiol.，19（4）：737-748.
Cui L L，Dong J，Francis F，et al. 2012. E-b-farnesene synergizes the influence of an insecticide to improve control of cabbage aphids in China［J］. Crop Prot.，35：91-96.
Dawson G W，Griffiths D C，Pickett J A，et al. 1988. Structure/activity studies on aphid alarm pheromone derivatives and their field use against transmission of barley yellow dwarf virus［J］. Pestic. Sci.，22（1）：17-30.

Dawson G, Gibson R, Griffiths D, et al. 1982. Aphid alarm pheromone derivatives affecting settling and transmission of plant viruses [J]. J. Chem. Ecol., 8 (11): 1377-1388.

De Vos M, Cheng W Y, Summers H E, et al. 2010. Alarm pheromone habituation in *Myzus persicae* has fitness consequences and causes extensive gene expression changes [J]. P. Natl. Acad. Sci., 107: 14673-14678.

Dixon A F G. 1958. The escape responses shown by certain aphids to the presence of the coccinellid *Adalia decempunctata* (L.) [M]. London: Trans. R Ent Soc: 319-334.

Edwards L, Siddall J, Dunham L, et al. 1973. Trans-β-farnesene, alarm pheromone of the green peach aphid, *Myzus persicae* (Sulzer) [J]. Nature, 241: 126-127.

Foster S, Denholm I, Thompson R, et al. 2005. Reduced response of insecticide-resistant aphids and attraction of parasitoids to aphid alarm pheromone; a potential fitness trade-off [J]. B. Entomol. Res., 95 (1): 37-46.

Francis F, Lognay G, Haubruge E. 2004. Olfactory responses to aphid and host plant volatile releases: (E) -β-farnesene an effective kairomone for the predator *Adalia bipunctata* [J]. J. Chem. Ecol., 30 (4): 741-755.

Francis F, Martin T, Lognay G, et al. 2005. Role of (E) -beta-farnesene in systematic aphid prey location by*Episyrphus balteatus* larvae (Diptera: Syrphidae) [J]. Eur. J. Entomol., 102 (3): 431-436.

Francis F, Vandermoten S, Verheggen F, et al. 2005. Is the (E) -β-farnesene only volatile terpenoid in aphids [J]. J. Appl Entomol., 129 (1): 6-11.

Gibson R, Pickett J, Dawson G, et al. 1984. Effects of aphid alarm pheromone derivatives and related compounds on non-and semi-persistent plant virus transmission by*Myzus persicae* [J]. Ann. Appl. Biol., 104 (2): 203-209.

Gibson R, Pickett J. 1983. Wild potato repels aphids by release of aphid alarm pheromone [J]. Nature, 302: 608-609.

Gut J, Harrewijn P, Van O A M, et al. 1987. Additional functions of alarm pheromones in development processes of aphids [J]. Mededelingen van de Faculteit Landbouwwetenschappen, Universiteit Gent, 52: 371-378.

Kislow C J, Edwards L. 1972. Repellent odour in aphids [J]. Nature, 235: 108-109.

Kunert G, Otto S, Röse U S R, et al. 2005. Alarm pheromone mediates production of winged dispersal morphs in aphids [J]. Ecolo. Lett., 8 (6): 596-603.

Kunert G, Trautsch J, Weisser W W. 2007. Density dependence of the alarm pheromone effect in pea aphids, *Acyrthosiphon pisum* (Sternorrhyncha: Aphididae)[J]. Eur. J. Entomol., 104 (1): 47-50.

Lawrence M D, Alex H G F, Roitberg B D. 1990. The economics of escape behaviour in the pea aphid, *Acyrthosiphon pisum* [J]. Oecologia, 83: 473-478.

Leal W S. 2013. Odorant reception in insects: roles of receptors, binding proteins, and degrading enzymes [J]. Annu. Rev. Entomol., 58: 373-391.

Mauchamp B, Pickett J J. 1987. Juvenile hormone-like activity of (E) -β-farnesene derivatives [J]. Agronomie, 7: 523-529.

Micha S G, Wyss U. 1996. Aphid alarm pheromone (E) -β-farnesene: A host finding kairomone for the aphid primary parasitoid *Aphidius uzbekistanicus* (Hymenoptera: Aphidiinae) [J]. *Chemoecology*, 7 (3): 132-139.

Mondor E B, Roitberg B D. 2003. Age-dependent fitness costs of alarm signaling in aphids [J]. Canadian

Journal of Zoology, 81 (5): 757–762.

Mondor E B, Roitberg B D. 2004. Inclusive fitness benefits of scent–marking predators [J]. Proceedings of the Royal Society of London Series B: Biological Sciences, 271 (5): 341–343.

Mondor E, Addicott J. 2007. Do exaptations facilitate mutualistic associations between invasive and native species? [J] Biology Invasions, 9: 623–628.

Montgomery M, Nault L. 1977. Compararive response of aphids to the alarm pheromone, (E) –β–farnesene [J]. Entomologia Experimentalis et Applicata, 22 (3): 236–242.

Nault L R, Montgomery M E, Bowers W S. 1976. Ant–aphid association: role of aphid alarm pheromone [J]. Science, 192: 1349–1351.

Nishino C, Bowers W S, Mointgomery M E, et al. 1976. Aphid alarm pheromone mimics: the nor–farnesenes [J]. Appl. Entomol. Zool., 11 (4): 340–343.

Nishino C, Bowers W S, Montgomery M E, et al. 1977. Alarm pheromone of the spotted alfalfa aphid, *Therioaphis maculata* Buckton (Homoptera: Aphididae) [J]. J. Chem. Ecol., 3 (3): 349–357.

Nishino C, Bowers W S, Montgomery M E, et al. 1976. Aphid alarm pheromone mimics: sesquiterpene hydrocarbons [J]. Agric. Biol. Chem., 40 (11): 2303–2304.

Phelan P L, Miller J R. 1982. Post–landing behavior of alate *Myzus–persicae* as altered by (E) –beta–Farnesene and 3 carboxylic–acids [J]. Entomol. Exp. Appl., 32 (1): 46–53.

Pickett J, Griffiths D. 1980. Composition of aphid alarm pheromones [J]. J. Chem. Ecol., 6 (2): 349–360.

Pickett J, Wadhams L, Woodcock C, et al. 1992. The chemical ecology of aphids [J]. Annu. Rev. Entomol., 37 (1): 67–90.

Qin Y G, Zhang J P, Song D L, et al. 2016. Novel (E) –β–Farnesene analogues containing 2–nitroimino-hexahydro–1, 3, 5–triazine: synthesis and biological activity evaluation [J]. Molecules, 21, 825.

Robertson I C, Roitberg B D, Williamson I, et al. 1995. Contextual chemical ecology: an evolutionary approach to the chemical ecology of insects [J]. American Entomologist, 41 (4): 237–240.

Sun Y F, De B F, Qiao H L, et al. 2012. Two odorant–binding proteins mediate the behavioural response of aphids to the alarm pheromone (E) – β – farnesene and structural analogues [J]. PloS One, 7 (3): e32759.

Sun Y F, Qiao H L, Ling Y, et al. 2011. New analogues of (E) –β–farnesene with insecticidal activity and binding affinity to aphid odorant – binding proteins [J]. J. Agric. Food Chem., 59 (6): 2456–2461.

Van O A M, Gut J, Harrewijn P, et al. 1990. Role of farnesene isomers and other terpenoids in the development of different morphs and forms of the aphids *Aphis fabae* and *Myzus persicae* [J]. Acta Phytopathol. Entomol. Hung., 25: 331–342.

Yu X, Jones H D, Ma Y, et al. 2012. (E) –β–Farnesene synthase genes affect aphid (*Myzus persicae*) infestation in tobacco (*Nicotiana tabacum*) [J]. Funct. Integr. Genomic, 12 (1): 207–213.

Zhang J P, Qin Y G, Dong Y W, et al. 2017. Synthesis and biological activities of (E) –β–farnesene analogues containing 1, 2, 3–thiadiazole [J]. Chinese Chem. Lett., 28: 372–276.

手性农药在农产品加工过程中选择性行为研究进展*

Recent Progress of the Stereoselective Behavior of Chiral Pesticides in Agricultural Products during Processing

刘　娜**，张志宏***
（沈阳农业大学园艺学院，沈阳　110866）

随着生活水平的提高，人们的饮食结构正发生变化，特别是发达国家和地区对食品的质量要求越来越高。低脂肪、低胆固醇、无残留的农产品已成为消费者的理性选择，农产品质量安全也因此受到国内外消费者的关注。然而目前农产中的最大残留限量（maximum residue limit，MRL）的规定仍是以初级农产品为主要研究对象开展的。在日常生活中，绝大部分农产品是经过一系列加工后才流向市场供消费者选择。但不同的加工流程会对农药残留产生不同的影响，有些加工过程能导致农产品中农药残留水平降低，有些加工过程则能使农产品中农药残留浓缩富集，甚至产生比母体毒性更大的代谢产物（赵柳微，2015）。其中，典型的加工方式如洗涤、去壳去皮、榨汁、酒精和醋饮料的酿制会使农药发生一定的挥发、分解和代谢行为从而导致加工后的农产品中农药残留水平降低。Schattenberg 等（1996）研究了克菌丹经水洗后才葡萄和草莓中的残留量，发现葡萄中克菌丹的去除率达到 89%。而草莓中去除率较低，说明洗涤对农药残留的去除与残留位置、洗涤时间、洗涤温度有关；Han 等（2013）研究表明毒死蜱及其代谢物主要存在番茄皮中，去皮可以减少 63.5%毒死蜱和 53.3%代谢物的残留量；Rasmussen 等（2003）研究了苹果经榨汁、澄清和过滤后果汁中毒死蜱、S2 戊氰菊酯和谷硫磷的含量，发现这三种农药与原始浓度相比分别减少了 100%、97.8%和 97.6%；Miller 等（1985）研究了葡萄酒发酵过程中甲基毒死蜱、甲基对硫磷残留水平变化，发现发酵 15 天后这两种农药分别降低了 80%、50%。然而一些加工过程会导致农产品中水分减少造成农产品中农药残留水平的上升，如腌制、干制、榨油等。原永兰等（2005）研究了蔬菜深层腌制和浅层腌制农药残留的变化，结果发现深层腌制产品农药残留比原料明显升高，而浅层腌制产品残留却比原料降低；Cabras 等（1998）研究了杏脯干制处理过程中乐果、福美锌和氧化乐果的残留水平变化，结果发现乐果残留水平变化不大，而福美锌和氧化乐果的残留量与初始值相比增加了近 100%；Miyahara 等（1993）研究了大豆油提炼过程中农药残留的变化规律，结果表明敌敌畏经过干燥后农药残留量升高了，但是在经过每个炼油过程后所有农药的残留量都显著降低了。因此，研究加工过程对农药残留的影响，对农药在农产品上的安全性做出科学评价，让消费者接触对农药残留的担忧，同时为加工企业提供更优化的生产工艺，

* 资助项目：中国博士后科学基金第 61 批面上二等资助项目（2017M611266）
** 第一作者：刘娜，女，博士后，从事农药残留与环境毒理方向的研究；E-mail：liuna88@126.com
*** 通信作者：张志宏，教授；E-mail：zhang_sau@163.com

为生产更为健康的食品提供科学依据。

物体不能与镜像重合时，就称该物体为手性物体。对映体（Enantiomer）是指既没有对称中心也没有对称面的分子，存在着一对或几对互为镜像关系而又不能重叠的异构体。当两个对映体以相同摩尔比混合时就是外消旋体（Racemate）。手性化合物对映体间虽然物理化学性质一样，但是各对映体之间所表现出的生物学、毒理学及在环境中的降解半衰期等却存在着差异（李卫东，2013）。在医药中，有很多手性药物由于对映体间毒性不一致导致了威胁人类健康的事件出现。如肽胺哌啶酮也称反应停，它有两个对映体，其中 *R*-肽胺哌啶酮具有镇静功效，能缓解孕妇的妊娠反应，而 *S* 肽胺哌啶酮则可导致婴儿畸形（谷旭，2009）。而在农药中，2006 年中国市场上的手性农药比例占到 40%，并且随着新化合物的开发、登记和使用，该类比例还将持续上升（Zhou，2009）。在毒性上，手性农药两个对映体之间也表现出差异性，如对于斜生栅藻而言，*SR*-（-）-三唑醇的毒性是 *SS*-（-）-三唑醇的 8.2 倍，*R*-（-）-戊唑醇的毒性是 *S*-（+）-戊唑醇的 5.9 倍（李远播，2013）。研究表明粉唑醇在番茄植株内是（-）-*R*-粉唑醇优先降解，而对大型蚤 48h 毒性实验表明，（-）-*R*-粉唑醇毒性是（+）-*S*-粉唑醇的 4.65 倍。

长期以来，绝大部分手性农药以外消旋体形式生产、销售和使用，手性农药在农产品加工过程中的安全评价也被当做单一化合物进行研究，没有考虑食品加工过程中对映体的选择性降解、代谢和转化。手性农药的降解、代谢和转化受加工过程中温度、酸碱度和微生物的影响（Lu，2011a）。手性除草剂禾草灵在发酵过程中表现出显著的选择性降解行为，*S*-禾草灵比 *R*-禾草灵优先降解和代谢（Lu，2011b）。Lu 等（2016）研究了苯霜灵在葡萄酿酒过程中残留量的变化规律，结果发现对映体间存在显著的选择性降解现象，*R*-苯霜灵较 *S*-苯霜灵优先降解，造成 *S*-苯霜灵在葡萄酒中富集。一般认为手性农药对映体的选择性降解、代谢主要表现为两个方面：一方面，对映体发生构型变化，由一种构型变成了旋光性相反的构型，造成另一种构型异构体含量占优；另一方面，其中一种对映异构体在特定环境中被优先降解，造成另一种异构体富集。因此，食品加工过程中不考虑手性农药对映体的选择性降解、代谢和转化特性，将导致其手性农药在食品加工过程中风险评估不准确，可能给人类身体健康和环境安全带来隐患（Liu，2005）。

关键词：手性农药；农产品加工；选择性行为

参考文献

谷旭 . 2009. 禾草灵和苯霜灵对映体的立体选择性环境行为研究［D］. 北京：中国农业大学 .

李卫东 . 2013. 手性污染物在生态环境中的对映体选择性行为研究进展［J］. 北方环境，25：91-97.

李远播 . 2013. 几种典型手性三唑类杀菌剂对映体的分析、环境行为及其生物毒性研究［D］. 北京：中国农业科学院 .

原永兰，窦坦德，苏保乐，等 . 2005. 盐渍加工方式对蔬菜农药残留量的影响［J］. 山东农业科学，（4）：48-49.

赵柳微 . 2015. 干制和发酵过程对枣中农药残留的影响［D］. 北京：中国农业大学 .

Geno P W，Hsu J P，Fry W G，et al. 1996. Effect of household preparation on levels of pesticide residues in produce［J］. Journal of AOAC International，79：1447-1453.

Han Y，Li W，Dong F，et al. 2013. The behavior of chlorpyrifos and its metabolite 3，5，6-trichloro-2-pyridinol in tomatoes during home canning［J］. Food Control，31：560-565.

Liu W, Gan J, Schlenk D, et al. 2005. Enantioselectivity in environmental safety of current chiral insecticides [J]. Proceedings of the National Academy of Sciences, 102: 701.

Lu Y, He Z, Diao J, et al. 2011a. Stereoselective behaviour of diclofop-methyl and diclofop during cabbage pickling [J]. Food Chemistry, 129: 1690-1694.

Lu Y, Diao J, Gu X, et al. 2011b. Stereoselective degradation of Diclofop-methyl during alcohol fermentation process [J]. Chirality, 23: 424-428.

Lu Y, Shao Y, Dai S, et al. 2016. Stereoselective behavior of the fungicide benalaxyl during grape growth and the wine-making process [J]. Chirality, 28 (5): 394-398.

Miller F K, Kiigemagi U, Thomson P. A, et al. 1985. Methiocarb residues in grapes and wine and their fate during vinification [J]. Journal of Agricultural & Food Chemistry, 33: 538-545.

Miyahara M, Saito Y. 1993. Pesticide removal efficiencies of soybean oil refining processes [J]. Journal of Agricultural & Food Chemistry, 41: 731-734.

Paolo C, Alberto A, V L G, et al. 1998. Pesticide residues on field-sprayed apricots and in apricot drying processes [J]. Journal of Agricultural & Food Chemistry, 46: 2306-2308.

Rasmusssen R R, Poulsen M E, Hansen H C B. 2003. Distribution of multiple pesticide residues in apple segments after home processing [J]. Food Additives & Contaminants A, 20: 1044-1063.

Zhou Y, Li L, Lin K, et al. 2009. Enantiomer separation of triazole fungicides by high-performance liquid chromatography [J]. Chirality, 21: 421-427.

昆虫取食胁迫对药用植物化学防御的影响研究进展*

The Research Progress of the Effect to Chemical Defenses of Medicinal Plants Infested by Herbivorous Insects

张大为[1,2]**，惠娜娜[1,2]，魏玉红[1,2]，周昭旭[1,2]，刘月英[1,2]，罗进仓[1,2]***

（1. 甘肃省农业科学院植物保护研究所，兰州 730070；

2. 农业部天水作物有害生物科学观测实验站，天水 741200）

在植物-植食性昆虫漫长的互作过程中，植物不断进化，通过改变形态、物候、化学等构建复杂的防御体系来应对昆虫的侵害。植物防御一般分为组成型防御（constitutive defenses）和诱导型防御（induced defenses），前者为自身天然存在的阻碍昆虫取食的物理及化学因子，后者通过昆虫和病原菌等环境因子诱导产生（Mauricio et al.，1997）。昆虫取食诱导的植物化学防御是近年来化学生态学研究的热门问题，化学防御过程中的次生代谢是植物重要的生命活动，与生长发育及其对环境的适应密切相关。

自 Ehrich 和 Raven 提出昆虫与植物协同进化理论以来，以植物次生物质为媒介的昆虫与植物间的关系成为化学生态学研究的热点之一。植物受害虫胁迫会启动自身防御系统，通过调节生理代谢产生对昆虫有生理活性的次生物质（主要包括含氮化合物、萜类、酚类及聚乙炔类）来干扰昆虫的取食、产卵等行为，进而影响昆虫的生长发育，达到减轻害虫为害的目的（Agrawal，1998；Stamp，2003）。与其他经济作物受虫害诱导产生的次生代谢产物多为副产品不同，药用植物受害虫诱导产生的次生代谢产物往往是其重要的药效物质基础及品质组成。

植物受到不同食性昆虫胁迫也会产生相应的化学防御策略：数量防御（Quantitative defense），通过调整体内单宁和酚类等次生代谢产物的含量以降低昆虫的取食和消化效率，进而降低植食性昆虫的取食为害，可同时防御专食性昆虫和广食性昆虫；质量防御（Qualitative defense），植物受昆虫取食胁迫后，通过产生高毒性的生物碱、芥子油苷等次生代谢产物来防御广食性昆虫（Phillips et al.，2010）。植物化学防御会消耗一定的资源和能量，数量防御合成成本高，对植物适合度影响相对较大；质量防御物质含量低，合成成本低，对植物适合度影响相对较小。植物一般通过低含量、高毒性的次生代谢物质来抵御广食性昆虫为害，但一些专食性昆虫往往将这些物质作为识别寄主植物的化学信号，从而加重对植物的为害（Ali and Agrawal，2012）。Giamoustaris（1995）研究发现，虫害诱导产生的黑芥子苷对广食性昆虫具有防御作用，而 Raybould（2001）研究却发现，虫害

---

* 资助项目：国家自然科学基金项目（31760520，31560514）

** 第一作者：张大为，男，助理研究员，甘肃省农业科学院植物保护研究所，主要从事药用植物与昆虫互作的研究；E-mail：xnzbzdw@126.com

*** 通信作者：罗进仓，研究员；E-mail：luojincang@gsagr.ac.cn

诱导产生的黑芥子苷对专食性昆虫具有一定的吸引作用。

植物在受到昆虫取食为害时会通过自身一系列的生理生化反应来抵御侵害，除了直接合成有毒的次生代谢物质来毒杀昆虫以外，还会通过其他反应抵御昆虫的进一步取食为害，比如改变自身的营养状况使昆虫不能获得足够的营养，达到减轻昆虫为害的目的（Mithöfer and Boland，2012）。周艳琼等（2011）研究发现，虫害处理的杨树叶片除对分月扇舟蛾具有直接趋避作用外，取食虫害处理叶片还对其幼虫的生长发育、蛹重、成虫羽化、产卵等指标均有显著的影响。王洪涛等（2011）对入侵害虫 B 型烟粉虱取食诱导烟草防御进行了研究，发现 B 型烟粉虱诱导的植株叶片对后取食的斜纹夜蛾生长发育及繁殖均可产生不利的影响。

植物受害虫胁迫后，除了直接合成抑制昆虫取食的次生代谢物外，还会产生挥发性的次生代谢物质（HIPVs）来降低害虫对自身的伤害，主要包括萜类、绿叶性挥发物和芳香族挥发物，国内的研究也主要集中在次生性挥发物质生态调控方面。植物次生挥发性物质除了具有直接趋避作用外，一般还有以下两种功能：一方面，可以作为互益素，被某些害虫的天敌（如寄生蜂等）识别为取食的信号，从而达到控制害虫继续取食为害的目的，Meritxell 等（2015）发现西红柿被动植食性的烟盲蝽取食后会产生挥发性次生代谢物质来吸引烟粉虱的天敌丽蚜小蜂，烟盲蝽不仅直接捕食烟粉虱，还能诱导西红柿防御反应来吸引烟粉虱天敌；另一方面，某些植物的特异性挥发性物质会被一些植食性害虫识别，进而加重对植物的为害。国内一些研究发现，部分虫害诱导的植物挥发物对鞘翅目金龟子、叶甲幼虫，鳞翅目蛾类及叶螨等重要农业害虫具有较强的吸引作用（刘芳等，2003）。

与植物化学防御相对应，昆虫则是不断地调节自身机能，产生相应的反防御对策，通过行为反应、食性改变及解毒适应等多样性策略来应对植物的化学防御（朱麟等，2000；彭露等，2010）。昆虫在取食防御性次生物质后，代谢系统会诱导激发自身解毒机制，通过提高解毒代谢酶（昆虫细胞色素 P450 酶系及谷胱甘肽硫转移酶（GSTs）等）的活性以增强对植物次生物质的代谢能力，从而使昆虫对寄主植物的防御机制产生适应性。无论寄主植物的化学防御还是昆虫的反防御过程，都是以牺牲自身营养条件及能量为代价，这也是大自然长期选择进化的结果。

植物防御诱导地上昆虫-地下昆虫互作问题是近年来研究的热点问题，国内植物化学防御与昆虫互作关系影响的研究尚处于起步阶段，相关研究主要集中在农业生态学和入侵生物学领域。不同昆虫取食胁迫对植物次生代谢物质及自身营养物质也有显著的影响。Kaplan 等（2008）发现，在烟草抗虫品系上，地下线虫取食会降低叶片的生物碱含量，促进地上害虫的发育。Master 等（1993）认为地下昆虫可能通过抑制根系的吸收功能，使茎叶内氨基酸和碳水化合物浓度短时间内相对升高，进而促进地上昆虫的发育。Huang 等（2012）利用红胸律点跳甲研究了乌桕与地上和地下昆虫的相互作用关系，发现跳甲地上成虫的取食行为会增加根部氮的积累同时降低了单宁在的积累，进而促进地下幼虫的生长发育，而地下幼虫的取食行为会促使叶片的单宁含量进一步升高，进而导致地上成虫生长受到抑制。

药用植物的开发利用在我国具有悠久的历史，促进了我国中医中药产业的持久繁荣。药用植物的次生代谢产物是其重要的药效物质基础及评价药材质量优劣的重要指标，国内已有诸多学者针对影响中药材次生代谢产物累积关键因子开展了研究，但主要集中在地理因素、气象条件、栽培措施以及土壤状况等非生物因子对次生代谢物质的影响方面。然而，药用植物的次生代谢除受以上因子影响外，虫害胁迫也与次生代谢活动息息相关，如中药材五倍子是瘿绵蚜科（Pemphigidae）蚜虫取食盐肤木属植物形成虫瘿，其药效成分五倍子单宁是蚜虫取食胁迫后植物为抵御害虫进一步侵害，诱导防御产生的次生代谢物质。因此，明确昆虫取食胁迫下药用植物次生代谢产物的变化规律，有助于摸清药用植物的化学防御的内在机制，揭示药用植物-昆虫的协同进化过程，推动药用植物进化生态学理论的发展，并为药用植物害虫综合治理策略的完善奠定理论基础。

关键词：诱导抗性；次生物质；营养物质；协同进化

参考文献

Agrawal A A. 1998. Induced responses to herbivory and increased plant performance [J]. Science，279：1201-1202.

Doorduin L，Vrieling K. 2011. A review of the phytochemical support for the shifting defence hypothesis [J]. Phytochemistry，10：99-106.

van Geem M，Gols R，van Dam N M，et al. 2013. The importance of aboveground-belowground interactions on the evolution and maintenance of variation in plant defence traits [J]. Front. Plant Sci.，4：431.

陈澄宇，康志娇，史雪岩，等 . 2015. 昆虫对植物次生物质的代谢适应机制及其对昆虫抗药性的意义 [J]. 昆虫学报，58（10）：1126-1139.

戈峰，吴孔明，陈学新 . 2011. 植物-害虫-天敌互作机制研究前沿 [J]. 应用昆虫学报，48（1）：1-6.

康乐 . 1995. 植物对昆虫的化学防御 [J]. 植物学通报，12（4）：22-27.

李典漠，周立阳 . 1997. 协同进化-昆虫与植物的关系 [J]. 昆虫知识，34（1）：45-49.

植物泛素化连接酶研究进展

Recent Progress of Plant E3 Ubiquitin Ligases

钟雄辉*，王旭丽**，王国梁**

（中国农业科学院植物保护研究所，北京　100193）

为了抵御细菌、真菌、病毒等病原菌的侵染，植物进化形成了一套复杂而成熟的防御系统。这套防御系统又分为 PTI（PAMP-triggered immunity）和 ETI（Effector-triggered Immunity）两个层次。在第一层防御系统中，高度保守的病原相关的分子模式 PAMPs（pathogen-associated molecular patterns）被植物细胞膜上特异的模式识别受体蛋白 PRRs（pattern recognition receptors）识别，它能激发一种基础的免疫反应形式（PTI）的发生，从而阻止病原物的入侵（Schwessinger et al.，2008）。所谓的 PAMPs，通常指的是病原菌不可或缺的主要成分，例如细菌的鞭毛蛋白和真菌的几丁质。第二层防御系统中，那些成功避开 PTI 响应的病原菌会分泌一些毒性效应因子（virulence effectors），致使 PTI 途径中的关键调节因子失活；然而，植物细胞内的抗病蛋白（R 蛋白），具有特异性识别这些效应因子的能力，这种识别能够诱导 ETI 抗病响应，它通常伴有过敏反应（HR）的发生，即通过在侵染部位产生程序性的细胞死亡（programmed cell death，PCD），来阻止病原菌进一步扩散（Jones and Dangl，2006）。

蛋白质泛素化参与蛋白质的降解、激活和转运，常与磷酸化伴随发生，从而实现对靶蛋白的丰度和活性的精准调节。这个过程涉及了泛素活化酶 E1、泛素交联酶 E2 和泛素化连接酶 E3 这三个酶，分别经过三个步骤完成。依据 E3 的结构特征和作用机制的不同可以将其划分为四个亚家族：HECT（Homologous to E6-associated protein C-Terminus），RING（Really Interesting New Gene），CRL（Cullin-RING Ligases）和 U-Box 蛋白（Vierstra et al.，2009）。近几年，越来越多的研究证据表明植物中 26S 泛素蛋白酶体系，尤其是其中的 E3 泛素连接酶参与了各种抗病信号反应途径的调控。蛋白泛素化的特异性主要是通过 E3 对底物蛋白的特异识别得以实现的，因此，E3 连接酶的功能是蛋白泛素化研究中的热点。

近年来发现泛素连接酶作为调节子，不但参与植物细胞质膜 PRRs 识别病原菌 PAMPs 所介导的 PTI 免疫响应过程，而且还直接调控 *R* 基因介导的 ETI 抗病反应过程，同时也涉及到细胞程序性死亡途径（PCD），总而言之，在调控植物抗病中发挥着至关重要的作用。下文将从正调控和负调控两个方面来阐述不同类型的 E3 泛素连接酶在上述免疫响应过程中的作用。

---

* 第一作者：钟雄辉：男，博士后，中国农业科学院植物保护研究所，主要从事植物与病原菌互作分子机制研究；E-mail：xionghuizhong2012@126.com

** 通信作者：王旭丽，副研究员；E-mail：lilywang0313@163.com

王国梁，研究员；E-mail：wang.620@osu.edu

E3 泛素连接酶正调控植物免疫响应过程：例如，拟南芥 *TóXICOS EN LEVADURA*（*ATL*）基因家族成员 *ATL*2，*ATL*6，*ATL*9 属于 RING 型泛素连接酶基因，受到激发子诱导表达；拟南芥中过表达 *ATL*2 能够诱导相关防御基因的表达，在植物早期防御过程中发挥着重要作用（Serrano and Guzmán，2004）；*ATL*9 基因定位在内质网上，受 chitin 诱导表达，调控活性氧（reactive oxygen species，ROS）的含量，作为 PTI 反应的正调节因子，参与拟南芥对白粉病的防御（Berrocal-Lobo et al.，2010）。拟南芥中 RIN2 和 RIN3 都是有活性的 RING 型 E3 泛素连接酶，它们与 *RPM*1 基因都定位在质膜上，并且能与 RPM1 互作，但是它们在体外都不能泛素化 RPM1，也就意味着 RIN2 和 RIN3 可能是通过作用于某个底物，从而正调控 RPM1 和 RPS2 依赖的 HR 反应（Kawasaki et al.，2005）。拟南芥 RING1 通过降解细胞程序性死亡的负调控因子，来正调控植物的抗病响应（Lee et al.，2011）。在辣椒中，*CaRING* 是一个定位在质膜上，有活性的 E3 连接酶基因，在辣椒抵御病原菌 *Xanthomonas campestris* pv *vesicatoria* 侵染时，正向调控 HR 反应以及免疫响应（Hong et al.，2007）。另外，U-box 类型的泛素化连接酶在植物抗病响应中也发挥了重要的作用。例如，*ACRE*74 和 *ACRE*276，在烟草以及番茄中都作为 ETI 响应的正调控因子，其中在番茄中沉默 *ACRE*74 基因，降低了植株对番茄叶霉病（*Cladosporium fulvum*）的抗病性（Gonzalez-Lamothe et al.，2006；Yang et al.，2006）。拟南芥 U-box 型 E3 基因 *MAC3A* 和 *MAC3B* 作为 ETI 反应的正调控因子，通过精细调控 *R* 基因的表达，正调控植物 ETI 免疫响应（Monaghan et al.，2009）。PUB17 定位在细胞核中，驱动特异的 PTI 和 PCD 途径，是马铃薯抗晚疫病的正调控因子（He et al.，2015）。Rowland 等在烟草中筛选参与 *Cf*9 介导的 ETI 反应蛋白中，发现了一个具有亮氨酸富集结构域的 F-box 蛋白 Avr9/Cf-9-INDUCED F-Box1（ACIF1），沉默该基因，会使烟草响应许多效应子诱导的 HR 反应减弱，同时也会降低由 *N* 基因介导的烟草对 TMV 病毒的抗性，减轻由丁香假单孢菌诱导的程序性细胞死亡，综上所述，ACIF1 是 ETI 响应的正调控因子（van den Burg et al.，2008）。一些泛素连接酶基因也参与了水稻免疫响应过程。例如，在水稻中过表达 U-Box 型 E3 基因 *OsPUB*15，植株不但表现出程序性的细胞死亡症状，而且还具有较高的病程相关基因表达水平以及活性氧（ROS）的含量；研究表明，*OsPUB*15 能与稻瘟病抗性基因 *PID*2 互作，在程序性的细胞死亡（PCD）以及水稻内源免疫响应中起到了正调控作用（Park et al.，2011；Wang et al.，2015）。水稻类受体激酶 XA21 的互作蛋白 XB3，是一个 RING 型的泛素化连接酶，它通过调节 XA21 蛋白的稳定性，正调控 XA21 介导的水稻对白叶枯病的抗病性（Wang et al.，2006）。另外，水稻 RING 型泛素化连接酶基因 *OsBBI*1，能通过介导细胞壁防御响应，来提高水稻对稻瘟病的广谱抗病性（Li et al.，2011）。此外，水稻 *RHC*1 和 *DRF*1 基因，也被分别证明在拟南芥和烟草中，参与了植株对丁香假单孢菌的抗性（Cheung et al.，2007；Cao et al.，2008）。最后，稻瘟病菌效应因子 AvrPiz-t 的互作蛋白 APIP6，作为一个水稻 RING 型泛素连接酶，通过调节 ROS 含量以及相关防御基因的表达，正调控水稻对稻瘟病的抗病性（Park et al.，2012）。

E3 泛素连接酶负调控植物抗病反应过程：近年来，也发现了一些在植物抗病反应过程中起负调控作用的泛素连接酶。例如，拟南芥 RING 型 E3 连接酶蛋白 BAH1，在丁香假单孢菌侵染植株时，作为 SA 积累以及抗病反应的负调节因子（Yaeno and Iba，2008）。*At-BOI*1 基因在拟南芥植株响应 *Botrytis cinerea* 侵染时，负调控细胞死亡（Luo et al.，2010）。

在拟南芥中过表达辣椒 *RFP*1 基因，加强植株对致病菌丁香假单孢菌的敏感性（Hong et al.，2007）。U-box 型 E3 泛素连接酶基因负调控植物抗病反应过程也有两个典型的例子。拟南芥在受到细菌鞭毛蛋白（flagellin）诱导后，FLS2 受体复合体招募两个同源性极高的 U-box 蛋白 PUB12 和 PUB13，BIK1 作为 FLS2/BAK1 复合体相关的激酶，能够增强 BAK1 磷酸化 PUB12/13 的能力，接着 PUB12/13 才能够泛素化 FLS2，并促进其降解，从而负调控 FLS2 介导的 PTI 免疫反应（Lu et al.，2011）。另外有研究发现，拟南芥中还有 3 个同一家族的 E3 泛素连接酶基因 *PUB*22、*PUB*23 和 *PUB*24 具有相似的功能，在受到 flg22 诱导后，PUB22 能够降解底物 Exo70B2，Exo70B2 在 ROS 产量以及 MAPK 激活中发挥重要作用（Stegmann et al.，2012）；同时，*pub*22*pub*23*pub*24 三突变体受 PAMPs 诱导后，ROS 产量显著提高，对丁香假单胞菌（*Pseudomonas syringe*）的抗性增强（Trujillo et al.，2008）。综上所述，*PUB*22、*PUB*23 和 *PUB*24 负调控 PTI 反应。水稻 *spl*11 突变体在正常生长情况下，具有持续性过敏反应相似的细胞死亡症状，也就是大家常说的类病斑（lesion mimic），它对稻瘟病以及水稻纹枯病具有更强的抗病性，转录组数据显示 *spl*11 突变体中细胞死亡以及病程相关基因受高度诱导表达。以上结果表明，U-box 型 E3 泛素连接酶基因 *SPL*11 是水稻细胞程序性死亡以及内源免疫的负调节因子（Liu et al.，2012）。F-box 型 E3 泛素连接酶基因负调控植物抗病过程，至今为止只有少量的报道。有两个研究工作都发现，过表达 F-box 型 *CPR*1 基因能够降低 *SNC*1 以及 *RPS*2 的蛋白水平，从而抑制由这两个 *R* 基因介导的自身免疫（Cheng et al.，2011；Gou et al.，2012），负调控植物抗病反应。

纵观植物抗病反应的研究，不难认识到，泛素化反应，不但参与了 PAMPs 所介导的 PTI 免疫响应过程，而且还直接调控 *R* 基因介导的 ETI 抗病反应过程，同时也涉及细胞程序性死亡途径。因此我们不难意识到，泛素化调控机制的解析是何等重要。

关键词：稻瘟病；信号传导；调控网络；E3 泛素连接酶

参考文献

Berrocal-Lobo M，Stone S，Yang X，et al. 2010. ATL9，a RING zincfinger protein with E3 ubiquitin ligase activity implicated in chitin- and NADPH oxidase-mediated defense responses [J]. PLoS ONE，5：e14426.

Cheung M Y，Zeng N Y，Tong S W，et al. 2007. Expression of a RING-HC protein from rice improves resistance to *Pseudomonas syringae* pv. *tomato* DC3000 in transgenic *Arabidopsis thaliana* [J]. J Exp Bot，58：4147-4150.

Cao Y，Yang Y，Zhang H，et al. 2008. Overexpression of a rice defense-related F-box protein gene *OsDRF*1 in tobacco improves disease resistance through potentiation of defense gene expression [J]. Physiol Plant，134：440-452.

Cheng Y T，Li Y，Huang S，et al. 2011. Stability of plant immune-receptor resistance proteins is controlled by SKP1-CULLIN1-F-box（SCF）-mediated protein degradation [J]. Proc Natl Acad Sci USA，108：14694-14699.

Dean R，Van Kan J A，Pretorius Z A，et al. 2012. The top 10 fungal pathogens in molecular plant pathology [J]. Mol Plant Pathol，13：414-430.

González-Lamothe R，Tsitsigiannis D I，Ludwig A A，et al. 2006. The U-box protein CMPG1 is required for efficient activation of defense mechanisms triggered by multiple resistance genes in tobacco and tomato [J]. Plant Cell, 18: 1067-1083.

Gou M, Shi Z, Zhu Y, et al. 2012. The F-box protein CPR1/CPR30 negatively regulates R protein SNC1 accumulation [J]. Plant J, 69: 411-420.

Hong J K, Choi H W, Hwang I S, et al. 2007. Role of a novel pathogen-induced pepper C3-H-C4 type RING-finger protein gene, CaRFP1, in disease susceptibility and osmotic stress tolerance [J]. Plant Mol Biol, 63: 571-588.

He Q, McLellan H, Boevink P C, et al. 2015. U-box E3 ubiquitin ligase PUB17 acts in the nucleus to promote specific immune pathways triggered by *Phytophthora infestans* [J]. Journal of experimental botany, 66 (11): 3189-3199.

Jones J D, Dangl J L. 2006. The plant immune system [J]. Nature, 444: 323-329.

Kawasaki T, Nam J, Boyes D C, et al. 2005. A duplicated pair of Arabidopsis RING-finger E3 ligases contribute to the RPM1- and RPS2-mediated hypersensitive response [J]. Plant J, 44: 258-270.

Luo H, Laluk K, Lai Z, et al. 2010. The Arabidopsis botrytis susceptible1 interactor defines a subclass of RING E3 ligases that regulate pathogen and stress responses [J]. Plant Physiol, 154: 1766-1782.

Lee D H, Choi H W, Hwang B K. 2011. The pepper E3 ubiquitin ligase RING1 gene, *CaRING1*, is required for cell death and the salicylic aciddependent defens response [J]. Plant Physiol, 156: 2011-2025.

Li W, Zhong S, Li G, et al. 2011. Rice RING protein OsBBI1 with E3 ligase activity confers broadspectrum resistance against *Magnaporthe oryzae* by modifying the cell wall defence [J]. Cell Res, 21: 835-848.

Lu D, Lin W, Gao X, et al. 2011. Direct ubiquitination of pattern recognition receptor FLS2 attenuates plant innate immunity [J]. Science, 332: 1439-1442.

Liu J, Li W, Ning Y, et al. 2012. The U-Box E3 ligase SPL11/PUB13 is a convergence point of defense and flowering signaling in plants [J]. Plant Physiol, 160: 28-37.

Monaghan J, Xu F, Gao M, et al. 2009. Two Prp19-like U-box proteins in the MOS4-associated complex play redundant roles in plant innate immunity [J]. PLoS Pathog, 5: e1000526.

Mansfield J, Genin S, Magori S, et al. 2012. Top 10 plant pathogenic bacteria in molecular plant pathology [J]. Mol Plant Pathol, 13: 614-29.

Nguyen, N V, Ferrero A. 2006. Meeting the challenges of global rice production [J]. Paddy Water Environ, 4: 1-6.

Pennisi E. 2010. Armed and dangerous [J]. Science, 327: 804-805.

Park J, Yi J, Yoon J, et al. 2011. *OsPUB15*, an E3 ubiquitin ligase, functions to reduce cellular oxidative stress during seedling establishment [J]. Plant J, 65 (2): 194-205.

Park C H, Chen S, Shirsekar G, et al. 2012. The *Magnaporthe oryzae* effector AvrPiz-t targets the RING E3 ubiquitin ligase APIP6 to suppress pathogen-associated molecular pattern-triggered immunity in rice [J]. Plant Cell, 24: 4748-4762.

Serrano M, Guzmán P. 2004. Isolation and gene expression analysis of *Arabidopsis thalianamutants* with constitutive expression of *ATL2*, an early elicitor-response RING-H2 zinc-finger gene [J]. Genetics, 167: 919-929.

Schwessinger B, Zipfel C. 2008. News from the frontline: recent insights into PAMP-triggered immunity in plants [J]. Current opinion in plant biology, 11: 389-395.

Stegmann M, Anderson R G, Ichimura K, et al. 2012. The ubiquitin ligase PUB22 targets a subunit of the exocyst complex required for PAMP - triggered responses in Arabidopsis [J]. Plant Cell, 24:

4703-4716.

Trujillo M, Ichimura K, Casais C, et al. 2008. Negative regulation of PAMP-triggered immunity by an E3 ubiquitin ligase triplet in Arabidopsis [J]. Curr Biol, 18: 1396-1400.

van den Burg H A, Tsitsigiannis D I, Rowland O, et al. 2008. The F-box protein ACRE189/ACIF1 regulates cell death and defense responses activated during pathogen recognition in tobacco and tomato [J]. Plant Cell, 20: 697-719.

Vierstra R D. 2009. The ubiquitin-26S proteasome system at the nexus of plant biology. Nature reviews [J]. Molecular cell biology, 10: 385-397.

Wang Y S, Pi L Y, Chen X, et al. 2006. Rice XA21 binding protein 3 is a ubiquitin ligase required for full Xa21-mediated disease resistance [J]. Plant Cell, 18: 3635-3646.

Wang J, Qu B Y, Dou S, et al. 2015. The E3 ligase OsPUB15 interacts with the receptor-like kinase PID2 and regulates plant cell death and innate immunity [J]. BMC plant biology, 15 (1): 1.

Xu J R, Pan H, Read N D, et al. 2006. A P-type ATPase required for rice blast disease and induction of host resistance [J]. Nature, 440: 535-539.

Yaeno T, Iba K. 2008. BAH1/NLA, a RING-type ubiquitin E3 ligase, regulates the accumulation of salicylic acid and immune responses to *Pseudomonas syringae* DC3000 [J]. Plant Physiol, 148: 1032-1041.

细菌生物被膜研究进展*

Progress in Bacterial Biofilm Research

凡　肖[1**]，束长龙[2]，姚俊敏[1]，关　雄[1]，黄天培[***]

（1. 福建农林大学生命科学学院/植物保护学院闽台作物有害生物生态防控国家重点实验室、生物农药与化学生物学教育部重点实验室，福州　350002；

2. 中国农业科学院植物保护研究所植物病虫害生物学国家重点实验室，北京　100093）

细菌生物被膜（Bacterial biofilm，简称 BBF）是细菌粘附于非生物或活性组织表面聚集形成的膜样物。它是与浮游细胞相对应的生长方式，是细菌为适应环境、维系自身生命所产生的形态学改变，在一定程度上增强了细菌对外界环境的抵抗力（Pham et al.，2010），是细菌在自然环境中常见的生存状态。

BBF 约 97%的成分是水。除了水和微生物细胞之外，BBF 还包括由细菌胞外聚合物（extracelluar polymeric substances，简称 EPS）组成的胞外基质，如胞外多糖、蛋白质、细胞外 DNA（eDNA）和吸收的营养物质和代谢物，来自细胞裂解的产物，甚至来自周围环境的颗粒物质和碎屑其他物质（Cabral et al.，2011；Zhao et al.，2015）。在任何生物被膜中，这些不同的组分会带来一系列的变化，如产生渗透作用和营养梯度。这既会让被膜产生异质性，也会产生被膜的多功能性（Sutherland，2001）。

BBF 的结构存在异质性，在生物被膜中不同位置的细菌可分成游离菌、表层菌和深层菌，而处于不同位置的细菌其体积、代谢活性和对环境因子的敏感性均存在显著不同（Costerton，1995）。在生物被膜内，由于细菌的状态存在差异，因而在不同条件下均有部分细菌可以生存（Costerton et al.，1999）。

BBF 的形成是一个连续的、复杂的、有规律的动态循环过程，可以分为以下 4 个时期：①细菌黏附初期：细菌的表面黏附作用通常包括两个阶段：第一步是浮游细胞在范德华力、静电力和疏水力的相互作用下运动到距离最近的接触面并触发初期黏附。下一个关键步骤是细胞与表面的不可逆的黏附，细菌通过生成胞外多糖和特定配体（如与表面结合的菌毛）锁定在附着表面上；②微菌落形成期：细菌通过菌毛在接触面蹭动并且与其他细胞进行信号交换。细胞与细胞通过多糖胞间黏附素（ICA）聚集在一起逐渐形成微菌落。与此同时，附着的细菌产生细胞的保护性聚合物—胞外多糖基质，细菌嵌入其中的，

* 基金项目：国家重点研发计划“活体生物农药增效及有害生物生态调控机制”（No. 2017YFD0200400）；国家自然科学基金项目“基于比较蛋白质基因组学解析生物被膜调控网络和交联对苏云金杆菌生防活性的作用机制”（No. 31672084）和“基于基因搜索和转座子组学的生物被膜新基因克隆及其生防功能分析”（No. 31201574）；高校领军人才项目（No. k8012012a）；福建省出国留学基金（资助黄天培）；福建农林大学科技创新专项基金（CXZX2017266，CXZX2017214，103/KF2015063-065）

** 第一作者：凡肖，硕士研究生；E-mail：shawfann@126.com

*** 通信作者：黄天培，博士，研究员，博士生导师；E-mail：tianpeihuang@fafu.edu.cn

逐渐趋于稳定，此时细菌对接触表面的黏附发展为牢固的、不可逆的状态；③生物被膜成熟期：随着生物被膜变厚，开始形成一个动态的、成熟的、稳定的异质性三维结构，使用共聚焦扫描激光显微镜（CSLM）观察发现生物被膜的结构非常复杂，包括塔形或类似蘑菇状的微菌落，微菌落间穿插着大量的含液体的通道，营养物质、代谢产物、排出物、酶和氧气可以经由这些通道在膜间运输以满足细菌在生物被膜内的生存需要（刘星宇等，2017）；④细菌的脱落与再植期。成熟的生物被膜在内在调节机制或在胞外信号（温度、营养条件、eDNA、信号肽）的作用下，部分细菌脱落，导致被膜解体，脱落的细菌重新变成浮游状态进入下一个生物被膜形成循环。

BBF 检测与观察方法通常有以下几种：①试管法：此方法具有简单、方便、实验时间较短和所需实验条件较低等优点，因此在生物被膜的初期定性研究中仍在普遍使用（张秀等，2014）。但由于试管法只能用肉眼观察结果以至于存在主观判断差异，因此该方法不适用于生物被膜的进一步研究；②96 孔微孔板法：96 孔微量板法是目前备受各研究组青睐的检测生物被膜的方法。该方法对细菌生物被膜的形成能力既能进行定性判断，又能够实现定量计算，被广泛应用于大规模、大批量细菌生物被膜形成能力的比较实验，但是数据间的误差极大；③电子显微镜：该方法按照工作原理的不同分为透射电子显微镜（transmission electron microscope，TEM）和扫描电子显微镜（scanning electron microscope，SEM）。扫描电镜对被膜的污染和损伤较小，电子束不需要穿透被膜，而是在细菌生物被膜表面逐点扫描激发次级电子而成像，所得图像具有极强的立体感。扫描电镜是时下最常用的观察细菌生物被膜的方法之一，其使用条件严格，必需在真空、干燥的环境中运行，但这会改变生物被膜的结构和内部组成，导致观测结果和实际存在偏差，并不真实可靠（王娜，2012）；④激光共聚焦扫描显微镜：激光共聚焦扫描显微镜以用不同颜色的荧光染料对生物被膜内的死细菌、活细菌分别染色并进行实时观察、检测，在不损坏样品的前提下对生物被膜进行“光学切片”，并通过三维重构得到较为清晰的、多角度的生物被膜的三维立体图像，通过一些软件量化生物被膜形成过程中的各项特征指标如厚度，均一性，生物量等，因此被认为是目前研究细菌生物被膜时较为理想的方法（李京宝等，2007）。

BBF 的作用广泛，主要有以下几个方面：①抗 UV：研究表明，BBF 细胞比单个的游离细胞更能抵抗 UV 的辐射，这与 BBF 提供的屏障作用有关（Elasri et al.，1999），除此之外，细菌中存在的光修复效应也利于 BBF 抵抗 UV 辐射（Harris et al.，1987）；②抗抗生素：BBF 中的胞外基质、抗生素降解酶（Bagge et al.，2004）、细胞或休眠细胞的形成（Lewis，2012）以及基因突变等因素都使得菌体对抗生素产生抗性；③抗宿主免疫系统：BBF 中胞外多糖、蛋白质、胞外核酸以及影响免疫应答的小分子（Watters et al.，2016）等都会影响宿主免疫系统；④影响宿主肠道菌群：BBF 这一复杂结构通常由不止一种菌体聚集产生。在动物肠道中共生着许多细菌，它们以 BBF 这一复杂结构共存，可维持健康也可引起某些疾病；⑤与植物根际共生：某些细菌能粘附在植物根际，与植物形成共生关系。这类细菌通过 BBF 胞外多糖增强土壤聚集，提高土壤水分稳定性，同时细菌以根部细胞分泌物为营养来源，两者互利共生（Davey et al.，2000；Michiels et al.，1991）。

关键词：细菌；生物被膜；检测方法；作用

参考文献

Bagge N, Hentzer M, Andersen J B, et al. 2004. Dynamics and spatial distribution of beta-lactamase expression in *Pseudomonas aeruginosa* biofilms [J]. Antimicrobial Agents & Chemotherapy, 48 (4): 1168-1174.

Cabral MP, Soares N C, Aranda J, et al. 2011. Proteomic and functional analyses reveal a unique lifestyle for acinetobacter baumannii biofilms and a key role for histidine metabolism [J]. Journal of Proteome Research, 10 (8): 3399-3417.

Costerton J W. 1995. Overview of microbial biofilms [J]. J Ind Microbiol, 15 (3): 137-140.

Costerton J W, Stewart P S, Greenberg E P. 1999. Bacterial biofilms: a common cause of persistent infections [J]. Science, 284 (5418): 1318-1322.

Davey M E, O'Toole G A. 2000. Microbial biofilms: from ecology to molecular genetics [J]. Microbiol Mol Biol Rev, 64 (4): 847-867.

Elasri M O, Miller R V. 1999. Study of the response of a biofilm bacterial community to UV radiation [J]. Applied & Environmental Microbiology, 65 (5): 2025.

Harris G D, Adams V D, Sorensen D L, et al. 1987. Ultraviolet inactivation of selected bacteria and viruses with photoreactivation of the bacteria [J]. Water Research, 21 (6): 687-692.

Lewis K. 2012. Persister cells: molecular mechanisms related to antibiotic tolerance [M]. Springer Berlin Heidelberg: 121-133 pp.

Michiels K W, Croes C L, Vanderleyden J. 1991. Two different modes of attachment of *Azospirillum brasilense* Sp7 to wheat roots [J]. Journal of General Microbiology, 137 (9): 2241-2246.

Pham T K, Roy S, Noirel J, et al. 2010. A quantitative proteomic analysis of biofilm adaptation by the periodontal pathogen*Tannerella forsythia* [J]. Proteomics, 4 (12): 965-965.

Sutherland I W. 2001. The biofilm matrix--an immobilized but dynamic microbial environment [J]. Trends in Microbiology, 9 (5): 222-227.

Watters C, Fleming D, Bishop D, et al. 2016. Host responses to biofilm [J]. Progress in Molecular Biology & Translational Science, 142: 193.

Zhao Y L, Zhou Y H, Chen J Q, et al. 2015. Quantitative proteomic analysis of sub-MIC erythromycin inhibiting biofilm formation of *S. suis in vitro* [J]. Journal of Proteomics, 116: 1-14.

李京宝，韩峰，于文功 . 2007. 细菌生物膜研究技术 [J]. 微生物学报，47 (3): 558-561.

刘星宇，向绪稳，陶辉，等 . 2017. 调节生物被膜化合物的研究进展 [J]. 生物工程学报，33 (9): 1433-1465.

王娜 . 2012. 嗜水气单胞菌浮游态和生物被膜状态比较蛋白质组学及相关蛋白特性分析 [D]. 南京：南京农业大学 .

张秀，张晓刚，党永生，等 . 2014. 细菌生物膜制备及其检测方法的研究进展 [J]. 中国医师进修杂志，37 (25): 67-71.

对烟粉虱和小菜蛾的高效的球孢白僵菌 HFW-05 研究进展*

Research Progress in the Effective *Beauveria bassiana* Strain HFW-05 against *Bemisia tabaci* and *Plutella xylostella*

曹伟平**，宋　健，杜立新***

（河北省农林科学院植物保护研究所，河北省农业有害生物综合防治工程技术研究中心，农业部华北北部作物有害生物综合治理重点实验室，保定　071000）

摘　要：白僵菌菌株 HFW-05 对烟粉虱和小菜蛾有较高的致病力，近年来，我们评价了 HFW-05 的杀虫谱、HFW-05 对天敌的影响和环境因子对 HFW-05 致病力的影响，探讨了 HFW-05 对粉虱、小菜蛾及棉铃虫的致病机制，分析了白僵菌与化学农药的相容性及协同应用模式。

关键词：白僵菌；烟粉虱；小菜蛾；致病力；致病机制；环境因子；天敌；化学农药

烟粉虱 *Bemisia tabaci*（Gennadius）主要为害十字花科、茄科、葫芦科、豆科、锦葵科及花卉等多种作物及园林植物，严重时每平方厘米叶片的成虫数高达 40~50 头，烟粉虱通过刺吸植物汁液使植株褪绿、萎蔫，同时传播黄化曲叶病毒等病毒病。小菜蛾 *Plutella xylostella*（Linnaeus）是十字花科蔬菜的主要害虫，也是对农药产生抗性最严重的害虫之一，年发生代数多、繁殖能力强、对不良食料适应性好，严重时甚至可能造成作物绝收。由于长期以来主要采用化学杀虫剂进行防治，烟粉虱和小菜蛾对有机氯类、有机磷类、氨基甲酸酯类、烟碱类及昆虫生长调节剂等杀虫剂均产生了不同程度的抗药性，大大增加了防治难度。利用昆虫病原真菌防治农业害虫成为近年来的研究热点。

1　白僵菌 HFW-05 的分离诱变

我们分离到一株对粉虱若虫具有高致病力的球孢白僵菌菌株，经紫外诱变选育，获得了毒力较高、生物学性能稳定的突变株 HFW-05。该菌株产孢性能优良，在 SDAY 平板培养基上，菌落平均生长速度为 3. 13mm/d，5~7d 大量产孢。

---

* 资助项目：河北省财政项目（F18E10001）；河北省科技计划项目（13226510D）

** 第一作者：曹伟平，女，副研究员，研究方向为害虫生物防治；E-mail：cwplx751209@ 163. com

*** 通信作者：杜立新；E-mail：lxdu2091@ 163. com

2 白僵菌 HFW-05 杀虫谱及活性测定

HFW-05 对烟粉虱 1 龄、2 龄、3 龄若虫的 LC50 分别为 5.94×10^4、1.06×10^5、5.08×10^5孢子/mL，LT50 分别为 2.54d、2.68d、3.18d。HFW-05 对蓟马、菜蚜也表现出一定的杀虫活性，接种浓度为 1.0×10^7时，蓟马、菜蚜 6d 校正死亡率分别为 67.1%和 75.2%。对鳞翅目害虫小菜蛾致病力较高，接种浓度为 1.0×10^7时，2 龄幼虫 6d 校正死亡率为 87.1%；对棉铃虫没有明显的侵染作用，2 龄幼虫 6d 校正死亡率仅为 17.3%，但可通过消化道（饲喂法）成功侵染 2 龄棉铃虫，感染 6d 的校正死亡率为 75.8%。HFW-05 对华北大黑鳃金龟、暗黑鳃金龟、铜绿丽金龟及东亚飞蝗的致病力较小，6d 累计死亡率为 40%左右。

3 白僵菌 HFW-05 致病机制

白僵菌主要经由试虫体表侵染寄主，组织病理学显示，接种 HFW-05 孢子的粉虱若虫，24h 可见孢子附着体表，48h 时菌丝伸长，随后穿透表皮侵入虫体内部，尾部舌状突是 HFW-05 侵染烟粉虱若虫的关键部位，侵染后期若虫腹部出现大量菌丝体。菌株HFW-05 在小菜蛾幼虫体表附着较快，接种孢子 12h 后，孢子萌发后直接穿透表皮或产生较短芽管穿透表皮。

HFW-05 菌株对棉铃虫幼虫以消化道侵染为主，侵染后可导致寄主中肠微绒毛脱落严重，肠壁组织溶解并最终只剩余底膜；马氏管变形萎缩，边缘向外突出隆起，管径变大；脂肪体萎缩解体，结构松散；表皮下的细胞被菌丝侵染破坏。浸渍法接种的试虫，组织病理切片观察，处理 6d 后试虫，体内未发现菌丝，肠壁组织正常完整。扫描电镜观察，浸渍法接种的分生孢子未能穿透棉铃虫表皮，而是贴于寄主表皮表面生长，在湿度合适的条件下，菌丝生长至断裂成为芽生孢子。

4 环境因子对 HFW-05 活性的影响

温度和湿度是影响白僵菌致病力的两个重要环境因素。HFW-05 对烟粉虱若虫的最佳致死温度为 25~30℃，超出此温度范围时，烟粉虱若虫死亡速度减慢，死亡率降低。当环境相对湿度发生变化时，烟粉虱若虫死亡速度和死亡率表现出明显不同，相对湿度高于 90%时，烟粉虱若虫死亡速度最快，死亡率最高，相对湿度 70%~90%时，白僵菌 HFW-05 对烟粉虱若虫的致病力无明显差异，但校正死亡率显著低于环境湿度大于 90%的处理，相对湿度低于 70%时，烟粉虱死亡率为 60%左右。

5 HFW-05 对天敌的影响

测定了球孢白僵菌 HFW-05 油悬剂对 4 种捕食性天敌（七星瓢虫、龟纹瓢虫、大草蛉、烟盲蝽）和寄生性天敌（丽蚜小蜂）不同虫态的致病力。结果表明，HFW-05 孢悬液 1×10^7孢子/mL 时，对 4 种捕食性天敌卵的孵化无明显影响，对各龄期幼虫的校正死亡率也均在 17%以下，基本不会对种群数量造成较大影响；而白僵菌 HFW-05 对寄生性天敌丽蚜小蜂的杀虫活性较大，接种浓度为 5×10^6孢子/mL 时，明显影响丽蚜小蜂蛹羽化和成蜂存活，蜂蛹羽化率降至为零，成蜂 7d 累计死亡率达到 53.6%，因此，白僵菌

HFW-05可以和上述4种捕食性天敌搭配使用防治靶标害虫，但需与寄生蜂的释放时期适当错开。

6　HFW-05与常用化学农药的相容性

因白僵菌孢子需经由体表进入寄主体内，在虫体内生长进而杀死害虫，此过程需要时间较长，从而导致白僵菌杀虫速率较慢。为提高白僵菌的杀虫效果，同时减缓化学杀虫剂抗药性产生，人们开展了低剂量化学杀虫剂和白僵菌联合应用研究。低剂量化学农药与HFW-05协同应用结果表明，低剂量甲氨基阿维菌素苯甲酸盐和氯虫苯甲酰胺的增效作用明显，可明显提高对小菜蛾2龄幼虫的杀虫速度，且均没有影响HFW-05对小菜蛾的致死僵虫率；杀虫剂常规浓度5倍稀释液与1×10^6孢子/mL孢悬液混用侵染小菜蛾幼虫时，辛硫磷、灭多威、灭幼脲对白僵菌HFW-05表现为拮抗作用，定虫隆、氟虫脲、三氟氯氰菊酯及高效顺反氯氰菊酯对HFW-05具有较明显的协同增效作用。生物学结果表明，菌药混用时，化学杀虫剂对HFW-05孢子生长发育及酶活的影响与对昆虫致病力的影响没有明显相关性。

多数学者认为白僵菌孢子与杀虫剂、杀螨剂和除草剂具有较好的相容性，而杀菌剂对白僵菌具有较强的抑制或杀死作用，我们测定了当前市场上常用的11种化学杀菌剂对白僵菌HFW-05萌发、生长速率、产孢量、胞外蛋白酶产生水平及杀虫活性的影响。结果表明，白僵菌-杀菌剂同时使用时，42.4%唑醚氟酰胺、10%苯醚甲环唑和50%咯菌腈没有降低HFW-05的杀虫活性，小菜蛾2龄幼虫的校正死亡率和僵虫率与单独使用菌株HFW-05差异均不显著；25%双炔酰菌胺、50%啶酰菌胺、50%烯酰吗啉、68.75%氟菌霜霉威、50%醚菌酯、60%唑醚代森联和32.5%苯甲嘧菌酯则显著降低了菌株HFW-05对小菜蛾2龄幼虫的杀虫活性，其中60%唑醚代森联对菌株HFW-05的致病力影响最大，对小菜蛾2龄幼虫的校正死亡率降低了49.9%；25%吡唑醚菌酯对小菜蛾2龄幼虫有一定致死作用，校正死亡率为46.2%，与菌株HFW-05同时使用时小菜蛾2龄幼虫的校正死亡率提高了20%。杀菌剂对HFW-05的影响进一步验证了化学农药对白僵菌各生物学指标的影响无特定规律可循，不能单纯依据孢子萌发率、产孢量或酶活来评价化学农药对白僵菌菌株（种）的致病作用。

7　应用白僵菌HFW-05防治保护地番茄烟粉虱和甘蓝田小菜蛾

应用白僵菌防治设施番茄烟粉虱，设置白僵菌（油悬剂1.3亿孢子/mL）500倍液、白僵菌500倍液+1次烟雾剂熏棚（第三次和第四次施用白僵菌期间）、白僵菌油悬剂700倍液+2次吡虫啉3 000倍液（第二次、第三次施用白僵菌后）、自防区（对照区）4个处理，结果表明，3种白僵菌防治方法都可以很好地控制粉虱发生繁殖，施药4次后，白僵菌3个处理区的虫口总量/10株为150头左右，显著低于自防区（1 751头/10株）。

应用白僵菌HFW-05防治甘蓝田小菜蛾，设置白僵菌（油悬剂1.3亿孢子/mL）300倍液、500倍液、700倍液、2%阿维菌素乳油1 000倍液和农户自防区。防治前小菜蛾幼虫虫口密度平均为4.38头/棵，经过白僵菌油悬剂300倍、500倍、700倍防治3次后，防治效果均达到75.1~91.5%，与阿维菌素乳油1 000倍和农户自防区防治效果基本持平。

参考文献

曹伟平，王金耀，冯书亮，等 . 2007. 球孢白僵菌 HFW-05 的诱变筛选及其对烟粉虱若虫的毒力测定［J］. 中国生物防治，23（2）：133-137.

曹伟平，王刚，甄伟，等 . 2011. 球孢白僵菌不同感染方式侵染棉铃虫幼虫的毒性比较及组织病理变化［J］. 昆虫学报，54（4）：409- 415.

宋健，曹伟平，杜立新，等 . 2011. 球孢白僵菌 HFW-05 油悬剂对天敌昆虫的毒力测定［J］. 华北农学报，26（增刊）：180-183.

曹伟平，宋健，陆晴，等 . 2012. 常用化学农药对球孢白僵菌 HFW-05 菌株的影响及其混用对小菜蛾的联合毒力［J］. 华北农学报，27（增刊）：358-362.

曹伟平，宋健，甄伟，等 . 2013. 球孢白僵菌生物学特性与其对不同昆虫侵染差异相关性分析［J］. 中国生物防治学报，29（4）：503-508.

曹伟平，宋健，赵建江，等 . 2016. 球孢白僵菌与 11 种新型化学杀菌剂的相容性评价［J］. 中国生物防治学报，32（6）：749-755.

曹伟平，宋健，赵建江，等 . 2017. 球孢白僵菌 HFW-05 对烟粉虱的致病力及组织病理影响［J］. 环境昆虫学报，39（4）：762-769.

曹伟平，宋健，冯书亮，等 . 2018. 球孢白僵菌与低剂量化学杀虫剂对小菜蛾的协同增效作用［J］. 中国生物防治学报，34（3）：370-376.

植物病原真菌、真菌毒素与农产品安全*

Plant Pathogens，Mycotoxins and Agricultural Products Safety

郭志青**，孔凡玉***
（中国农业科学院烟草研究所，青岛　266101）

当前，中国政府在推动农业现代化过程中对农产品安全给予越来越多的关注。植物病原真菌一方面可引起农产品变质、腐烂造成巨大的经济损失，另一方面会产生真菌毒素威胁动物和人类健康。真菌毒素是产毒真菌在生长过程中产生的次级代谢产物，在食用和饲用农产品加工原料中普遍存在，并已成为威胁农产品质量与安全的首要因素。据报道，全球每年的粮食总产量约为25亿t，有近25%的农作物被霉菌污染，中国每年也约有3 100万t的粮食受到污染。

截至目前，世界上约有400种真菌毒素已经被发现并确认了化学结构。据报道在中国，污染较为严重的真菌毒素有：黄曲霉毒素类（Aflatoxin）、赭曲霉毒素（Ochratoxin）、脱氧雪腐镰刀菌烯醇（Deoxynivalenol，也称作呕吐类毒素）、伏马毒素（Fumonisin）、T-2毒素（T-2 toxin）、玉米赤霉烯酮（Zearalenone）和展青霉毒素（Patulin）等。

在我国，对粮食作物和农产品侵染频率较高，污染较为严重的产毒霉菌分别为：曲霉属（*Aspergillus* spp.）、镰刀菌属（*Fusarium* spp.）、青霉属（*Penicillium* spp.）、链格孢属（*Alternaria* spp.）。不同的种类的霉菌产生特定的真菌毒素，概括如下：

由黄曲霉（*A. flavus*）和寄生曲霉（*A. parasiticus*）产生的黄曲霉毒素是一种强致癌物，被国际癌症研究机构（IARC）划定为ⅠA类致癌物，花生、玉米、稻米、牛奶、食用油及乳制品等产品易受黄曲霉毒素污染，严重阻碍了农产品加工产业的健康发展，大大削弱了我国在国际农产品贸易中的总体竞争实力。

由纯绿青霉菌（*P. berrucosum*）、赭曲霉菌（*A. ochraceus*）和炭黑曲霉菌（*A. carbonarius*）等在自然条件下产生的次生代谢产物是赭曲霉毒素A，广泛分布在粮食和饲料中，被国际癌症研究机构（IARC）评级为ⅡB类致癌物，具有严重的胚胎毒性、肝脏毒性和肾脏毒性。

镰刀菌属霉菌产生的毒素种类较多。由小麦赤霉病原菌禾谷镰刀菌（*F. graminearum*）和大刀镰刀菌（*F. culmorum*）复合群产生的脱氧雪腐镰刀菌烯醇（即呕吐毒素）是一种单端孢霉烯族化合物。畜禽在误食被该毒素污染过的饲料后，会导致厌食、呕吐、腹泻、发烧、反应迟钝等急性中毒症状，严重时损害造血系统，造成死亡。由串珠

* 基金项目：中国博士后科学基金面上资助（2017M622304）；山东省博士后创新项目专项资助（201703087）

** 第一作者：郭志青，女，博士，助理研究员；E-mail：zhiqingivy2011@hotmail.com

*** 通信作者：孔凡玉，男，硕士，研究员；E-mail：kongfanyu@caas.cn

镰刀菌（*F. verticillioides*）和层生镰刀菌（*F. proliferatum*）产生的伏马毒素是一类有毒且致癌的真菌毒素，主要污染玉米、小麦、稻米等粮食作物及其制品。长期过量曝露于伏马毒素污染的饲料或者食品会引起各种疾病，如马脑白质软化症，猪肺水肿或大鼠肝癌。由梨孢镰孢菌（*F. poae*）和大刀镰刀菌（*F. culmorum*）产生的 T-2 毒素是 A-型单端孢霉烯族倍半萜烯化合物的代表，是毒性最强的一种毒素，该毒素性质稳定，有很强的耐热性和耐紫外线性。病原菌粉红镰刀菌（*F. roseum*）和禾谷镰刀菌（*F. graminearum*）产生的玉米赤霉烯酮是一种非甾醇类、具有强雌激素样作用的霉菌毒素，其污染的谷类作物被动物取食后，能引起动物流产、死胎等生殖机能异常，还可以导致生长下降、免疫抑制、不育、畸形等。

由扩展青霉（*P. expansum*）产生的具有致畸致癌毒性的棒曲霉素（Patulin）是造成果蔬（尤其是苹果）及其加工制品（如：果汁）污染的重要真菌毒素，毒理学实验表明，棒曲霉素具有致畸、致癌、影响生育和免疫抑制等毒理作用。

对自然界现实存在真菌毒素进行有效的消减成为迫切需要解决的问题，经过科学家们在过去几十年的努力，掌握了一些消除毒素的方法。截至目前，消除真菌毒素的方法主要分为物理法、化学法和生物法三大类。物理法包括电子束辐照法和吸附法，其局限性在于会对维生素、氨基酸营养物质产生影响；化学法多是采用化学试剂处理法，但这种方法会将固有的香味去除，从而影响品质；生物学方法是利用酶作用的专一性，该方法在毒理学方面的安全性，从理论研究到如何大规模安全使用还需要进一步研究。

关键词：植物病原真菌；毒素；粮食；食品安全

参考文献

史建荣，刘馨，仇剑波，等 . 2014. 小麦中镰刀菌毒素脱氧雪腐镰刀菌烯醇污染现状与防控研究进展［J］. 中国农业科学（18）：3641-3654.

尹杰，伍力，彭智兴，等 . 2012. 脱氧雪腐镰刀菌烯醇的毒性作用及其机理［J］. 动物营养学报（1）：48-54.

宗元元，李博强，秦国政，等 . 2013. 棒曲霉素对果品质量安全的危害及其研究进展［J］. 中国农业科技导报（4）：36-41.

IARC. 1993. Lyon，France：World Health Organization/IARC：56.

Li R，Wang X，Zhou T，et al. 2014 Occurrence of four mycotoxins in cereal and oil products in Yangtze Delta region of China and their food safety risks［J］. Food Control，35（1）：117-122.

Zhang X，Li J，Zong N，et al. Ochratoxin A in dried vine fruits from Chinese markets［J］. Food Additives & *Contaminants*：*Part B*，2014. 7（3）：157-161.

Shephard G S，Thiel P G，Stockenström S，et al. 1995. Worldwide survey of fumonisin contamination of corn and corn-based products［J］. Journal of AOAC International，79（3）：671-687.

Visconti A，Lattanzio V M T，Pascale M，et al. 2005. Analysis of T-2 and HT-2 Toxins in cereal grains by immune-affinity clean-up and liquid chromatography with fluorescence detection［J］. Journal of Chromatography A，1075（1/2）：151-158.

云南松适应低磷环境机制的研究进展

Advances in Mechanism Research of Low Phosphorus Environment in *Pinus yunnanensis*

韩长志*，刘　艳，林中阳

（西南林业大学，云南省森林灾害预警与控制重点实验室，云南昆明　650224）

摘　要：磷作为植物生长发育的必要营养元素之一，云南松可以在低磷胁迫的条件下正常的生长发育，为此引起了人们的广泛关注。通过研究发现，其在进化过程中有一系列的适应机制以应对低磷胁迫。笔者利用国内外数据库对云南松适应低磷环境研究文章进行分析，明确目前尚缺乏深入且系统方面的成果，并就云南松根系形态学、有机酸、磷酸酶等方面成果进行综述，以期为今后进一步阐明云南松适应低磷环境机制提供重要的理论参考。

关键词：低磷环境；云南松；适应机制；研究进展

磷元素在植物生长发育过程中发挥着非常重要的作用，是植物体内诸多代谢过程中不可缺少的营养元素之一。植物适应低磷环境和有效利用土壤磷资源已经成为国内外学术研究的热点之一。目前，关于植物适应低磷环境的研究有菜豆、大豆、白羽扇豆、蚕豆、豆科植物、玉米、水稻以及冷蒿、克氏针茅、杉木，黄花苜蓿、蒺藜苜蓿、鸭跖草，以及马尾松、云南松等。

云南松（*Pinus yunnanensis*）是我国西南地区尤其是云南省境内重要的建群树种，也是该地区的荒山绿化造林先锋树种，分布范围在23°~29°N、97°00′~106°37′E，其面积、蓄积量分别占云南省林地面积、蓄积量的29.2%和15.8%。前人研究发现在楚雄州禄丰县，云南松林土壤有效磷含量不到1 mg/kg，在曲靖市城关次生云南松林土壤中的有效含量仅为0.85mg/kg。此外，云南省红壤低磷贫瘠且面积范围广，占28.5%，而云南松能生长在红壤上，说明云南松对低磷环境有较强的适应能力。国内关于云南松适应低磷机制的研究，也产生了一些成果。

然而，整体而言，国内外学术界对于云南松适应低磷环境机制的研究尚不够深入，本研究基于中国知网数据库（CNKI）以及Sciencedirect外文数据库数据，梳理出云南松通过形态学、生理生化、分子生物学等方面的机制适应低磷胁迫环境，为进一步阐明云南松适应低磷环境的分子机制提供重要的理论参考。

* 通信作者：韩长志，男，博士，副教授，主要从事经济林木病害生物防治与真菌分子生物学研究工作

1　国内外学者关于云南松适应低磷环境的研究尚不够深入

利用 CNKI 对"云南松+磷"为主要检索词进行主题和篇名检索，就主题检索而言，发现我国学者对于云南松适应磷环境方面的研究尚缺乏较为系统而持续的研究工作，在 1986 年至今，30 年来所开展的工作大致可以分为 2 个主要阶段，即第一阶段，为 1986—2005 年，在近 20 年间，国内每年关于云南松适应磷环境方面的研究仅有 1~2 篇的报道，甚至有些年份并未见报道；第二阶段，自 2005 年以来，近 10 年间，国内关于云南松适应磷环境方面的研究显现出较为持续的报道，尽管如此，该阶段文章数量依然非常低，年均仅有 5 篇，少的年份为 1 篇，多的年份为 9 篇。就篇名检索而言，明确国内学者在报道云南松适应磷环境方面的研究成果时，仅在 2005 年 4 篇、2006 年 3 篇、2009 年 3 篇、2010 年 1 篇、2011 年 1 篇报道（图 1）。

同时，利用 Sciencedirect 对"*Pinus yunnanensi*+*phosphor*"为主要检索词进行主题（Abstract \ \ Ttiltle \ \ Keywords）和篇名（Ttiltle）检索，自 1823 年至今并未发现有学术报道。上述结果表明，鉴于云南松具有较强的地域限制性特点，国内对于其研究成果较少直接影响到国际学术水平，同时，也说明有关云南松适应低磷环境方面的研究工作有待进一步加强。

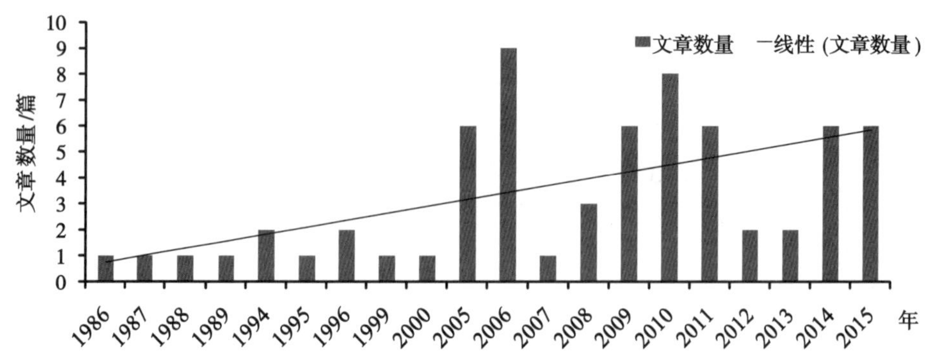

图 1　国内对云南松适应低磷环境的研究概况

2　低磷环境下云南松根系形态学适应性

植物主要依靠根系来获取营养及水分，其通过形态特征、空间分布等方面的变化，从而适应不良环境所造成的影响。植物根系的形态特征变化以及空间分布情况不仅受到遗传因子的影响，还受到土壤环境因子的影响。前人研究表明，植物为适应低磷环境，其根系变化主要表现在主根长度、根半径、根体积、根表面积、根毛长度和密度、侧根的数量以及根冠比等。然而，低磷胁迫下云南松幼苗可以将碳水化合物优先分配到根部，采取增加主根长度的策略而不是侧根数量来适应此环境。

同时，在众多影响植物吸收营养和水分的因子之中，自身根冠比居于首位，影响着植物对于养分的吸收效率，因此它是选择高效基因型根系形态的主要指标，植物根系与茎叶之间的物质分配影响着根冠比，植物将光合产物分配到地下部分比例，降低地上部分的营养，从而使侧根和根毛增加，最终增加了根冠比，根冠比是植物适应逆境时的一种主动适应机制，据研究云南松幼苗通过保持根系生物量，降低地上部分的营养从而增加根冠比以适应低磷环境。前人研究发现，处于磷胁迫条件下的云南松幼苗的苗高、地径、根长、地上部、地下部和全株干重均低于正常生长情况的云南松，并随着磷的减少其根冠比不断增加，以及通过调节地上与地下干物质分配来适应磷胁迫环境。

3 低磷环境下云南松分泌有机酸的适应性

植物受到外界环境胁迫时，其体内启动一系列的生理生化反应从而有效地改变其生存环境。就植物根系适应低磷环境而言，其通过生理生化反应产生诸如质子、有机酸和酸性磷酸酶等分泌物，而有机酸通常利用酸化、螯合、还原等作用对土壤环境产生影响，从而提高植物对磷的吸收。如受到磷胁迫时，通过刺激磷酸酶产生、分泌一些有机酸等方法，最终达到增加了土壤中可吸收的正磷酸盐的浓度。

植物分泌有机酸是其对低磷环境适应的一种主动反应，一般而言，植物分泌的有机酸主要有柠檬酸、苹果酸、琥珀酸、α-酮戊二酸、乙酸、顺乌头酸、延胡索酸等，这对改善植物磷和土壤的 pH 值具有很重要的作用。对于不同种类或者同一种类不同品种的植物在分泌有机酸的过程中都有差异。同样，在缺磷的条件下，马尾松主要分泌乙酸和苹果酸、草酸，而白羽扇豆、木豆、萝卜等植物根际有机酸种类存在差异。就云南松而言，其在低磷环境条件下，相对于上述植物而言，其分泌的草酸、酒石酸、苹果酸分泌总量和分泌速率均较低。另外，有机酸的作用可以降低根际土壤的 pH 值，而且还可以与 Fe、Ca、Al 等元素形成螯合物，通过离子交换、还原化等作用，从而有助于增加土壤中磷的释放。然而，云南松根际土壤 pH 值显著低于非根际土壤，而外界磷供给情况将影响云南松体内代谢变化，并不能诱导其产生有机酸，因此，推测云南松根际酸化是多种因素造成的。

4 低磷环境下云南松分泌磷酸酶的适应性

植物可以分泌磷酸酶，使得土壤中有机磷转化为无机磷，从而有助于植物吸收磷元素。磷酸酶作为植物促进有机磷转化为无机磷的一种关键酶，在植物体内活性比较高且分布较广泛。通过对云南松野外林地内根际土和非根际土中磷酸酶比较，明确林外根际土的活性较高，室内试验检测，结果同野外试验，且随着磷量逐渐降低，其磷酸酶的活性越高。

同时，现有研究发现，箭筈豌豆、花生以及大豆等植物分泌磷酸酶，有助于提高植物对于低磷环境的适应性。在缺磷的情况下，还影响很多植物体内生理活动，从而诱导一些酶的适应。一些植物在低磷环境条件下，蔗糖合成酶、UDP-葡萄糖焦磷酸化酶、PPi-PFK、PPDK 酶和线粒体电子转运蛋白表达增强。酸性磷酸酶是云南松根际土壤、近根际土壤以及远根际土壤中的主要酶类，中性磷酸酶次之；外界环境中磷量越低，其酸性和中性磷酸酶的活性越高，推测外界低磷环境诱导云南松磷酸酶的分泌，然而，磷酸酶的变化趋势与土壤中有效磷的相关性并不显著，因此，推测磷酸酶数量的增加仅是云南松对低磷环境适应的一种因子。

5 展望

光合作用是植物的最基本的生理活动，它为植物提供生命所需的碳架、原料、能量，在此当中磷作为底物和调节物都会参与到光合作用的各个环节当中。在油茶、澳洲坚果等植物适应低磷环境的机制解析方面已有相关报道。同时，对于大麦、小麦以及油茶适合低磷环境的生理生化机制，对于玉米适合低磷环境的分子机制，以及马铃薯、番茄、大麦、小麦、水稻、拟南芥等植物适应低磷环境的磷转运子基因克隆及方面的研究已有相关报道。然而，对于云南松适应低磷环境机制方面涉及光合作用、生理生化、分子机制、磷转运子等方面的研究尚未见报道，有待于进一步开展相关研究，从而更好地从多角度解析云南松适应低磷环境机制。

参考文献

Wang X，Wang Y，Tian J，et al. 2009. Overexpressing AtPAP15 enhances phosphorus efficiency in soybean ［J］. Plant Physiology，151（1）：233-240.

陈隆升，陈永忠，彭邵锋，等 . 2010. 油茶对低磷胁迫的生理生化效应研究［J］. 林业科学研究，23（5）：782-786.

陈智裕，李琦，邹显花，等 . 2016. 邻株竞争对低磷环境杉木幼苗光合特性及生物量分配的影响［J］. 植物生态学报，40（2）：177-186.

戴开结，何方，官会林，等 . 2006. 植物与低磷环境研究进展——诱导、适应与对策［J］. 生态学杂志，25（12）：1580-1585.

戴开结，何方，沈有信，等 . 2006. 低磷胁迫下云南松幼苗的生物量及其分配［J］. 广西植物，26（2）：183-186.

戴开结，何方，沈有信，等 . 2009. 不同磷源对云南松幼苗生长和磷吸收量的影响［J］. 生态学报，29（8）：4078-4083.

戴开结，何方，沈有信，等 . 2006. 云南松研究综述［J］. 中南林学院学报，26（2）：138-142.

戴开结，沈有信，周文君，等 . 2005. 在控制条件下云南松幼苗根系对低磷胁迫的响应［J］. 生态学报，25（9）：2423-2426.

戴开结 . 2006. 滇中云南松适应低磷环境的机理研究［D］. 长沙：中南林业科技大学 .

邓云，官会林，戴开结，等 . 2006. 不同供磷水平对云南松幼苗形态建成及根际有机酸分泌的影响［J］. 云南大学学报（自然科学版），28（4）：358-363.

何友兰 . 2009. 不同马尾松家系对酸性土壤磷胁迫的适应机制研究［D］. 福州：福建农林大学 .

金振洲，彭鉴 . 2004. 云南松［M］. 昆明：云南科技出版社 .

李立芹 . 2011. 植物低磷胁迫适应机制的研究进展［J］. 生物学通报，46（2）：13-16.

林海建 . 2010. 玉米根系低磷胁迫响应分子机理的初步研究［D］. 成都：四川农业大学 .

刘辉 . 2003. 大麦和小麦对低磷胁迫的生长反应及其生理生化机制研究［D］. 重庆：西南农业大学 .

刘娜娜，田秋英，张文浩 . 2014. 内蒙古典型草原优势种冷蒿和克氏针茅对土壤低磷环境适应策略的比较［J］. 植物生态学报，38（9）：905-915.

吕阳，程文达，黄珂，等 . 2011. 低磷胁迫下箭筈豌豆和毛叶苕子根际过程的差异比较［J］. 植物营养与肥料学报，17（3）：674-679.

乔亚科，李桂兰 . 2007. 作物耐低磷机制及耐低磷育种研究进展（综述）［J］. 河北科技师范学院学报，21（1）：67-73.

任立飞，张文浩，李衍素 . 2012. 低磷胁迫对黄花苜蓿生理特性的影响［J］. 草业学报，21（3）：242-249.

沈宏，施卫明，王校常，等 . 2001. 不同作物对低磷胁迫的适应机理研究［J］. 植物营养与肥料学报，7（2）：172-177，210.

沈有信，周文君，刘文耀，等 . 2005. 云南松根际与非根际磷酸酶活性与磷的有效性［J］. 生态环境，14（1）：91-94.

唐伟，玉永雄 . 2014. 豆科植物低磷胁迫的适应机制［J］. 草业科学，31（8）：1538-1548.

王保明，陈永忠，王湘南，等 . 2015. 植物低磷胁迫响应及其调控机制［J］. 福建农林大学学报（自然科学版），44（6）：567-575.

王磊，陈永忠，王承南，等 . 2012. 植物对低磷胁迫的适应机制的综述［J］. 湖南林业科技，39（5）：105-108+119.

魏志强，史衍玺，孔凡美 . 2002. 缺磷胁迫对花生磷酸酶活性的影响［J］. 中国油料作物学报，24（3）：44-46.

谢钰容 . 2003. 马尾松对低磷胁迫的适应机制和磷效率研究［D］. 北京：中国林业科学研究院 .

邢国芳，郭平毅 . 2013. 植物响应低磷胁迫的功能基因组研究进展［J］. 生物技术通报（7）：1-6.

杨建峰，贺立源 . 2006. 缺磷诱导植物分泌低分子量有机酸的研究进展［J］. 安徽农业科学，34（20）：5171-5175.

姚敏磊，张璟曜，周汐，等 . 2016. 大豆响应低磷胁迫的数字基因表达谱分析［J］. 大豆科学，35（2）：213-221.

尹艾萍，付玉嫔，祁荣频，等 . 2011. 磷胁迫和不同栽植方式下云南松幼苗生物量及其分配的变化［J］. 西北林学院学报，26（5）：53-58.

余健 . 2005. 磷胁迫下林木分泌的有机酸及对土壤磷的活化［D］. 南京：南京林业大学 .

袁军 . 2013. 油茶低磷适应机理研究［D］. 北京：北京林业大学 .

原慧芳，岳海，倪书邦，等 . 2008. 磷胁迫对澳洲坚果幼苗叶片光合特性和荧光参数的影响［J］. 江苏林业科技，35（1）：6-10.

张斌，秦岭 . 2010. 植物对低磷胁迫的适应及其分子基础［J］. 分子植物育种，8（4）：776-783.

张雪洁 . 2013. 低磷胁迫下油茶光合响应机理研究［D］. 长沙：中南林业科技大学 .

张瑜，刘海涛，周亚平，等 . 2015. 田间玉米和蚕豆对低磷胁迫响应的差异比较［J］. 植物营养与肥料学报，21（4）：911-919.

萜烯挥发物介导的植物防御反应研究进展*

Recent Progress of Terpene-mediated Plant Defense against Herbivorous Insects

黄欣蒸**，井维霞，寇俊凤，张永军***

（中国农业科学院植物保护研究所，植物病虫害生物学国家重点实验室，北京 100193）

植物受害虫为害时虽不能通过移动逃脱，但是在长期进化过程中，其为抵御害虫的取食为害逐渐形成了一套复杂有效的防御体系。根据防御性状形成时期，可以把植物防御分为组成型防御和诱导型防御。组成型防御是指植物在植食性昆虫取食前就已存在的物理和化学性状，而诱导型防御是由昆虫取食后诱导产生的抗虫性状（娄永根和程家安，1997）。按防御反应的作用方式可以把植物防御分为直接作用于害虫的直接防御反应和作用于天敌的间接防御反应。直接防御由对植食性昆虫起毒杀、趋避或抑制消化作用的化学物质和一些特殊的结构性状组成，而间接防御指增加天敌适合度的性状，包括向天敌提供生存场所和食物资源（即资源介导的间接防御）以及搜索定位信号（即信息介导的间接防御）（Kessler and Heil，2011）。资源介导的间接防御，如一些植物分泌花外蜜露吸引蚂蚁、寄生蜂、瓢虫等天敌聚集在蜜腺附近守卫，以减少植食性昆虫的取食（Heil，2008）。另一种重要的间接防御——信息介导的间接防御，指通过植物被昆虫取食后增强释放大量的挥发性化合物（虫害诱导挥发物）吸引寄生蜂和捕食者，以减轻受害程度（van Veen，2015；Dicke，2016；Kessler，2016）。

近年来，植物挥发物在植物-害虫-天敌三级营养关系中的作用及调控机制，以及其应用潜力的发掘是昆虫化学生态调控的研究方向。植物挥发物的生态学功能主要表现在以下几个方面：

（1）抵抗非生物逆境。尤其是萜烯类挥发物在植物光合作用和抗旱方面，以及植物应对全球气候变暖和 CO_2 浓度增加等环境变化的过程中都发挥着重要作用（Loreto and Schnitzler，2010；Kessler，2016）。

（2）作为植物内/间的信号分子。植物激素的甲基化结构，包括 MeJA 和 MeSA，已被明确为植物内/间挥发性信号。美洲黑杨中，绿叶挥发物（*Z*）-3-乙酸叶醇酯作为植物间信号启动相邻健康植物的防御信号途径和防御基因（Frost et al.，2008）。而在玉米中，氨基酸代谢物吲哚能够使不相邻组织和相邻植株处于“警备”状态（Erb et al.，2015）。

---

* 基金项目：国家自然科学基金项目（31701800，31772176，31471778，31672038，31621064）资助

** 第一作者：黄欣蒸，男，博士后，从事植物挥发物介导的植物防御方向的研究；E-mail：huangxinzheng85@163.com

*** 通信作者：张永军，研究员；E-mail：yjzhang@ippcaas.cn

（3）吸引传粉生物。主要为花香气味 floral volatiles，其组分多为苯基/苯丙烷类化合物。花香气味通常具有物种特异性，以特异地吸引一类传粉生物。如，蛾类昆虫传粉的植物释放大量的苯环类挥发物（Dobson，2006）；蝙蝠传粉的花朵则主要释放含硫挥发物（Von Helversen et al.，2000）。花香气味的释放与传粉生物活动习性密切相关，呈现明显的昼夜节律性（Kolosova et al.，2001）。另外，已授粉花朵挥发物还能够趋避传粉生物并指引其搜寻和定位未授粉花朵（Schiestl and Ayasse，2001）。

（4）抵御病虫害，主要为营养器官挥发物 vegetative volatiles，也被称为防御相关挥发物 defense-related VOCs。叶和根被昆虫取食后，会释放大量的虫害诱导挥发物 Herbivore induced plant volatiles（HIPVs）。这些 HIPVs 既能直接防御昆虫的为害，包括具有毒性，趋避害虫，阻碍取食，又能吸引捕食者和寄生蜂，从而间接地保护植物免受更严重的为害（即间接防御）（Heil，2014）。

根据分子结构和生物合成途径不同，虫害诱导挥发物 HIPVs 主要分为脂肪酸衍生物（绿叶气味）、苯类/苯丙烷类、萜类化合物三大类。其中，绿叶气味并不是昆虫取食特异诱导的挥发物，机械损伤也能诱导绿叶气味的释放，因此推测取食诱导植物绿叶性气味的释放，可能与取食过程中对植物造成的机械损伤有关（娄永根和程家安，2000）。绿叶气味的非特异性释放在三级营养关系中的作用可能是与其他成分协同作用，从而有助于天敌对寄主的搜寻。另外，有研究表明绿叶气味在植物间相互作用中发挥着重要作用（Ruther and Furstenau，2005）。而萜烯挥发物只在植食性昆虫取食后特异性诱导释放，模仿取食的连续机械损伤也不能诱导其释放（Mithöfer et al.，2005）。因此研究人员推测萜烯挥发物在植物趋避害虫或吸引天敌的防御反应过程中发挥重要作用，近年来大量的研究也证明了这一观点（Gershenzon and Dudareva，2007）。例如，田间试验利用人工合成的芳樟醇标准品模拟烟草天蛾为害烟草后的芳樟醇释放量，结果表明芳樟醇对烟草天蛾的产卵具有显著地趋避作用（Kessler and Baldwin，2001）。沉默芳樟醇基因的水稻突变体植株上有更多的褐飞虱取食而且寄生性天敌稻虱缨小蜂的寄生率降低（Xiao et al.，2012）。

萜烯挥发物由萜烯合成酶基因 *TPS* 催化生成。鉴于 *TPS* 基因在萜烯挥发物生物合成中的关键作用，及其在植物芳香气味和农作物害虫防治中广阔的应用前景，越来越多植物中的 *TPS* 被克隆并进行功能分析（Schiestl，2015；Schnee et al.，2006）。目前已有超过 30 种植物中的 200 多个萜烯挥发物合成酶基因被克隆鉴定（Bleeker et al.，2011；Dudareva et al.，2013）。植物中，萜烯合成酶 TPS 拥有共同的进化起源，裸子植物和被子植物 TPS 分为 3 大类（class I-III），7 个亚家族（TPSa—TPSg），柯巴基焦磷酸合酶和内根-贝壳杉烯合成酶及其他二萜合成酶分别聚类为 TPSc、TPSe 和 TPSf 亚家族（class I），被子植物倍半萜合成酶、被子植物环化单萜合成酶以及非环化的单萜合成酶分别聚类为 TPSa、TPSb 和 TPSg（class III），而裸子植物萜烯合成酶独成一支 TPSd（class II）（Chen et al.，2011；Hofberger et al.，2015）。

近年来，测序和分子生物学技术的发展以及植物基因组测序的不断更新也为各种 *TPS* 家族基因的鉴定和功能分析提供了便利（Aubourg et al.，2002）。目前拟南芥 *Arabidopsis thaliana*（Aubourg et al.，2002；Tholl and Lee，2011）、水稻 *Oryza sativa*（Yuan et al.，2008）、葡萄 *Vitis vinifera*（Martin et al.，2010）、番茄 *Solanum lycopersicum*（Matsuba et al.，2013）、江南卷柏 *Selaginella moellendorffii*（Li et al.，2012）、苹果 *Malus domestica*

（Nieuwenhuizen et al. ，2013）、杨树 *Populus trichocarpa*（Irmisch et al. ，2014）和桉树 *Eucalyptus spp*. （Kulheim et al. ，2015）等植物中 *TPS* 基因家族已被深入研究。也有研究对多个植物间 *TPS* 家族基因进行了比较分析，结果表明除小立碗藓 *Physcomitrella patens* 只有 1 个 *TPS* 基因外，其余物种 *TPS* 家族由 20–150 个基因组成。其中模式植物拟南芥中筛选到 40 个 *TPS* 基因，32 个基因有酶活性，而欧洲葡萄中则是 152：69（Chen et al. ，2011；Hofberger et al. ，2015）。

室内和田间条件下，昆虫对虫害诱导挥发物 HIPVs、人工合成标准品及转基因植株的行为反应已被广泛研究。其中研究较为深入的活性萜烯挥发物有（*E*）–β–石竹烯、（*E*）–β–法尼烯、（*E*）–β–罗勒烯、β–月桂烯、DMNT、TMTT 和芳樟醇等。这些研究表明，通过基因工程对挥发物进行调控以改善栽培植物品种（增强防御和提升对传粉生物的吸引力及果实品质）具有广阔的应用前景（Dudareva and Pichersky，2008）。尤其是在农业系统中，使用人工合成天敌昆虫引诱剂和害虫趋避剂，利用诱集植物和驱避植物在田间建立“推–拉”防治策略，以及利用转基因技术调控 HIPVs 培育活性物质高释放量的作物品种，被广泛认为是一种补充和完善害虫综合治理的手段和措施。

关键词：直接防御；间接防御；虫害诱导挥发物；萜烯合成酶

参考文献

娄永根，程家安. 1997. 植物的诱导抗虫性［J］. 昆虫学报（3）：320–331.

娄永根，程家安. 2000. 虫害诱导的植物挥发物：基本特性、生态学功能及释放机制［J］. 生态学报，20（6）：1097–1106.

Aubourg S，Lecharny A，Bohlmann J. 2002. Genomic analysis of the terpenoid synthase（AtTPS）gene family of *Arabidopsis thaliana*［J］. Mol Genet Genomics，267（6）：730–745.

Bleeker P，Spyropoulou E，Diergaarde P，et al. 2011. RNA–seq discovery，functional characterization，and comparison of sesquiterpene synthases from *Solanum lycopersicum* and *Solanum habrochaites* trichomes［J］. Plant Mol Biol，77（4）：323–336.

Chen F，Tholl D，Bohlmann J，et al. 2011. The family of terpene synthases in plants：a mid–size family of genes for specialized metabolism that is highly diversified throughout the kingdom［J］. Plant J，66（1）：212–229.

Dicke M. 2016. Induced plant volatiles：plant body odours structuring ecological networks［J］. New Phytol，210（1）：10–12.

Dobson H E. 2006. Relationship between floral fragrance composition and type of pollinator. In：Dudareva N，Pichersky E，eds. *Biology of floral scent*［M］. Boca Raton，FL，USA：CRC Press：147–198.

Dudareva N，Klempien A，Muhlemann J K，et al. 2013. Biosynthesis，function and metabolic engineering of plant volatile organic compounds［J］. New Phytol，198（1）：16–32.

Dudareva N，Pichersky E. 2008. Metabolic engineering of plant volatiles［J］. Curr Opin Biotech，19（2）：181–189.

Erb M，Veyrat N，Robert C A，et al. 2015. Indole is an essential herbivore–induced volatile priming signal in maize［J］. Nat Commun，6：6273.

Frost C J，Mescher M C，Dervinis C，et al. 2008. Priming defense genes and metabolites in hybrid poplar by the green leaf volatile cis–3–hexenyl acetate［J］. New Phytol，180（3）：722–734.

Gershenzon J，Dudareva N. The function of terpene natural products in the natural world［J］. Nat Chem Biol, 2007. 3 (7): 408-414.

Heil M. 2008. Indirect defence via tritrophic interactions [J]. New Phytol, 178 (1): 41-61.

Heil M. 2014. Herbivore-induced plant volatiles: targets, perception and unanswered questions [J]. New Phytol, 204 (2): 297-306.

Hofberger J A, Ramirez A M, Bergh E, et al. 2015. Large-scale evolutionary analysis of genes and supergene clusters from terpenoid modular pathways provides insights into metabolic diversification in flowering plants [J]. PLoS One, 10 (6): e0128808.

Irmisch S, Jiang Y, Chen F, et al. 2014. Terpene synthases and their contribution to herbivore-induced volatile emission in western balsam poplar (*Populus trichocarpa*) [J]. BMC Plant Biol, 14 (1): 270.

Kessler A. 2016. Introduction to a Virtual Special Issue on plant volatiles [J]. New Phytologist, 209 (4): 1333-1337.

Kessler A, Baldwin I T. 2001. Defensive function of herbivore-induced plant volatile emissions in nature [J]. Science, 291 (5511): 2141-2144.

Kessler A, Heil M. 2011. The multiple faces of indirect defences and their agents of natural selection [J]. Funct Ecol, 25 (2): 348-357.

Kolosova N, Gorenstein N, Kish C M, et al. 2001. Regulation of circadian methyl benzoate emission in diurnally and nocturnally emitting plants [J]. Plant Cell, 13 (10): 2333-2347.

Li G, Köllner T G, Yin Y, et al. 2012. Nonseed plant *Selaginella moellendorffii* has both seed plant and microbial types of terpene synthases [J]. Proc Natl Acad Sci U S A, 109 (36): 14711-14715.

Loreto F, Schnitzler J P. 2010. Abiotic stresses and induced BVOCs [J]. Trends in Plant Science, 15 (3): 154-166.

Martin D, Aubourg S, Schouwey M, et al. 2010. Functional annotation, genome organization and phylogeny of the grapevine (*Vitis vinifera*) terpene synthase gene family based on genome assembly, FLcDNA cloning, and enzyme assays [J]. BMC Plant Biol, 10 (1): 226.

Matsuba Y, Nguyen T T H, Wiegert K, et al. 2013. Evolution of a complex locus for terpene biosynthesis in *Solanum* [J]. Plant Cell, 25 (6), 2022-2036.

Mithöfer A, Wanner G, Boland W. 2005. Effects of feeding *Spodoptera littoralis* on lima bean leaves. II. Continuous mechanical wounding resembling insect feeding is sufficient to elicit herbivory-related volatile emission [J]. Plant Physiol, 137 (3): 1160-1168.

Nieuwenhuizen N J, Green S A, Chen X, et al. 2013. Functional genomics reveals that a compact terpene synthase gene family can account for terpene volatile production in apple [J]. Plant Physiol, 161 (2): 787-804.

Ruther J, Furstenau B. 2005. Emission of herbivore-induced volatiles in absence of a herbivore-response of *Zea mays* to green leaf volatiles and terpenoids [J]. Zeitschrift Fur Naturforschung C, 60: 743-756.

Schiestl F P. 2015. Ecology and evolution of floral volatile-mediated information transfer in plants [J]. *New Phytol*, 206 (2): 571-577.

Schiestl F P, Ayasse M. 2001. Post-pollination emission of a repellent compound in a sexually deceptive orchid: a new mechanism for maximising reproductive success? [J]. Oecologia, 126 (4): 531-534.

Schnee C, Köllner T G, Held M, et al. 2006. The products of a single maize sesquiterpene synthase form a volatile defense signal that attracts natural enemies of maize herbivores [J]. Proc Natl Acad Sci U S A, 103 (4): 1129-1134.

Tholl D, Lee S. 2011. Terpene specialized metabolism in *Arabidopsis thaliana* [J]. Arabidopsis Book, 9: 143-170.

van Veen F F. 2015. Plant-modified trophic interactions [J]. Curr Opin Insect Sci, 8: 29-33.

Von Helversen O, Winkler L, Bestmann H. 2000. Sulphur-containing "perfumes" attract flower-visiting bats [J]. J Comp Physiol A, 186 (2): 143-153.

Xiao Y, Wang Q, Erb M, et al. 2012. Specific herbivore-induced volatiles defend plants and determine insect community composition in the field [J]. Ecol Lett, 15 (10): 1130-1139.

Yuan J S, Kollner T G, Wiggins G, et al. 2008. Molecular and genomic basis of volatile-mediated indirect defense against insects in rice [J]. Plant J, 55 (3): 491-503.

植物假病斑突变体研究进展*

Recent Progress of Plant Lesion Mimic Mutant

李智强**，王国梁，刘文德***
（中国农业科学院植物保护研究所，北京 100193）

自然界中绝大多数生物体可通过复杂的调控机制决定部分细胞的存活与死亡（Bruggeman et al.，2015）。在动物与植物中普遍存在的程序性细胞死亡（Programmed Cell Death，PCD）是生物体自我调节细胞存亡的典型代表形式之一。程序性细胞死亡主要包括细胞凋亡、细胞自噬、细胞坏死等类型（Kroemer et al.，2009）。植物中的程序性细胞死亡在其生长发育与面对生物或非生物胁迫过程中起重要作用（Williams et al.，2008）。植物的过敏性反应（Hypersensitive Response，HR）作为重要的程序性细胞死亡形式，近年来受到广泛关注与研究。植物过敏性反应的主要特点与形式为：当植物受到毒性病原物侵染时，处于被侵染位点周围的细胞会发生自发性死亡，进而限制病原物的进一步侵染与扩散（Zeng et al.，2004）。目前大量研究发现，植物自然发生突变或在人工诱导突变的情况下，也会形成类似于过敏性反应的自发性细胞死亡。大多数发生自发性细胞死亡的突变体表型均表现在植物叶片或叶鞘上，因此将这类突变体命名为假病斑突变体（lesion mimic，*lm* 或者 spotted leaf，*spl*）。

在过去 30 年中，在植物中至少有 60 个假病斑突变体植物被发现（Bruggeman et al.，2015）。在各种模式生物全基因组测序完成的有利条件下，通过世界各实验室的共同努力，大量控制假病斑的突变基因被克隆与分离。根据已克隆基因所编码蛋白信息，假病斑突变体基因主要参与以下生物过程：鞘脂与脂肪酸合成通路、叶绿体与光能量通路、第二信使的调控与通过调控特定基因表达的变化（Bruggeman et al.，2015）。其中，Zeng 等（2004）在水稻栽培品种 IR68 中利用图位克隆的方法成功分离到了 *spl*11 假病斑突变体基因。*spl*11 假病斑突变体表现明显的自发性程序性细胞死亡、对稻瘟病菌抗性显著增强。*spl*11 假病斑突变体基因编码的 *spl*11 蛋白含有 U-box 与 ARM（Armadillo）重复结构域，并具有 E3 泛素连接酶活性，此外，*spl*11 基因受稻瘟病菌侵染诱导表达。该研究结果第一次证明蛋白的泛素化过程在植物程序性细胞死亡调控中起重要作用。另外，最近研究证明 UAP（尿苷二磷酸乙酰葡糖胺焦磷酸化酰酶）通路也对程序性细胞死亡起到调控作用。通过 *spl*29 假病斑突变体的图位克隆，证明 *spl*29 假病斑突变体基因编码的蛋白为具有

---

* 基金项目：国家自然 科学基金项目（31701750，31772119）资助

** 第一作者：李智强：男，博士后，主要从事植物与病原菌互作分子机制研究；E-mail：zhiqiangdo_771@ 163. com

*** 通信作者：刘文德，研究员；E-mail：wendeliu@ 126. com

UAP 活性的 DUAP1 蛋白，首次证明 UAP 通路调控植物程序性细胞死亡（Wang et al.，2014）。Fekih 等（2015）研究发现假病斑突变体 *lmr* 在未受到任何胁迫的情况下表现明显的假病斑表型，抗性相关基因 PBZ1 和 PR1 在假病斑突变体 *lmr* 植株内过高表达，并同时可增强对稻瘟病菌与白叶枯病菌的抗性。利用图位克隆分离该假病斑基因，证明该基因编码产物为 AAA 型蛋白。与野生型相比，该基因的 RNAi 转基因植株同样表现明显的假病斑表型，说明该基因的表达下调同样可以诱导假病斑型。

因为假病斑突变体与 HR 反应具有类似表型，早在 20 年前有人提出，抗性反应相关基因可能会参与植物假病斑形成（Johal et al.，1995）。目前大量研究表明，假病斑突变体内抗性基因过表达、与假病斑突变体抗病性明显增强，有力地支持了这一假设。例如，拟南芥扩展型假病斑突变体 *lsd*1 对毒性病原物的抗性大大增强（Dietrich et al.，1994）。*LSD*1 所编码产物为一个含有锌指结构的蛋白，研究证明，该蛋白可能是在转录水平调控植物的程序性细胞死亡。对假病斑突变体 *lsd*1 分别与对病原物敏感突变体 *eds*1 与 *pad*4 杂交得到的双突变体进行深入研究发现，*EDS*1 与 *PAD*4 两个基因对 *lsd*1 假病斑的形成是必须的。因为 *EDS*1 与 *PAD*4 两个基因分别参与 ROS 产生与 SA 通路的抗病反应，所以这一结果表明假病斑突变体 *lsd*1 的生成可能受到 ROS 产生与 SA 通路的调控（Rustérucci et al.，2001）。前人研究结果表明，NPR1 为 SA 通路内 PR 基因表达所必须，*npr*1 突变体表现出对病原物的敏感性，为了进一步了解 *npr*1 基因的分子机制，在对 NPR1 抑制子突变体的筛选过程中，发现一个抑制 SA 不敏感突变体 *ssi*1，该突变体表现有类似于 HR 反应的自发性假病斑表型（Shah et al.，1999）。*ssi*1 突变体内，PR1、PR2、PR5 等 PR 基因的表达明显上调，并使植物的抗病性得到恢复。另外发现，*ssi*1 与 *npr*1-5 双突变体内的 JA 与 ET 通路调控因子的表达量是上调的。综上所述，*SSI*1 基因作为 SA 与 JA/ET 通路的重要调控因子，起到调控抗性信号传导的重要作用。玉米 *RP*1 基因突变体、大麦突变体 *Mlo* 以及拟南芥突变体 *SSI*4 均表现出假病斑表型并伴有抗病性的增强。其中，大麦突变体 *Mlo* 对目前已知所有的白粉病菌均有抗性，在大麦的抗性育种工作中，突变体 *Mlo* 为目前应用最为广泛的突变体材料（Lyngkjaer et al.，2000）。*Mlo* 编码一个跨膜蛋白，为细胞死亡负调控因子，并增强植物的抗病性。拟南芥突变体 *ssi*4 为半显性与获得性假病斑突变体，对细菌与真菌抗性明显增强，研究表明，拟南芥突变体 *ssi*4 可能通过 R 基因的持续过表达所致。所以，对假病斑的发生与形成机制进行深入的研究，对了解植物的程序性细胞死亡分子机制，植物的抗性机理与信号传导都具有重要意义，同时可为选育植物抗性新材料提供分子依据与遗传材料。Li 等（2017）在水稻的组织培养过程中，得到了一个水稻假病斑突变体，命名为 *dj-lm*。该突变体从苗期到植株成熟整个生育期均表现假病斑表型。对该假病斑突变体进行表型分析与抗病性调查，发现该假病斑突变体严重影响了植株的重要农艺性状，并伴有明显的 ROS 发生与抗病性的增强。并利用图位克隆的方法成功将控制该假病斑表型的基因分离出来，发现该假病斑突变体的发生是由于线粒体蛋白 OsDRP1E 在 409 位点氨基酸突变所导致。该项研究结果为深入了解水稻线粒体参与调控的程序性细胞死亡分子机制、抗病机理与信号传导提供了积极指导作用，同时可为选育水稻抗病新材料提供分子依据与遗传材料。

假病斑突变体的发生是在没有外来病原物入侵的情况下由细胞自发形成的一种程序性细胞死亡，这种遗传学上的突变，往往会带来植物对病虫抗性的增强与抗性相关基因的诱导表达。所以，对假病斑的发生与形成机制进行深入研究，对了解植物的程序性细胞死亡分子机制、植物的抗性机理与信号传导都具有重要意义，同时可以为选育植物抗性新材料提供分子依据与遗传材料。

关键词：水稻；假病斑突变体；图位克隆；OsDRP1E；线粒体

参考文献

Bruggeman Q，Raynaud C，Benhamed M，et al. 2015. To die or not to die? Lessons from lesion mimic mutants ［J］. Frontiers in Plant Science，6：24.

Dietrich R A，Delaney T P，Uknes S J，et al. 1994. Arabidopsis mutants simulating disease resistance response ［J］. Cell，77：565-577.

Fekih R，Tamiru M，Kanzaki H，et al. 2015. The rice （*Oryza sativa* L. ） *LESION MIMIC RESEMBLING*，which encodes an AAA-type ATPase，is implicated in defense response ［J］. Molecular Genetics and Genomics，290：611-622.

Johal G S，Hulbert S H，Briggs S P. 1995. Disease lesion mimics of maize：a model for cell death in plants ［J］. Bioessays，17：685-692.

Kroemer G，Galluzzi L，Vandenabeele P，et al. 2009. Classification of cell death：recommendations of the nomenclature committee on cell death ［J］. Cell Death & Differentiation，16：3-11.

Li Z，Ding B，Zhou X，et al. 2017. The rice dynamin-related protein OsDRP1E negatively regulates programmed cell death by controlling the release of cytochrome *c* from mitochondria ［J］. Plos Pathogens，13 （1）：e1006157.

Lyngkjaer M，Newton A，Atzema J，et al. 2000. The barley mlo-gene：an important powdery mildew resistance source ［J］. Agronomie，20：745-756.

Rustérucci C，Aviv D H，Holt B F，et al. 2001. The disease resistance signaling components EDS1 and PAD4 are essential regulators of the cell death pathway controlled by LSD1 in Arabidopsis ［J］. The Plant Cell，13：2211-2224.

Shah J，Kachroo P，Klessig D F. 1999. The Arabidopsis ssi1 mutation restores pathogenesis-related gene expression in npr1 plants and renders defensin gene expression salicylic acid dependent ［J］. The Plant Cell，11：191-206.

Wang Z，Wang Y，Hong X，et al. 2014. Functional inactivation of UDP-N-acetylglucosamine pyrophosphorylase 1 （UAP1） induces early leaf senescence and defence responses in rice ［J］. Journal of Experimental Botany，66：973-987.

Williams B，Dickman M. 2008. Plant programmed cell death：can't live with it；can't live without it ［J］. Molecular Plant Pathology，9：531-544.

Zeng L R，Qu S，Bordeos A，Yang C，et al. 2004. *Spotted leaf* 11，a negative regulator of plant cell death and defense，encodes a U-box/armadillo repeat protein endowed with E3 ubiquitin ligase activity ［J］. The Plant Cell，16：2795-2808.

近年来广东省外来有害昆虫的入侵现状及分布格局研究*

Invasion Status and Geographic Distribution Patterns of Major Alien Harmful Insect in Guangdong Province since 2000

齐国君**，陈　婷，吕利华
（广东省农业科学院植物保护研究所，广东省植物保护新技术重点实验室，广州　510640）

我国是世界上遭受外来生物入侵最严重的国家之一，已确认的外来入侵物种达560种，其中入侵昆虫125种（Wan and Yang，2016），所占比例极为突出，其独特的生物学特性使其传播途径多、入侵成功率高，由入侵昆虫造成的经济损失也甚为严重（李红梅等，2005）。近年来，随着世界经济一体化进程加快，国际贸易、旅游业及交通运输业的迅猛发展，进一步加剧了外来入侵物种随动植物产品、人员及交通工具入侵中国的数量和频率，其引发的生物灾害及生物安全问题也日趋严重（丁晖等，2011；田兴山等，2016）。

广东省是我国沿海对外开放的重要门户，也是我国重大植物疫情入侵的前沿阵地，其特殊的地理、气候、寄主等条件十分适宜外来入侵物种的生存和繁衍，使得广东省连续多年成为检疫性有害生物截获量最大和外来入侵生物发生危害最重的省份（齐国君等，2015）。本研究根据广东省各地区的野外调查结果、国内外相关文献，汇总分析了广东省外来入侵昆虫的种类、原产地、入侵地、地理分布格局（齐国君和吕利华，2016）。获得了如下研究结果：

1　广东省外来入侵昆虫的种类及发生

2000年以来，入侵广东省并造成一定程度危害的外来有害昆虫种类共计20种，2017年在广东梅州首次发现稻水象甲 *Lissorbqptrus oryzqphilus* Kuschel 疫情。广东省外来入侵昆虫包括蚧类害虫8种，占40%；甲虫类害虫3种，占15%；姬小蜂类、粉虱类2种，均占10%；此外还包括红火蚁 *Solenopsis invicta* Buren、三叶草斑潜蝇 *Liriomyza trifolii* Burgess、首花蓟马 *Frankliniella cephalica* Crawford、番石榴实蝇 *Bactrocera orrecta* Bezzi、椰子织蛾 *Opisina arenosella* Walker。

从发生分布情况看，红火蚁、烟粉虱 *Bemisia tabaci* Gennadius、扶桑绵粉蚧

* 基金项目：“十二五”国家科技支撑计划（2015BAD08B02）；广东省科技计划项目（2013A080500013，2016A020212011）；广东省现代农业产业技术体系创新团队（2016LM1078）

** 通信作者：齐国君；E-mail：super_ qi@ 163. com

Phenacoccus solenopsis Tinsley 等 3 种已在广东省大部分地区暴发成灾，并造成严重为害；褐纹甘蔗象 *Rhabdwscelus lineaticollis* Heller、刺桐姬小蜂 *Quadrastichus erythrinae* Kim、桉树枝瘿姬小蜂 *Leptocybe invasa* Fisher & La Salle、三叶草斑潜蝇等 4 种已在广东部分地区扩散蔓延，并造成一定程度的危害；而水椰八角铁甲 *Octodonta nipae* Maulik、新菠萝灰粉蚧 *Dysmicoccus neobrevipes* Beardsley、首花蓟马、双钩巢粉虱 *Paraleyrodes pseudonaranjae* Martin、榕树粉蚧 *Pseudococcus baliteus* Lit、大洋臀纹粉蚧 *Planococcus minor* Maskell、番石榴实蝇、双条拂粉蚧 *Ferrisia virgata* Cockerell、无花果蜡蚧 *Ceroplastes rusci* Linnaeus、椰子织蛾、木瓜秀粉蚧 *Paracoccus marginatus* Williams and Granara de Willink、南洋臀纹粉蚧 *Planococcus lilacinus* Cockerell、稻水象甲等 13 种大多为新近入侵物种，尚未急剧扩张，潜在威胁较大。

2　广东省外来入侵昆虫的原产地、入侵地分析

对广东省外来入侵昆虫的原产地进行分析（图 1），结果表明，广东省外来入侵昆虫原产于北美洲的种类最多，有 6 种，占 30.00%；其次是原产于亚洲的 5 种，占 25.00%；南美洲和非洲的均为 2 种，占 10.00%；欧洲和大洋洲的最少，仅为 1 种，占 5.00%，另有原产地不详的物种 3 种，占 15.00%。对广东省外来入侵昆虫在中国大陆的首次发现地进行分析（图 2），结果表明，首次发现地位于广东省的入侵昆虫有 11 种，占 55.00%；其次是在海南省和云南省的 3 种，各占 15.00%；在广西、北京、河北的分别为桉树枝瘿姬小蜂、双条拂粉蚧、稻水象甲，各占 5.00%。

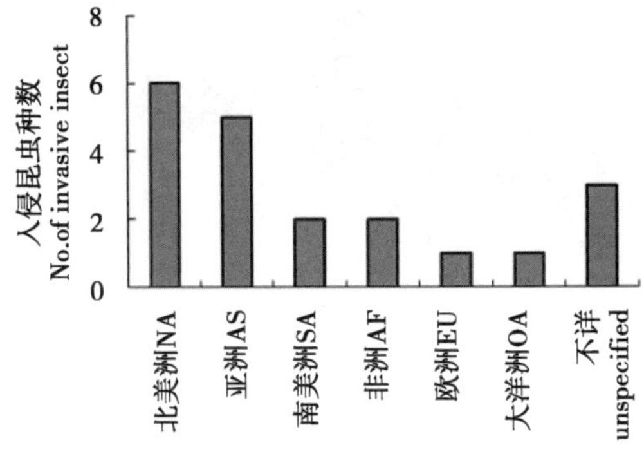

图 1　广东省外来入侵昆虫的原产地

3　广东省外来入侵昆虫的地理分布格局

广东省外来入侵昆虫的地理分布存在较大的空间差异，珠三角地区外来入侵昆虫物种数量较多，粤西部分地区、粤北及粤东地区的外来入侵昆虫数量相对较少（图 3）。广州市、湛江市地区外来入侵昆虫的物种数量最多，物种数均超过 10 种；入侵昆虫物种数较多的地区（6~10 种）有深圳市、佛山市、中山市、江门市、东莞市、惠州市、珠海市、肇庆市、阳江市 9 个地区，其中仅阳江市属于粤西地区，其余地区均位于珠三角地区；入侵昆虫物种数较少的地区（0~5 种）有茂名市、揭阳市、汕头市、清远市、韶关市、梅州市、云浮市、潮州市、河源市、汕尾市 10 个地区，其中茂名市、云浮市属于粤西地区，

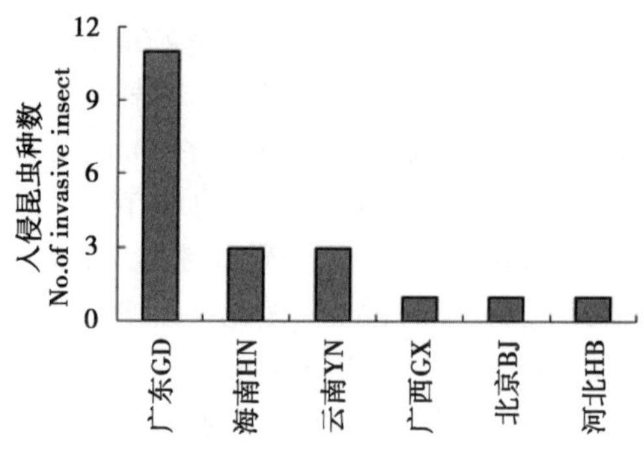

图 2 外来入侵昆虫在中国的首次发现地

清远市、韶关市属于粤北地区，其余地区均属于粤东地区。

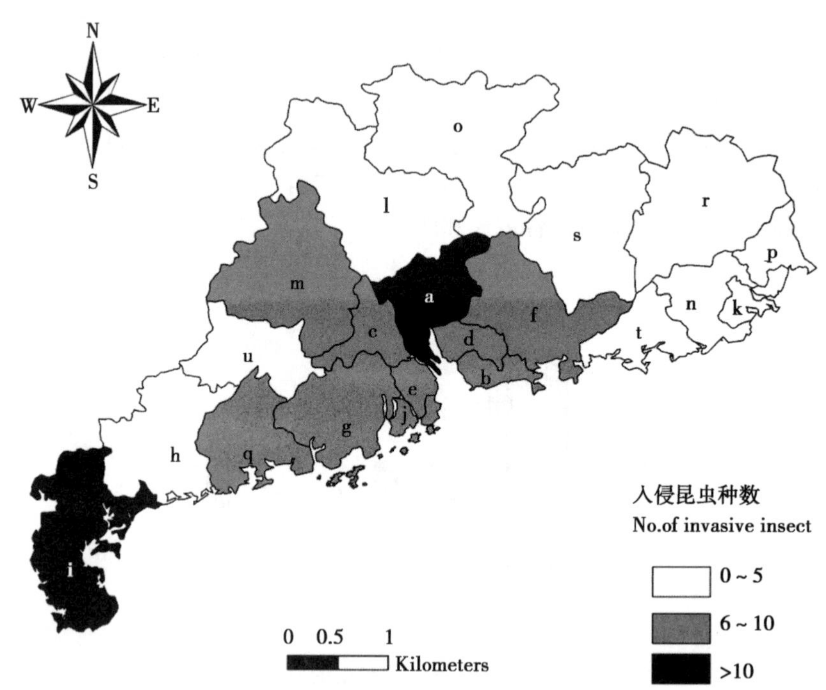

图 3 广东省外来入侵昆虫的地理分布格局

a. 广州；b. 深圳；c. 佛山；d. 东莞；e. 中山；f. 惠州；g. 江门；h. 茂名；i. 湛江；j. 珠海；k. 汕头；l. 清远；m. 肇庆；n. 揭阳；o. 韶关；p. 潮州；q. 阳江；r. 梅州；s. 河源；t. 汕尾；u. 云浮

上述研究结果明确了广东省外来有害昆虫的入侵现状及地理分布格局，可为广东省外来入侵昆虫的监测和防控提供科学依据。本研究所用外来入侵昆虫的信息主要来源于实地调查、论文、报告、网站等数据，部分物种数据有待进一步补充。另外，由于外来入侵昆虫的发现或报道时间均存在滞后现象，今后仍需要不断的修订和更新。

参考文献

丁晖，徐海根，强胜，等 . 2011. 中国生物入侵的现状与趋势［J］. 生态与农村环境学报，27（3）：35-41.

李红梅，韩红香，张润志，等 . 2005. 中国大陆外来入侵昆虫名录［C］// 中国昆虫学会全国中青年学术交流会：719-720.

齐国君，高燕，田兴山，等 . 2015. 构建“21 世纪海上丝绸之路”区域内入侵有害生物防控技术体系：机遇与挑战［M］//中国农业科学院国际合作局编著，北京：中国农业科学技术出版社：41-47.

齐国君，吕利华 . 2016. 广东省农林重要外来有害昆虫的入侵现状及地理分布格局［J］. 生物安全学报，25（3）：161-170.

田兴山，齐国君，胡学难，等 . 2016. 中国-东盟重大农业入侵有害生物预警与防控的研究进展［J］. 生物安全学报，25（3）：153-160.

Wan F H，Yang N W. 2016. Invasion and management of agricultural alien insects in China［J］. Annual Review of Entomology，61：1-24.

蓝藻水华及其防治概述*

Overview of Cyanobacterial Blooms and Its Prevention Methods

涂其冬[1,2]**，何　军[1]，彭大勇[2]

（1. 广东工业大学轻工化工学院，广州　510006；2. 江西科技师范大学药学院，南昌　330013；3. 江西农业大学理学院，南昌　330045）

摘　要：蓝藻水华在我国发生越来越频繁，危害也越来越大，已经成为世界性的难题，本文简述了蓝藻水华的成因、严重危害，重点概述了近年来我国蓝藻治理技术研究现状，分析了藻华治理的物理法、化学法、生物法及综合法，并比较各种方法的优缺点。

关键词：蓝藻；水华；防治；藻毒素

蓝藻（blue-green algae）又称蓝细菌（Cyanobacteria，简称 Cy），是地球上现存的一种最是单细胞水生生物，通常情况下数百个蓝藻细胞聚集在一起，因为细胞中有气泡，所以蓝藻能浮在水面。当蓝藻大量暴发式繁殖，就会在水面形成一片蓝绿色有腥臭味的浮沫，称为“水华”（waterbloom），蓝藻水华简称藻华（唐宝莲，2008）。

藻华在我国发生越来越频繁，地域越来越广。2000 年素有“高原明珠”之称的云南滇池发生藻华，滇池旅游业受到很大影响；2001 年，北京城市水系大面积暴发蓝藻，昆玉河、亮马河、什刹海、后海等蓝藻暴发相当严重；2006 年南京玄武湖大规模藻华，这已是玄武湖连续几年藻华，湖体生态环境遭到严重破坏；2007 年太湖发生藻华，无锡市自来水污染严重，市民疯狂购买矿泉水，造成社会恐慌（许钦杰，2011；姜礼燔，2009）；2010 年武汉东湖、南湖、水果湖大面积藻华，南湖渔场鱼类大量死亡，等等。

1　藻华发生的原因

若不让藻华发生，就必须分析其发生的原因。研究表明，藻华的发生需要一定的条件，分别是：

---

* 基金项目：中国博士后科研基金（No. 2017M612618）；江西省自然科学基金（No. 20161BAB204189）；江西科技师范大学博士科研启动基金（No. 3000990116）

** 通信第一作者：涂其冬，男，讲师，博士，主要从事活性小分子的设计、合成及生物活性研究；E-mail：tqd80@ 163. com

（1）温度。水温在17℃以下时，藻华不会大量发生，水温在28℃以上时，藻华极容易发生。

（2）pH值，在偏碱性的水体中（pH值约8.0~9.5）藻华容易发生。

（3）水体富营养化。当水体中氮（氨态氮）磷含量达到一定值时，水体富营养化了，藻华极容易发生（扶元广，2008；李娣，2014）。

（4）水体流动过缓。水体流动过缓造成水中溶氧量不足，其他微生物生长受阻，缺少营养竞争，为藻华创造条件（李东娟，2006）。

2 藻华的危害

藻华的危害非常大，大体表现在以下几个方面：

2.1 经济损失严重

藻华会导致大范围死鱼，对水产业造成巨大损失，为治理藻华恢复水质，政府不得不耗费大量财力进行环境治理。比如对太湖藻华，历时15年的太湖治理一期工程耗资逾百亿元，二期工程预算投资多达1000亿元。藻华也会严重破坏河湖景观，对旅游观光业造成损失。

2.2 破坏水体生态平衡

藻华时由于蓝藻浮游在水面上，造成水面下透光性差，其他水生植物光合作用被破坏，生物多样性受到极大破坏；同时藻华大量消耗水中氧气而造成鱼类等水生生物因为缺氧而大量死亡。死亡的水生植物和鱼类腐烂，更加重了水体污染。

2.3 严重危害人类健康，饮水安全受到威胁

蓝藻中有些藻类比如微囊藻死亡后，藻细胞破裂，会将微囊藻毒素（Microcystins，MCs）释放到水中，而MCs的毒性是氰酸的200倍（陈飞勇，2008）。到目前为止，已经发现40余种MCs（吕锡武，1998）。MCs是一类分子结构为环状七肽类的肝毒素，在微囊藻属（Microcystis）及其他几种主要的蓝藻属中均有发现，为蓝藻的次生代谢产物，它们的特征是都含有一个环状七肽的结构（D-丙氨酸-L-X-D-赤-甲基-β-D-异天冬氨酸-L-Z-Adda-D-异谷氨酸-N-甲基脱氢丙氨酸）。

MCs不仅易溶于水、甲醇、丙酮，不挥发，抗pH值变化；而且MCs非常耐热，即使水被煮沸也难以分解。另有研究表明自来水常规的消毒处理工艺比如混凝沉淀、过滤、加氯等也不能将MCs完全去除。人或动物饮用或接触被MCs污染的水就会造成中毒（Freitas，2001；Christoffersen，1996），还会引起皮炎、肠胃炎、肝炎、头疼、目眩、痢疾等症状。1996年，巴西有人使用血液透析水由于含有MCs而造成中毒死亡（Pouria，1998）。研究显示，MCs能够促使肿瘤产生而具有致癌性（Fujiki，1999）。时至今日，世界上已有很多国家有MCs污染水体而引起人畜患病甚至死亡的报导（吕锡武，1998）。但并不是所有蓝藻都能释放MCs，至今人们发现，50%的蓝藻能产生MCs，主要有微囊藻，其次是束丝藻、鱼腥藻的某些藻种。由于MCs毒性巨大，一旦饮用水源发生藻华，饮水安全就受到威胁。2007年太湖发生藻华，无锡市自来水污染严重，

超市矿泉水被市民疯狂抢购一空，造成严重的社会恐慌和动荡。

3　藻华的防治

藻华的危害巨大，不少科学家对其防治办法进行研究，目前藻华的防治主要有以下几种方法：物理防治法、化学防治法、生物防治法、综合防治法。

3.1　物理防治法

主要有人工打捞法（包括吸藻船法）、引水稀释法、超声波杀藻法、遮光法等。

3.1.1　人工打捞法（包括吸藻船法）

即是用人工（或机械）将蓝藻打捞上岸，降低水中蓝藻的含量。2007—2009 年无锡市共从太湖中打捞出 140 万 t 蓝藻，太湖水质得到改善（王鸿涌，2010）。虽然机械化打捞船作业效率是人工作业的 30 倍以上，大大提高了打捞效率（陈立新，2012），但是打捞的蓝藻含水率依然高，且蓝藻的最终处理也是个问题，还会释放藻毒素。总之，此种方法需要耗费大量的人力、物力、财力，蓝藻处理的不够彻底。

3.1.2　引水稀释法

即是引入极大的水量，对富营养化的水体进行稀释，从而阻止蓝藻的生长。此方法需要引入大量的水体，将原本干净的水体变成污染的水体，得不偿失，而且引入大量的水体有时基本不可能做到。

3.1.3　超声波杀藻法

原理是利用超声波在传播中引起质点的交替压缩和伸张，使藻细胞破裂，藻蓝蛋白丧失了活性，光合作用能力降低，抑制了藻细胞的生长。同时超声波还可以降低水中的藻毒素和其他的有机污染物（唐宝莲，2008）。超声波杀藻技术相对简单，自动化操作容易控制，不引入其他的化学物质，不产生二次污染，是一种环境友好的技术。但是唯一不足的是，超声波在水中频率会迅速降低，这是一个需要解决的问题（陈前，2009）。

3.1.4　遮光法

原理是将水面进行人为的遮光处理，由于光照极低以及温度降低，蓝藻无法生长而死亡，这种方法能延续蓝藻的暴发。在水面种植浮萍、水葫芦、花莲也同样可以起到遮光的作用，间接抑制了藻华，效果良好。特别是花莲生命力极强，能在富营养化的水体中生长，且观赏价值高，比浮萍、水葫芦效果更好（吴康中，2014）。

3.2　化学防治法

即是向水体中投放化学物质，以抑制蓝藻的生长，它可以分为两种：化学灭杀法和化学絮凝沉降法。

3.2.1　化学灭杀法

也可称为化学杀藻剂法。目前常用的化学杀藻剂可以分为无机型和有机型两类，也可以分为氧化型和非氧化型两类。常用的氧化型杀藻剂主要有氯气、次氯酸钠、二氧化氯、臭氧、高锰酸钾等（向伦宏，2015），非氧化型杀藻剂主要有硫酸铜、铜络合物、铁盐、铝盐等。目前应用最早、最常见的化学药剂是硫酸铜，其杀藻效果较好，但是由于其非专一生物毒性，杀藻同时也能杀灭其他生物，破坏水体生态系统，因此要谨慎使用（华荣生，2001）。近年来也有关于有机除藻剂的研究，如亚油酸、季铵盐等。姜礼燔（姜礼燔，2009）发现了一种植物内源基因抑制物质——亚吡啶羟烯嘌呤类复合物（Subpyripropanal-cintofen 简称 SPC），其灭藻效果远胜过高锰酸钾、高铁酸钾及高铁酸钠等化合物，具有高效、快速、用量低的优势。

3.2.2 化学絮凝沉降法

也可称为絮凝剂法。利用蓝藻的胶体化学性质，投入絮凝剂将藻类一起沉降到湖泊的底部，或者回收再处理（梁印，2011）。常用的絮凝剂有聚合明矾浆、硫酸铁、PAM、黏土、复合硅酸铝（范智，2013）等。絮凝效一般价格便宜，效果较稳定，因此常常被用于治理蓝藻。近年来人们尝试将有机高分子絮凝剂和无机絮凝剂混合使用，二者取长补短，发现絮凝效果较好（陈前，2009）。为开发效果更好的蓝藻絮凝剂指明了方向。

3.3 生物防治法

即通过利用生物之间生物链吞食关系和营养竞争关系，来防治藻华，常见的方法有三种：食藻鱼法、营养竞争法、微生物菌株法。

3.3.1 食藻鱼法

即向水体中投入大量的白鲢鱼和花鲢鱼（鳙鱼）来食用蓝藻。实验证明鲢鳙鱼对蓝藻的消化率为 30%~40%（李明锋，2001），1 条 1kg 的白鲢鱼 1 个月可以吃掉 2kg 的蓝藻，1 条 1kg 的花鲢鱼 1 个月可以吃掉 3.7kg 的蓝藻，水体中蓝藻的含量降低较多（胡德荣，2007）。但是如果水华污染严重，鱼类无法生长，形成不了大量种群，也难以控制大规模暴发的蓝藻水华。

3.3.2 营养竞争法

通过种植水生植物，造成与蓝藻的营养竞争，从而达到抑藻目的。比如种植水浮莲、水葫芦和花莲，这些植物能吸收大量的氮磷营养元素，去除氮磷率高达 60%~70%，这样蓝藻由于缺少营养而难以生长。但是这些植物的繁殖能力太大，会覆盖整个水面，如果不加打捞，任其死亡腐烂在水体中，也会造成新的水污染。

3.3.3 微生物菌株法

目前，国内在去除蓝藻上运用的微生物有光合细菌（王鸿良，1998）、复合微生物菌（范荣亮，2010）、酵母菌、环境有效微生物菌剂（EM 菌剂）（由芽胞杆菌、酵母菌、乳酸菌、放线菌和沼泽红假单胞菌组成）（吕乐，2010）。其中酵母菌对水体理化性质有明显改善，对藻类生长有明显抑制作用。近年来国内许多学者在实验室离线采用 EM 菌、乳酸菌、光合细菌等控制蓝藻水华取得了较好的实验结果（向伦宏，2015）。利用微生物菌株吸收水中的氮磷营养成分及有机污染物，提高水体的自净化能力，从而切断蓝藻的营养源，抑制蓝藻生长。这种微生物菌株可从原体湖水或者底泥中分离、驯化、扩繁得到，再投入到原水体中。实践证明，这种应“土著菌”对湖水进行治理，其治理效果明显（张青，2004）。但这一系列过程较复杂，需要有专业人员和科研机构操作，因此也存在一定的局限性（李东娟，2006）。

3.4 综合利用防治法

虽然说蓝藻有诸多害处，但是如果能合理开发利用，也能变废为宝，为人类所用。单一的防治方法只能去除（杀灭）蓝藻，综合利用防治法却还可以实现蓝藻的无害化和资源化处理。处理的方法主要有两种：产沼气法、提取有效成分法。

3.4.1 产沼气法

蓝藻与猪粪混合在一起可以厌氧发酵生产沼气，同时发酵后藻毒素大部分分解掉了。此种方法既可以分解藻毒素，生产清洁能源沼气，又可以制作富含氮磷钾的有机肥料，发展有机农业，是一种较好的蓝藻利用方法（王寿权，2009）。

3.4.2 提取有效成分法

蓝藻中含有丰富的生物有效成分，其蛋白质含量比任何一种食物都要高，除此之外，蓝藻还含有重要脂肪酸、亚麻酸、脂质、核酸（脱氧核糖核酸和核糖核酸）、维生素 B 群、维生素 C、维生素 E、天然色素、多糖（蒋高明，2008）。据研究，100kg 的干藻可以分别提取叶黄素 170g，胡萝卜素 170g，叶绿素 4kg 等（刘宝亮，2009）。蓝藻经过技术处理后，藻泥的蛋白质含量达 40%，与大豆的蛋白质含量相当，同时具有丰富的氨基酸和维生素，营养成分极高（圣隆佐，2008）。截至现在，螺旋藻中的有效成分类胡萝卜素、藻蓝素已经作为天然色素用于化妆品和食品中。因此蓝藻中的有效成分是人们开发利用蓝藻的一个方向。

对于蓝藻的治理，以上我们总结了多种方法，它们各有优缺点。物理除藻通常来说虽然效果好，但工程量大、运作周期长；化学除藻虽然具有除藻效果明显的优点，但容易造成二次污染；生物除藻效果好且无二次污染，但还有一些技术本身还有待完善成熟（梁印，2011）。综合利用防治法能够充分的利用蓝藻，变废为宝，产生良好的经济效益和社会效益。治理蓝藻到底运用哪种方法，应视具体情况灵活运用，也可以将几种方法综合运用。

彻底清除蓝藻是不现实的，这是个世界性的难题，因为蓝藻在湖泊中是客观存在的，如同人体中的癌细胞一样，当达到生态平衡时，蓝藻不会大面积地显现出来，而一旦生态平衡被破坏，这颗“定时炸弹”就会爆炸。但可以通过预防和控制相结合，将其危害降低到最小（邓建明，2009）。若要长效的治理蓝藻，我们应该从策略上摒弃先污染后治理的思想，改变成先预防、不污染。即是从源头治理，彻底切断污染源，防止水体富营养化。具体措施包括不用含磷洗涤剂；少用或者不用化学肥料，改用有机肥料；建设污水处理厂，提高污水处理率，达标排放；封堵河流湖泊排污口，杜绝污水入河。这些措施全部落实到位，水体才能远离富营养化，藻华才能彻底得到治理。

参考文献

Christoffersen K. 1996. Ecological implications of cyanobacterial toxins in aquatic food webs [J].

Phycologia, 35 (6S): 42-50.

Freitas de Magalhães V, Moraes Soares R, Azevedo S M F O. 2001. Microcystin contamination in fish from the Jacarepaguá Lagoon (Rio de Janeiro, Brazil): ecological implication and human health risk [J]. Toxicon, 39 (7): 1077-1085.

Fujiki H, Suganuma M. 1999. Unique features of the okadaic acid activity class of tumor promoters [J]. Journal of Cancer Research & Clinical Oncology, 125 (3-4): 150-155.

Pouria S, De A A, Barbosa J, et al. 1998. Fatal microcystin intoxication in haemodialysis unit in Caruaru, Brazil. [J]. Lancet, 352 (9121): 21-26.

陈飞勇, 刘凤丽, 金峰, 等 . 2008. 蓝藻的特征及其水华防治研究 [J]. 人民长江, 39 (2): 69-70.

陈立新 . 2012. 无锡市滨湖区太湖蓝藻治理的实践 [J]. 江苏水利 (10): 33-34.

陈前, 杨春和, 苏璐璐 . 2009. 国内蓝藻治理中末端处置方法研究进展 [J]. 安徽农业科学 (36): 18027-18029.

邓建明, 李大平, 陶勇 . 2009. 水华蓝藻暴发的预防与控制技术研究进展 [J]. 水处理技术, 35 (8): 23-26.

范荣亮, 谢悦波 . 2010. 复合微生物菌剂及酶制剂治理湖泊蓝藻的研究 [J]. 水电能源科学, 28 (2): 35-37.

范智, 余渊 . 2013. 安徽引进示范应用四川瑞泽公司蓝藻治理新技术 [J]. 中国水利 (19): 82.

扶元广 . 2008. 蓝藻治理中的博弈分析及对策建议 [J]. 水资源保护, 24 (6): 108-111.

胡德荣, 杜进富, 汪艺朋 . 2007. 蓝藻的危害与治理 [J]. 首都师范大学学报 (自然科学版), 28 (4): 50-53.

华荣生 . 2001. 太湖蓝藻治理方法初探 [J]. 水产养殖 (1): 32-34.

姜礼燔, 吴万夫 . 2009. 抑灭蓝藻及其实用对策 [J]. 内陆水产 (7): 48-50.

蒋高明 . 2008. 面对蓝藻暴发我们该怎样作为 [J]. 科技潮 (5): 26-29.

李娣, 李旭文, 牛志春, 等 . 2014. 太湖浮游植物群落结构及其与水质指标间的关系 [J]. 生态环境学报, 23 (11): 1814-1820.

李东娟 . 2006. 城市景观水蓝藻治理探讨 [J]. 北京园林, 22 (1): 38-42.

李明锋 . 2001. 太湖蓝藻治理推出“生物杀手”——15 万尾鲢鳙鱼游向内太湖 [J]. 渔业致富指南 (19): 17.

梁印, 染止水 . 2011. 蓝藻治理方法概述 [J]. 污染防治技术, 24 (3): 66-68.

刘宝亮 . 2009. 蓝藻的综合利用 [J]. 科技信息 (18): 77.

吕乐, 尹春华, 许倩倩, 等 . 2010. 环境有效微生物菌剂治理蓝藻水华研究 [J]. 环境科学与技术, 33 (8): 1-5.

吕锡武 . 1998. 太湖蓝藻治理对策专家研讨会在无锡召开 [J]. 环境监测管理与技术 (4): 45.

圣隆佐 . 2008. 蓝藻治理 专家支招 [J]. 环境教育 (5): 78-79.

唐宝莲, 蒋岚, 宋海燕 . 2008. 蓝藻治理对策建议 [J]. 江苏科技信息 (1): 27-29.

王鸿良, 韩永峰, 林春 . 1998. 光合细菌净水剂清除滇池草海蓝藻的试验研究 [J]. 云南环境科学, 17 (3): 1-3.

王鸿涌 . 2010. 无锡太湖蓝藻治理的创新与实践 [J]. 中国水利 (23): 39-40.

王寿权 . 2009. 蓝藻与猪粪混合厌氧发酵产沼气研究［D］. 无锡：江南大学 .

吴康中 . 2014. 枞阳县莲花湖蓝藻治理的探讨［J］. 安徽水利水电职业技术学院学报，14（2）：33-37.

向伦宏，范荣桂，龚心雨，等 . 2015. 蓝藻治理技术研究进展［J］. 辽宁化工，44（08）：1031-1034.

许钦杰，杨邗 . 2011. 太湖蓝藻治理的实践与思考［J］. 江苏水利（2）：38-39.

张青，李东娟 . 2004. 陶然亭公园湖水蓝藻治理初探［J］. 中国园林（11）：54-56.

水稻 MAPK 抗病信号通路研究进展*

Research Progress in MAPK Signaling Pathway of Rice Disease-resistant

董　铮**，李　魏***

（湖南农业大学植物保护学院，长沙　410128）

摘　要： 丝裂原活化蛋白激酶（MAPK）信号通路在植物对抗病原菌侵染起到重要作用。在水稻中，有 17 个 MAPK 被鉴定，其中多数受病原菌诱导表达。本文综述了 OsBWMK1 和 OsMPK3/OsMPK6 所在的级联抗病反应的最新研究进展，介绍了级联反应中各个元件的作用。

关键词： 水稻；MAPK；OsBWMK1；OsMKK4-OsMPK3/OsMPK6

水稻是我国的一种重要粮食作物，据国家统计局统计，2016 年我国水稻种植面积达到 3 千多万公顷，总产量 2 亿多 t，仅稍低于玉米的总产量，而水稻的单产量则是作物第一。但水稻的重要病害如稻瘟病、白叶枯病和纹枯病等也一直严重影响着水稻的生产，造成巨大减产。由于化学防治以及单一品种大面积种植的局限性，再加上病原菌的突变，导致了抗病性问题的严峻性。因此，通过分子生物学的方法研究水稻的抗病机理成为了培育新品抗病水稻的重要手段。

植物与动物不同，大多一生只能固着在一处生活，经常受到动物和微生物等生物体的侵扰。植物在和微生物的长期互相作用的过程中，进化出了一套特殊的免疫系统（Ausubel 2005）。该系统能对病原体的侵染产生免疫反应，其中包括两类反应过程，一个是病原体相关分子模式（Pathogen-Associated Molecular Pattern，PAMP）诱导的免疫反应（PAMP-triggered immunity，PTI）和效应因子诱导的免疫反应（effector triggered immunity，ETI）。PAMP 能引起细胞内相关防御基因的表达，这个过程中真核生物的信号传导则依赖于激酶的级联反应，而丝裂原活化蛋白激酶（Mitogen-Activated Protein Kinase，MAPK）级联反应则是其中之一（Pitzschke et al.，2009）。

1　水稻的 MAPK

植物中的 MAPK 级联反应一般由 3 种 Ser/Thr 蛋白激酶组成，即 MAPKKK、MAPKK 和 MAPK，构成一个连接受体蛋白和下游基因的功能模块。细胞膜上的受体蛋白将防御信

* 基金项目：湖南省自然科学基金（2016JJ3071）；湖南省教育厅基金（62021000032）资助

** 第一作者：董铮，男，博士在读，从事植物和微生物分子互作方向的研究；E-mail：dongzheng2013@126.com

*** 通信作者：李魏；E-mail：liwei350551@163.com

号传递给 MAPKKK，MAPKKK 通过磷酸化下游的相应 MAPKK 让其活化，然后活化的 MAPKK 磷酸化 MAPK，而活化的 MAPK 则与下游靶标底物反应，将信号逐级传递（He et al.，1999）。人们在水稻中发现了 17 个 MAPK，其中有 9 个可以被稻瘟病菌（*Magnaporthe grisea*）诱导表达，并根据激酶的蛋白质保守位点把这些 MAPK 分成 TEY 和 TDY 两类（Reyna et al.，2006）。

1.1 OsBWMK1 所在的级联反应

OsBWMK1（OsMPK12）在 1999 年被首个克隆出来，OsBWMK1 定位在细胞核内，并且蛋白的结构域中带有一个 TDY 磷酸化基序，还有一个 C 端结构域，这个结构对 OsBWMK1 的激酶活性以核定位至关重要。在烟草中超表达 OsBWMK1 会增强相关病程基因的表达，并且提高了对病原菌的抗性。OsBWMK1 能与转录因子 OsEREBP1 互作，后者能和多个病程相关基因启动子区的 GCC 盒结构相结合，在植物细胞内共表达 OsBWMK1 和 OsEREBP1 能提高 GCC 盒元件调控的 β-葡萄糖醛酸酶的基因表达（Cheong et al.，2003）。OsBWMK1 还能磷酸化 OsWRKY33，OsWRKY33 能和一些 PR（pathogenesis-related）基因的启动子区域的 W-BOX 结合（Koo et al.，2009）。

1.2 OsMAPKKK18-OsMKK4-OsMPK3/OsMPK6 级联反应

在一些研究中，人们发现 OsMPK3 和 OsMPK6 可以负调控水稻对病原物的抗性。在抑制 OsMPK3（OsMPK5a）的表达和其激酶活性时可以上调植物体内抗病相关基因 PR1 和 PR10 的，并提高了植物对真菌和细菌的抗性（Xiong et al.，2013）。*OsMPK6* 是拟南芥 *AtMPK4* 和烟草 *NtMPK4* 在水稻中的同源基因，与水稻对白叶枯的抗性负相关（Yuan et al.，2007）。而 OsMKK4 是 OsMPK3/OsMPK6 的上游激酶，会被几丁质诱导激活，通过激酶的级联反应调控下游抗菌剂的生物合成，并能诱导植物细胞发生了不产 ROS 的细胞死亡（Kishi-Kaboshi et al.，2010）。这些研究结果让人们明确了 OsMKK4-OsMPK3/OsMPK6 的信号通络。

最新的研究中，人们发现用几丁质处理水稻叶片后，水稻细胞膜上的 CEBiP（chitin elicitor binding protein）把信号传给类受体蛋白激酶 OsCERK1，OsCERK1 可以磷酸化 OsRLCK185（receptor-like cytoplasmic kinase，RLCK），而 OsRLCK185 能直接作用于 OsMAPKKK18-OsMKK4 并显著降低 OsMPK3/OsMPK6 的活性，增强了植物的抗病反应（Shimizu et al.，2010；Yamada et al.，2017；Yamaguchi et al.，2013）。正是 OsMAPKKK18 的研究让 OsMKK4-OsMPK3/OsMPK6 的上游反应更加明确了，从受体蛋白到免疫反应的一系列过程都串联到了一起，对 MAPK 信号通路的研究有深远意义。

2 展望

水稻中的 MAPK 级联信号通路研究相比拟南芥中的研究还较少，MAPK 通路往往交叉了数个信号通路，除了生物和非生物逆境信号通路还和生长发育的信号通路相偶联，因此研究 MAPK 级联信号通路意义重大。希望人们能通过了解水稻关键的抗病信号通路来更深入的研究植物的抗病机理。探讨这些研究在生产中的应用，创造达到减少农药的应用保护环境的同时又能抗病高产满足人们需求的绿色农业。

参考文献

Ausubel F M. 2005. Are innate immune signaling pathways in plants and animals conserved? [J]. Nature immunology, 6 (10): 973-979.

Cheong Y H, Moon B C, Kim J K, et al. 2003. BWMK1, a rice mitogen-activated protein kinase, locates in the nucleus and mediates pathogenesis-related gene expression by activation of a transcription factor [J]. Plant physiology, 132 (4): 1961-1972.

He C, Fong S H T, Yang D, et al. 1999. BWMK1, a novel MAP kinase induced by fungal infection and mechanical wounding in rice [J]. Molecular plant-microbe interactions, 12 (12): 1064-1073.

Kishi-Kaboshi M, Okada K, Kurimoto L, et al. 2010. A rice fungal MAMP-responsive MAPK cascade regulates metabolic flow to antimicrobial metabolite synthesis [J]. Plant Journal, 63 (4): 599-612.

Koo S C, Moon B C, Kim J K, et al. 2009. OsBWMK1 mediates SA-dependent defense responses by activating the transcription factor OsWRKY33 [J]. Biochemical & Biophysical Research Communications, 387 (2): 365.

Pitzschke A, Schikora A, Hirt H. 2009. MAPK cascade signaling networks in plant defence [J]. Current opinion in plant biology, 12 (4): 421.

Reyna N S, Yang Y. 2006. Molecular analysis of the rice MAP kinase gene family in relation to *Magnaporthe grisea* infection [J]. Mol Plant Microbe Interact, 19 (5): 530-540.

Shimizu T, Nakano T, Takamizawa D, et al. 2010. Two LysM receptor molecules, CEBiP and OsCERK1, cooperatively regulate chitin elicitor signaling in rice [J]. Plant Journal, 64 (2): 204-214.

Xiong L, Yang Y. 2003. Disease resistance and abiotic stress tolerance in rice are inversely modulated by an abscisic acid-inducible mitogen-activated protein kinase [J]. Plant Cell, 15 (3): 745-759.

Yamada K, Yamaguchi K, Yoshimura S, et al. 2017. Conservation of chitin-induced MAPK signaling pathways in rice and Arabidopsis [J]. Plant & Cell Physiology.

Yamaguchi K, Yamada K, Ishikawa K, et al. 2013. A receptor-like cytoplasmic kinase targeted by a plant pathogen effector is directly phosphorylated by the chitin receptor and mediates rice immunity [J]. Cell Host & Microbe, 13 (3): 347.

Yuan B, Shen X X, Xu C, et al. 2007. Mitogen-activated protein kinase OsMPK6 negatively regulates rice disease resistance to bacterial pathogens [J]. Planta, 226 (4): 953-960.

间作及植物挥发物生态控制茶园害虫研究进展*

Research Progress of Ecological Control of Tea Pests by Intercropping and Plant Volatiles

张正群[1**]，田月月[1]，王　瑶[2]，许永玉[2]，慕　卫[2]，张丽霞[1***]
（1. 山东农业大学园艺科学与工程学院，泰安　271018；
2. 山东农业大学植物保护学院，泰安　271018）

摘　要：虫害是影响茶树产量和品质的重要因素，茶园害虫生态控制是茶园害虫综合治理策略的重要研究方向。目前，利用间作及植物挥发物调控茶树害虫及天敌是茶园害虫生态控制重要举措之一。本文综述了不同茶园间作模式及茶树和非寄主等植物挥发物对茶园中主要害虫及天敌调控功能的研究进展，探讨了基于间作和植物挥发物来构建茶园害虫的“推-拉”策略，形成稳定有效的茶园害虫生态控制手段，并展望今后茶树害虫生态控制的研究方向。

关键词：茶树害虫；生态控制；间作；植物挥发物；“推-拉”策略

茶树是我国重要的经济作物，虫害是茶树减产的一个重要因素。在茶园农药减施和严把茶叶质量安全的大背景下，茶园害虫生态控制是茶园发展和茶叶生产的必然需求。生态控制主要目标是利用茶园生态系统中各种害虫调控因子对茶园害虫群落进行调控，优化茶园生态系统结构和功能，使茶园害虫种群密度长期维持在经济阀值之下（盛承发等，2002）。目前，影响茶园害虫发生的主要因素有茶园环境、茶树害虫、天敌和化学信息素等（张汉鹄和谭济才，2004）。因此，融合上述调控因素实现茶园害虫生态控制的相关研究有两个主要方面：①通过间作改善茶园生态环境，对系统中害虫和天敌的种群进行调控；②以茶树—植食性昆虫—天敌三级营养关系和茶树害虫的寄主选择机制为理论基础，利用有调控功能的植物挥发物调控茶树害虫及其天敌的行为。近年来，两方面都取得了一系列相关进展，为开拓新的茶园害虫防治策略提供了重要的基础，例如，结合间作和有调控功能的化学信息素来构建茶园害虫的“推-拉”策略（“push-pull” strategy）。

* 基金项目：国家自然科学基金（31501651）；国家重点研发计划（2016YFD0200900）；山东省自然科学基金（ZR2015CQ017）；山东省现代农业茶产业体系专项资金（SDAIT-19-04）

** 第一作者：张正群，男，博士，山东农业大学，讲师，主要从事茶树病虫害研究；E-mail：zqzhang@ sdau. edu. cn

*** 通信作者：张丽霞；E-mail：zlx_ sdau@ 163. com

1 茶园间作植物对害虫及天敌的种群调控

不同的茶园生境影响害虫和天敌组成与丰富度。通过间作营造的复合茶园生态系统比单一茶园生物多样性丰富，昆虫群落结构稳定。其中，茶园害虫的种类和数量降低，天敌的丰富度和种群数量增加，并显著提高对茶园害虫的自然控制效应。另外，茶园生态系统中的生物多样性决定其稳定性，群落多样性越大，则系统稳定性和抗干扰能力越强。通过间作实现茶园害虫生态控制的机制有：①茶园中形成植被多样、结构稳定的生境，能淡化一些茶树害虫在茶园中集中产卵繁殖，或是改变了茶树害虫的行为，使茶园害虫迁出率高、定殖率低，从而降低了种群数量。②生物多样性的增加为天敌提供了广泛的食物和补充寄主，丰富了食物链结构，有利于天敌发挥自然控制作用。③茶园中间作对茶树害虫有调控功能的特殊植物，能释放特异性挥发物，能干扰茶树害虫的寄主定位或直接驱避害虫。

1.1 茶园间作植物和模式

目前，茶园间作的植物主要有林木及豆科植物等，另外还包括能释放浓郁气味的芳香植物（Zhang et al.，2013）和其他草本植物，如，藿香蓟（*Ageratum conyzoides*）（陈李林等，2010）、吊瓜（*Trivhosantnes Kirilouii*）（叶火香等,2010a；2010b）、百喜草（*Paspalum notatum*）（刘双弟，2011）等。并且，不同的间作对象和模式表现出不同的生态功能。间作的林木主要包括梨树（*Pyurs* spp.）（韩宝瑜等，2007）、柑橘（*Citrus reticulata*）、杨梅（*Morella rubra*）（叶火香等,2010a；2010b）和龙眼（*Dimocarpus longan*）（苏红飞等，2014）等果树，以及栗树（*Castanea mollissima*）（韩宝瑜等，2001）、相思树（*Acacia confusa*）、苦李（*Prunus* sp.）、山茱萸（*Cornus officinalis*）（吴满霞等，2010）、糖胶树（*Alstonia scholaris*）、和杉木（*Cunning hamialanceolata*）（苏红飞等，2014）等绿化及经济林树种。茶园中间作林木能构建立体结构，使系统中生物的物种数增多，个体数量减少，生物间的食物链多数处在动态平衡状态，天敌种类丰富，茶树害虫的优势种群不突出。其他的生态功能还包括改善茶园微气候，对茶树进行遮阴，提高茶叶的产量和品质。茶园中间作的豆科植物主要有山毛豆（*Tephrosia candida*）、花生（*Arachis pintoi*）（黎健龙等，2010）、圆叶决明（*Cassia rotundifolia*）（陈李林等，2011）、白三叶草（*Trifolium repens*）（宋同清等，2006；彭晚霞等，2008）和大豆（*Glycine max*）（黎健龙等，2008）等。这种间作模式主要是给茶园中主要捕食性天敌构建庇护所，提供广泛的食物和寄主，有利于天敌种群数量的扩增，间接对茶园害虫的种群起到抑制作用。间作豆科植物，除了能够调节茶园生态系统中的昆虫种群，还具有固氮作用，改善土壤物理性状，提高茶园表层土壤养分含量，增加土壤保水能力。总之，选择间作物种和模式要因地制宜，才能提高多样性而强化自然控制（吴满霞等，2010）。

1.2 茶园间作的生态调控作用

群落的结构特征和动态分析参数指标，例如，物种丰富度（Species richness，S）、Shannon-Wiener 指数（Shannon-Wiener index，H'）、物种丰盛度（Species abundance，N）和均匀性指数（Evenness index，E）等也能说明茶园间作对节肢动物种群数量和群落生物多样性的调控作用（表 1）。通过诸多生态指标的评价，表明茶园间作能明显改变节肢类动物群落及其功能类群的组成，调节群落中的益害比，改良节肢动物群落及其功能类群的多样性特征。茶园间作对于保持生态体系中的物种的丰富度、优化群落均匀度具有积极的作用，进而提高茶园生态体系的生物多样性调节功能。

表 1　茶园间作对茶园昆虫种群的调控

间作作物	调查对象	个体数	物种丰富度	Shannon-Wiener 指数	丰富度指数	均匀性指数	优势度指数	参考文献
木本植物								
栗树 *Castanea mollissima*	节肢动物	增加	增加	增加		无影响	无影响	韩宝瑜等，2001
梨树 *Pyurs* spp.	节肢动物	增加	增加	增加		无影响	无影响	韩宝瑜等，2007
苦李 *Prunus* sp.	节肢动物		增加	无影响				吴满霞等，2010
山茱萸 *Cornus officinalis*	节肢动物		增加	无影响				吴满霞等，2010
杨梅 *Morella rubra*	假眼小绿叶蝉	减少						叶火香等，2010a；2010b
	蜘蛛	增加						
柑橘 *Citrus reticulata*	假眼小绿叶蝉	减少						叶火香等，2010a；2010b
	蜘蛛	增加						
	节肢动物	增加	增加	增加				季小明等，2011
相思树 *Acacia confusa*	节肢动物		增加	增加	增加	增加		黎健龙等，2013
草本植物								
山毛豆 *Tephrosia candida*	节肢动物			无影响	增加	无影响	增加	黎健龙等，2010
大豆 *Glycine max*	假眼小绿叶蝉	减少						黎健龙等，2008
	蜘蛛	增加						
花生 *Arachis pintoi*	节肢动物			无影响	增加	增加	增加	黎健龙等，2010
决明子 *Catsia tora*	假眼小绿叶蝉	减少						Zhang et al.，2014a；2017
圆叶决明 *Cassia rotundifolia*	捕食螨	增加	增加			无影响		陈李林等，2011
	弹尾虫	增加	增加	增加		无影响		
白三叶草 *Trifolium repens* Linn	茶尺蠖、假眼小绿叶蝉、茶蚜	减少	增加					宋同清等，2006；彭晚霞等，2008
	蜘蛛目、鞘翅目、膜翅目	减少	增加					
长节耳草 *Hedyotis uncinella*	节肢动物		增加	增加	增加	增加	增加	陈亦根等，2004

（续表）

间作作物	调查对象	个体数	物种丰富度	Shannon-Wiener指数	丰富度指数	均匀性指数	优势度指数	参考文献
百喜草 *Paspalum notatum*	捕食螨	增加	增加			无影响		陈李林等，2011
	弹尾虫	增加	增加	无影响		无影响		
藿香蓟 *Ageratum conyzoides*	跗线螨	减少						刘双弟，2011
	植绥螨	增加						
吊瓜 *Trivhosant-nes Kirilouii*	假眼小绿叶蝉、黑刺粉虱	减少						叶火香等，2010a；2010b
	蜘蛛	增加						
薰衣草 *Lavendula pinnata*	假眼小绿叶蝉	减少						Zhang et al.，2014b
迷迭香 *Rosmarinus officinalis*	茶尺蠖、假眼小绿叶蝉	减少						Zhang et al.，2013a

1.2.1　茶园间作对茶园天敌的调控

间作能显著提高茶园生态系统中节肢动物的多样性，增加天敌的种群数量，利用害虫与天敌在长期协同进化过程中形成相互制约、相互依存的关系，达到控制害虫种群目的。茶园间作白三叶草增加了蜘蛛目、鞘翅目、膜翅目等天敌的种类和种群数量，减少了茶尺蠖（*Ectropis obligua*）、假眼小绿叶蝉、茶蚜虫（*Toxoptera aurantii*）等主要害虫的发生（宋同清等，2006；彭晚霞等，2008）。茶树与大豆间作增加了捕食性天敌蜘蛛的数量，显著降低了假眼小绿叶蝉种群数量（黎健龙等，2008）；决明子（*Catsia tora*）在茶园中间作能增加蜘蛛、瓢虫和草蛉等捕食性天敌的数量，减少假眼小绿叶蝉的种群数量（Zhang et al.，2014a；2017）。茶园间作百喜草或圆叶决明显著增加了茶冠层中捕食螨和弹尾虫的种群数量，有利于提高茶园生境的多样化，强化茶园有害生物的生态控制（陈李林等，2010；陈李林等，2011）。茶园套种藿香蓟营造了利于捕食螨—植绥螨种群增长的环境，从而提高了对跗线螨的生态控制效应（叶火香等，2010b）。天敌在茶园中种群数量的提高，增加了茶树害虫直接被捕食的风险。天敌的存在通过天敌—植物作用关系改变害虫在茶树上的取食行为、缩短取食时间，或导致害虫直接迁移出茶园，从而影响茶园中靶标害虫的种群密度。

1.2.2　茶园间作对茶园害虫的调控

芳香植物是一类特殊植物，其浓郁的气味中含有大量萜烯类化合物。很多研究表明芳香植物对一些害虫有显著的行为调控功能（宋备舟等，2010a；2010b；胡竞辉等，2010）。迷迭香（*Rosmarinus officinalis*）等芳香植物释放的挥发性芳香物质对茶尺蠖成虫有显著的驱避效果，在茶园中间作能有效地降低茶尺蠖幼虫密度（张正群等，2012；Zhang et al.，2013a）。靶标害虫种群密度下降的原因有：①芳香植物释放的挥发性化合物对靶标害虫具有毒性或是驱避作用，阻止害虫取食；②芳香植物挥发物能干扰植食性昆虫的寄主定位、产卵的能力；③芳香植物对靶标害虫具有毒性，导致害虫生理异常，如，营养不良、畸形、中毒死亡等（Song et al.，2010）。

2 植物挥发物对茶园昆虫及天敌的种群调控功能

植物挥发物是茶树害虫在寄主定位过程中的重要化学信号，在茶树—害虫—天敌三级营养关系的化学信息网中发挥重要作用。对茶树害虫及天敌有行为调控功能的植物挥发物主要包括虫害诱导茶树挥发物（herbivore-induced plant volatiles，HIPVs）和绿叶挥发物（green leaf volatiles，GLVs），以及一些非寄主植物挥发物（non-host volatiles，NHVs）等。因此，通过利用植物挥发物的行为调控功能可以实现对茶园害虫的生态控制。

2.1 虫害诱导茶树挥发物

茶树在遭受植食性昆虫攻击后，大多能释放出与健康植株明显不同的挥发物组分，即HIPVs。HIPVs组成复杂，主要是萜烯类化合物、绿叶挥发物、莽草酸途径代谢物等3类物质（辛肇军等，2013），包括烷烃类、烯烃类、醇类、醛类、酮类、醚类、酯类和羟酸类等不同类别的化合物（Cai et al.，2012）；HIPVs的构成具有一定的特异性，与茶树害虫种类、为害方式、虫口密度等因子密切相关（Cai et al.，2012；孙晓玲等，2012）。由于HIPVs的化合物组成和释放量均明显大于健康茶树挥发物，其复杂的化学信息更易被茶树害虫及其天敌所感知并利用。HIPVs对茶树害虫及其天敌的行为调控功能表现为以下两个方面：①HIPVs中的信息化合物能引诱或驱避茶树害虫，降低田间虫口密度；②对捕食性和寄生性天敌具有引诱功能，提高天敌田间种群数量，间接调控茶树害虫的分布范围和种群密度（表2）。

表2 茶树挥发物对茶树害虫及其天敌的调控功能

茶树害虫	行为调控信息化合物	生态功能	参考文献	天敌	行为调控信息化合物	生态功能	参考文献
假眼小绿叶蝉 *Empoasca vitis*	（*E*）-罗勒烯、芳樟醇和反-2-己烯醛	引诱	Mu et al.，2012	白斑猎蛛（*Evarcha albaria*）	2，6-二甲基-3，7-辛二烯-2，6-二醇和吲哚	引诱	赵冬香等，2002
				缨小蜂 *Stethynium empoascae* Subba	α-法呢烯	引诱	穆丹，2011
茶丽纹象甲 *Myllocerinus aurolineatus*	γ-萜品烯、月桂烯、苯甲醇、苯甲醛和顺-3-己烯醛和顺-3-己烯醋酸酯	引诱	Sun et al.，2010；2012				
茶尺蠖 *Ectropis obligua*	顺-3-己烯醛和顺-3-己烯醋酸酯等HIPVs	引诱	Sun et al.，2014	单白绵绒茧蜂 *Apanteles* sp.	反-2-己烯醛和水杨酸甲酯	引诱	黄毅等，2009

（续表）

茶树害虫	行为调控信息化合物	生态功能	参考文献	天敌	行为调控信息化合物	生态功能	参考文献
茶蚜 *Toxoptera aurantii*	顺-3-己烯醇、芳樟醇、正辛醇、己醛、反-2-己烯醛和水杨酸甲酯（有翅蚜） 反-2-己烯醇、顺-3-己烯醇、顺-3-己烯醋酸酯和水杨酸甲酯（无翅蚜）	引诱	韩宝瑜等，2004；2007	蚜茧蜂 *Aphidius* sp.	苯甲醛、吲哚和反-2-己烯酸	引诱	韩宝瑜和陈宗懋，1999
				中华草蛉 *Chrysopa septempunctata* Wesmeal	苯甲醛、反-2-己烯醛和水杨酸甲酯	引诱	韩宝瑜和周成松，2004；Han and Chen，2002a；2002b
				七星瓢虫 *Leis axyridis*（Pallas）	苯甲醛和水杨酸甲酯	引诱	Han and Chen，2002a；2002b
				龟纹瓢虫 *Propylaea japonica*（Thunberg）	（+）-3-蒈烯、正己醇、1-戊烯-3-醇、苯甲醇、苯甲醛、水杨酸甲酯和烯丙基异硫氰酸酯	引诱	亓黎等，2008
				门氏食蚜蝇 *Sphaerophoria menthastri*	苯甲醛、反-2-己烯醛和水杨酸甲酯	引诱	韩宝瑜和周成松，2004
茶跗线螨 *Polyphagotarsonemus latus*	顺-3-己烯醇、芳樟醇和苯甲酮	引诱	徐泽，2010	大赤螨	螨害茶树挥发物	引诱	徐泽，2010

2.1.1　HIPVs对茶树害虫的调控功能

一些植食性茶树害虫借助茶树挥发物进行寄主定位，完成觅食、交配和产卵等活动，这些活动同时影响茶树挥发物的种类及组分含量变化，又反过来调控茶树害虫的取食、产卵等行为。Mu等（2012）研究表明，茶梢挥发物中（*E*）-罗勒烯［（*E*）-ocimene］、芳樟醇（linalool）和反-2-己烯醛［（*E*）-2-hexenal］对假眼小绿叶蝉具有较强引诱活性。其中，赵冬香等（2002）研究表明，茶梢挥发物及其中的组成成分芳樟醇对假眼小绿叶蝉的引诱作用最强。Sun 等（2010；2012）研究表明，茶丽纹象甲（*Myllocerinus aurolineatus*）对 HIPVs 有显著的行为趋向。其中，HIPVs 中 γ-萜品烯（γ-terpinene）、月桂烯（myrcene）、苯甲醇（benzyl alcohol）、苯甲醛（benzaldehyde）、顺-3-己烯醛［（*Z*）-3-hexenal］和顺-3-己烯醋酸酯［（*Z*）-3-hexenyl acetate］等化合物对象甲成虫有吸引作用。田间验证表明，（*E/Z*）-β-罗勒烯［（*E/Z*）-β-ocimene］和顺-3-己烯醋酸酯［（*Z*）-3-hexenyl acetate］是茶丽纹象甲寄主定位的重要信号，可以作为引诱剂用于茶园中象甲的种群调控。茶尺蠖取食茶树后释放的 HIPVs 中顺-3-己烯醛和顺-3-己烯醋酸酯等对茶尺蠖成虫有显著的引诱作用，其中，顺-3-己烯醋酸酯能够在田间引诱茶尺蠖成虫（Sun et al.，2014；2016）。茶树挥发物组分，包括顺-3-己烯醇［（*Z*）-3-hexenol］、芳樟醇、正辛醇（n-octanol）、己醛（hexenal）、反-2-己烯醛［（*E*）-2-hexenal］和水杨酸甲酯（methyl salicylate）等能显著引诱有翅茶蚜（*Toxoptera aurantii*）（韩宝瑜和周成松,2004）。其中，顺-3-己烯醇结合视觉线索，如茶树芽梢的形状和颜色（淡黄色和绿色），能显著吸引有翅蚜的定位飞行（Han et al.，2012）。相反，茶蚜取食诱导茶树挥发物对有翅茶蚜有驱避作用（韩宝瑜和陈宗懋，1999）。韩宝瑜和韩宝红（2007）研究表明，反-2-己烯醇［（*E*）-2-hexenol］、顺-3-己烯醇、顺-3-己烯醋酸酯和水杨酸甲酯等作为利它素对无翅茶蚜具有较强引诱活性。大量报道表明，害虫取食茶树释放的一些 GLVs 组分，例如顺-3-己烯醇和反-2-己烯醛等，对茶树害虫有行为调控功能。其中，茶树中 GLVs 代谢途径中的关键合成酶为脂氢过氧化物裂解酶（hydroperoxide lyases，HPLs）。辛肇军等（2013）研究表明，茶树的 HPL 基因 *Csi*HPL1 的编码产物可能参与脂氢过氧化物催化，裂解生成的短链醛和含氧酸，是茶树 GLVs 的主要成分或前体。

2.1.2 HIPVs 对天敌的调控功能

在茶树害虫诱导产生的 HIPVs 中，某些萜烯类挥发物和 GLVs 作为信息化合物，能够在三级营养关系中传递信号（Arimura et al.，2008；D'Auria et al.，2007），吸引捕食性和寄生性天敌（Allmann and Baldwin，2010；Bruce et al.，2010），是茶树自身防御反应中间接防御的重要构成元素。大量相关研究报道，茶树害虫取食茶树诱导产生的 HIPVs 对其天敌有引诱效应。

茶蚜诱导茶树挥发物及挥发物中的活性化合物苯甲醛（benzaldehyde）引起中华草蛉（*Chrysopa septempunctata*）、七星瓢虫（*Leis axyridis*）和蚜茧蜂（*Aphidius* sp.）较强的触角电位反应和行为反应（韩宝瑜和陈宗懋，1999；Han and Chen，2002a；2002b）。茶二叉蚜为害茶梢产生的复合体挥发物以及苯甲醛、反-2-己烯醛和水杨酸甲酯对门氏食蚜蝇（*Sphaerophoria menthastri*）和大草蛉（*Chrysopa septempunctata*）有显著引诱效应（韩宝瑜和周成松，2004）。亓黎等（2008）研究表明，（+）-3-蒈烯［（+）-3-carene］、正己醇（hexanol）、1-戊烯-3-醇（1-penten-3-ol）、苯甲醇、苯甲醛、水杨酸甲酯和烯丙基异硫氰酸酯（allyl isothiocyanate）能引诱龟纹瓢虫（*Propylaea japonica*）。茶蚜诱导茶树挥发物对异色瓢虫也有引诱力（韩宝瑜和陈宗懋，2000）。赵冬香等（2002）研究表明，茶梢被假眼小绿叶蝉取食所释放的两种特异性化合物 2，6-二甲基-3，7-辛二烯-2，6-二醇（2，6-dimethyl-3，7-octadiene-2，6-diol）和吲哚（indole）对白斑猎蛛（*Evarcha albaria*）具有明显的引诱活性。叶蝉为害诱导茶树产生的挥发性萜烯类化合物 α-法呢烯（α-farnesene）对缨小蜂（*Stethynium empoascae*）有诱集作用（穆丹，2011）。许宁等

(1999) 研究表明，茶尺蠖幼虫取食茶树产生的 HIPVs 能显著引诱单白绵绒茧蜂 (*Apanteles* sp.)。其中，反-2-己烯醛和水杨酸甲酯是其互利素（黄毅等，2009），β-D-葡萄糖苷酶为使茶树释放挥发性互利素的启动子（许宁等，1998）。

2.2 非寄主植物挥发物

由于植物挥发物是昆虫和植物之间化学通信的基础，特殊的 NHVs 可以通过干扰植食性昆虫寄主定位达到调控靶标害虫的目的（Hare，2011；Binyameen et al.，2013）。非寄主植物（主要是趋避植物和诱集植物）通过释放具有驱避或诱集功能的 NHVs 调控害虫种群（Finch and Collier，2000；Kimani et al.，2000），同时构建生境多样化提高天敌的丰富度（Khan et al.，1997a；1997b）。芳香植物迷迭香释放的 NHVs 对茶尺蠖成虫有显著的驱避效果，其活性组分主要有 β-月桂烯（β-myrcene）、γ-萜品烯、(*R*)-(-)-芳樟醇[(*R*)-(-)-linalool]、(*S*)-(-)-马鞭草烯醇[(*S*)-(-)-cis-verbenol]、(*R*)-(+)-薄荷醇[(*R*)-(+)-camphor]和(*S*)-(-)-马鞭草烯酮[(*S*)-(-)-verbenone]（Zhang et al.，2013a）。茶尺蠖主要依靠分布于触角等部位的嗅觉感器中的普通气味结合蛋白（General odorant-binding protein，GOBP），包括 *Eobl*GOBP1 和 *Eobl*GOBP2，与环境中这些气味物质相结合，来识别栖息场所中这些信息化合物。GOBP 在茶尺蠖嗅觉系统在植物挥发物的信息识别结合功能中发挥了重要作用（陈华才等，2010；赵磊等，2014）。决明子挥发物能驱避假眼小绿叶蝉，茶园中间作能减少假眼小绿叶蝉种群的数量。决明子挥发物中的对伞花烃（*p*-cymene）、柠檬烯（limonene）和 1,8-桉叶素（1,8-cineole）对叶蝉有一定的行为调控功能（Zhang et al.，2014a）。信息化合物多样性理论（semiochemical diversity hypothesis）表明，NHVs 对于植食性昆虫的寄主选择的干扰是联合抗性（associational resistance）（Hambäck et al.，2000；Zhang and Schlyter，2004）。这种抗性指昆虫对其敏感的 NHVs 的存在减少了植食性昆虫的为害程度，其原因主要有以下两个方面：(1) 环境中一定比例的 NHVs 在植食性昆虫寄主选择过程中做为寄主定位的负面信号被嗅觉受体神经元感知，从而减弱了昆虫寄主定位的能力；(2) 通过释放有毒或是有驱避作用的活性成分缩短昆虫在其寄主植物上的逗留时间（Binyameen et al.，2013；Hambäck et al.，2000）。

3 构建"推-拉"策略调控茶树害虫

"推-拉"策略是害虫生态控制的经典模式，是通过昆虫行为调控刺激物组合操纵靶标害虫及其天敌的分布和丰富度而达到治理害虫的目的。"推"刺激物干扰靶标害虫的寄主定位、取食、产卵等行为或直接驱避害虫，"拉"刺激物引诱害虫使其集中于诱集植物或诱捕器上，并能引诱天敌（Pyke et al.，1987）。昆虫行为调控刺激物涉及昆虫寄主定位所依靠的视觉线索和化学线索，其中化学线索主要是一些对靶标害虫有行为调控功能的植物挥发物。"推-拉"策略的核心为靶标害虫行为调控，因此，通常辅助降低害虫种群数量的其他措施，如生物防治和物理防治等（Cook et al.，2007）。目前，最成功的"推-拉"策略是非洲东南部地区用于调控玉米和高粱上螟虫的"推-拉"技术，融合了间作和植物挥发物的调控作用（Kfir et al.，2002；Khan and Pickett，2004）。该策略由趋避植物糖蜜草（*Melinis minutiflora*）、山蚂蝗（desmodium）和诱集植物（象草 *Pennisetum purpureum*）、苏丹草（*Sorghum vulgare sudanense*）组成，对靶标害虫及天敌进行种群调控。糖蜜草与玉米间作能干扰螟蛾产卵，糖蜜草花期释放的挥发物提高大螟盘绒茧蜂（*Cotesia sesamiae*）对螟虫的寄生率（*Khan et al.*，1997a；1997b）。糖蜜草释放的活性化合物为（*E*）-*β*-罗勒烯（（*E*）-*β*-ocimene）、*α*-萜品油烯（*α*-terpinolene）、*β*-石竹烯（*β*-caryophyllene）、葎草烯（humulene）和（E）-4，8-二甲基-1，3，7-壬三烯（（*E*）-4，8-dimethyl-1，3，7-nonatriene，DMNT）（Kimani et al.，2000；Khan et al.，2000）。另种趋避植物山蚂蝗同样也释放（E）-β-罗勒烯和DMNT，并伴随大量其他倍半萜，如*α*-柏木烯（*α*-cedrene）（Khan et al.，2000）。同时，象草和苏丹草释放的壬醛（nonanal）、萘（napthelene）、4-烯丙基苯甲醚（4-allylanisole）、丁香酚（eugenol）和（*R*，*S*）-芳樟醇［（*R*，*S*）-linalool］等活性化合物能诱集靶标害虫（Khan et al.，2000）。整体策略通过植物的上行调控作用和天敌的下行调控作用直接、间接地调控靶标害虫（Paréand Tumlinson，1997）。以大量的茶树害虫化学生态学研究工作为基础，依照“推-拉”策略的调控原理和基本构成元素，也可设想利用有行为调控功能的植物挥发物来构建针对不同茶树害虫的“推-拉”栖境管理策略（“push-pull” habitat management strategy）模型（表3）。另外，茶园中稳健可靠的“推-拉”策略的建立和应用还必须进行大量工作：①继续全面深入地进行茶树—植食性昆虫—天敌互作关系的行为和化学生态学相关研究；②健全茶园害虫的监测预警系统；③开发茶树害虫行为调控剂的相关应用技术等。要实现茶园害虫生态调控，“推-拉”栖境管理策略研究和开发应用将是未来的发展方向，并可望取得重大突破（Zhang et al.，2013b）。

表3　防治茶树害虫的“推-拉”栖境管理策略模型

靶标害虫	“推”单元刺激物*	“拉”单元刺激物*	降低种群措施*	参考文献
假眼小绿叶蝉 *Empoasca vitis*	薰衣草挥发物TC、决明子挥发物TC及信息化合物：对伞花烃，柠檬烯和1，8-桉叶素NT	（*E*）-2-己烯醛、（*E*）-罗勒烯和芳樟醇SC	捕食性天敌：蜘蛛、瓢虫和草蛉和寄生性天敌：缨小蜂 *Stethynium empoascae* NT 粘虫板SC	Zhang et al.，2014a；2014b；Mu et al.，2012；赵冬香等，2002a；2002b
茶尺蠖 *Ectropis obliqua*	迷迭香挥发物TC及信息化合物：*β*-月桂烯，*γ*-萜品烯，芳樟醇，马鞭草烯醇，薄荷醇和马鞭草烯酮NT	顺-3-己烯醋酸酯TC	单白绵绒茧蜂 *Apanteles* sp. NT	Sunet al.，2016；黄毅等，2009
茶蚜 *Toxoptera aurantii*	茶蚜取食诱导茶树挥发物NT	顺-3-己烯醇SC	黄色粘板SC，捕食性和寄生性天敌NT	韩宝瑜和陈宗懋，1999；Han et al.，2012
茶丽纹象甲 *Myllocerinus aurolineatus*	植物精油：大蒜油、芸香油NT	（*E/Z*）-*β*-罗勒烯和（*Z*）-3-己烯醋酸酯SC	诱捕器SC	Sun et al.，2010；2012；边文波等，2012

注：*不同字母表示策略中各构成单元的应用成功水平。SC：田间应用成功的调控单元；TC：田间正在测试的调控单元；NT：没有田间测试的调控单元。

4 研究展望

茶树害虫生态控制主要是利用茶园生态系统中各种有机体之间自然的相互作用规律，进而能充分利用这些规律达到害虫综合防治的目的，实现农业的持续发展，并在建立新型的 IPM 上蕴藏着巨大的应用潜力。进入 21 世纪后，茶树害虫综合治理则很大程度上要依赖于茶树害虫化学生态学的进步。茶树害虫化学生态学以及茶树害虫生态控制经过多年的研究和发展已经积累了深厚的理论基础，并在实践中也已取得了丰富的进展，推进了我国生态茶园的建设及茶树害虫生态控制技术的发展。目前，我国一些生态茶园、有机茶园的建立，佐证了茶园害虫种群生态控制是行之有效的，减少了茶园中农药的施用量，保证了茶叶的质量安全。未来，茶园害虫生态控制要注重以下方面的研究和发展：

（1）深入研究茶树—害虫—天敌间的化学通讯机制，并在充分理解该机制的基础上，借助于现在分析技术、化学合成技术和剂型加工科学利用人工合成的行为调控信息化合物来调控茶树害虫及天敌种群。

（2）实时监测技术的发展有助于掌握害虫和天敌种群空间动态通过茶园间作提高生物多样性，保护和利用天敌资源，利用天敌与害虫在长期的协同进化过程中形成相互制约、互相依存关系积极开展生物防治，实现害虫的可持续控制。

（3）明确茶园生态系统结构和功能的关系并以此为基础，积极研究各种生态调控手段的有效组合，精确地配置调控单元的数量及空间布局，构建针对茶园害虫的“推-拉”栖境管理策略。

参考文献

边文波，王国昌，龚一飞，等 . 2012. 十九种植物精油对茶丽纹象甲成虫的驱避和拒食活性［J］. 应用昆虫学报，49（2）：496-502.

陈华才，刘军，张晓燕，等 . 2010. 茶尺蠖普通气味结合蛋白（GOBP）的基因克隆与序列分析［J］. 茶叶科学，30（1）：37-44.

陈李林，林胜，尤民生，等 . 2011. 间作牧草对茶园螨类群落多样性的影响［J］. 生物多样性，19（3）：353-362.

陈李林，尤民生，陈少波，等 . 2010. 不同生境茶园弹尾虫群落的结构与动态［J］. 茶叶科学，30（4）：277-286.

陈亦根，熊锦君，黄明度，等 . 2004. 茶园节肢动物类群多样性和稳定性研究［J］. 应用生态学报，15（5）：875-878.

韩宝瑜，陈宗懋 . 1999. 蚜茧蜂对不同味源的选择性［J］. 茶叶科学，19（1）：29-34.

韩宝瑜，陈宗懋 . 2000. 异色瓢虫 4 变种成虫对茶和茶蚜气味行为反应［J］. 应用生态学报，11（3）：413-416.

韩宝瑜，崔林，黄从富 . 2007. 宁波沿海地区栗、梨和茶园节肢动物群落特征比较［J］. 安徽农业大学学报，2007. 34（3）：391-395.

韩宝瑜，韩宝红 . 2007. 无翅茶蚜对茶树挥发物的触角电生理和行为反应［J］. 生态学报，27（11）：4485-4490.

韩宝瑜，江昌俊，李卓民 . 2001. 间作密植和单行茶园节肢动物群落组成差异［J］. 生态学报，21（4）：646-652.

韩宝瑜，周成松 . 2004. 茶梢和茶花信息物引诱有翅茶蚜效应的研究［J］. 茶叶科学，24（4）：

249-254.

韩宝瑜，周成松 . 2004. 茶梢和茶花主要挥发物对门氏食蚜蝇和大草蛉引诱效应［J］. 应用生态学报，15（4）：623-626.

胡竞辉，王美超，孔云，等 . 2010. 梨园芳香植物间作区节肢动物群落时序格局［J］. 生态学报，30（17）：4578-4589.

黄毅，韩宝瑜，唐茜，等 . 2009. 茶尺蠖绒茧蜂对茶梢挥发物的 EAG 和行为反应［J］. 昆虫学报，52（11）：1191-1198.

季小明，王梦馨，江丽容，等 . 2011. 太湖洞庭山十种茶果间作茶园节肢动物群落组成的异同性［J］. 应用昆虫学报，48（5）：1471-1478.

黎健龙，唐劲驰，吴利荣，等 . 2010. 间作与覆盖对茶园生物多样性及茶叶产量的影响［J］. 广东农业科学，11：29-32.

黎健龙，唐劲驰，赵超艺，等 . 2013. 不同景观斑块结构对茶园节肢动物多样性的影响［J］. 应用生态学报，24（5）：1305-1312.

黎健龙，涂攀峰，陈娜，等 . 2008. 茶树与大豆间作效应分析［J］. 中国农业科学，41（7）：2040-2047.

刘双弟 . 2011. 台刈茶园套种藿香蓟对跗线螨及其天敌植绥螨种群数量的影响［J］. 中国农学通报，27（25）：229-234.

穆丹 . 2011. 茶树挥发性信息素调控假眼小绿叶蝉及叶蝉三棒缨小蜂行为的功效［D］. 北京：中国农业科学院 .

彭晚霞，宋同清，邹冬生，等 . 2008. 覆盖与间作对亚热带丘陵茶园生态的综合调控效果［J］. 中国农业科学，41（8）：2370-2378.

亓黎，江丽蓉，秦华光，等 . 2008. 龟纹瓢虫对茶树挥发物的行为反应［J］. 浙江农业学报，20（2）：96-99.

盛承发，苏建伟，宣维健，等 . 2010. 关于害虫生态防治若干概念的讨论［J］. 生态学报，22（4）：597-602.

宋备舟，王美超，孔云，等 . 2002. 梨园芳香植物间作区节肢动物群落的结构特征［J］. 中国农业科学，43（4）：769-779.

宋备舟，王美超，孔云，等 . 2010. 梨园芳香植物间作区主要害虫及其天敌的相互关系［J］. 中国农业科学，43（17）：3590-3601.

宋同清，王克林，彭晚霞，等 . 2006. 亚热带丘陵茶园间作白三叶草的生态效应［J］. 生态学报，26（11）：3647-3655.

苏红飞，杨柳霞，郑文忠，等 . 2014. 混交模式对茶园产量、天敌和主要害虫的影响研究［J］. 茶叶科学，34（2）：122-128.

孙晓玲，高宇，陈宗懋 . 2012. 虫害诱导植物挥发物（HIPVs）对植食性昆虫的行为调控［J］. 应用昆虫学报，49（6）：1413-1422.

吴满霞，韩仁甲，汪升毅，等 . 2010. 苦李山茱萸或板栗与茶间作增进昆虫多样性的效应［J］. 昆虫知识，47（6）：1165-1169.

辛肇军，孙晓玲，陈宗懋 . 2013. 茶树醇脱氢酶基因的表达特征及番茄遗传转化分析［J］. 西北植物学报，33（5）：864-871.

辛肇军，孙晓玲，张正群，等 . 2013. 茶树脂氢过氧化物裂解酶基因 *CsiHPL*1 的克隆及表达［J］. 植物研究，33（1）：66-72.

徐泽 . 2010. 茶树-跗线螨-大赤螨间化学通讯效应研究［D］. 北京：中国农业科学院 .

许 宁，陈宗懋，游小清 . 1998. 三级营养关系中茶树间接防御茶尺蠖危害的生化机制［J］. 茶叶科学，18（1）：1-5.

许宁，陈宗懋，游小清. 1999. 引诱茶尺蠖天敌寄生蜂的茶树挥发物的分离与鉴定［J］. 昆虫学报，42（2）：126-131.

叶火香，崔林，何迅民，等. 2010a. 茶园间作柑橘杨梅或吊瓜对叶蝉及蜘蛛类群数量和空间格局的影响［J］. 生态学报，30（22）：6019-6026.

叶火香，何迅民，韩宝瑜. 2010b. 茶园间作杨梅、柑橘和吊瓜对粉虱种群数空间特征的影响［J］. 安徽农业大学学报，37（2）：183-188.

张汉鹄，谭济才. 2004. 中国茶树害虫及其无公害治理［M］. 合肥：安徽科学技术出版社.

张正群，孙晓玲，罗宗秀，等. 2012. 芳香植物气味及提取液对茶尺蠖行为的影响［J］. 植物保护学报，39（6）：541-548.

赵 磊，崔宏春，张林雅，等. 2014. 茶尺蠖普通气味结合蛋白 *EoblGOBP2* 与茶树挥发物的结合功能研究［J］. 茶叶科学，34（2）：165-171.

赵冬香，陈宗懋，程家安. 2002. 茶树-假眼小绿叶蝉-白斑猎蛛间化学通讯物的分离与活性鉴定［J］. 茶叶科学，22（2）：109-114.

赵冬香，高景林，陈宗懋，等. 2004. 假眼小绿叶蝉对茶树挥发物的定向行为反应［J］. 华南农业大学学报，23（4）：27-29.

Allmann S，Baldwin I T. 2010. Insects betray themselves in nature to predators by rapid isomerization of green leaf volatiles［J］. Science，329：1075-1078.

Arimura G I，Koepke S，Kunert M，et al. 2008. Effects of feeding Spodoptera littoralis on lima bean leaves：IV. Diurnal and nocturnal damage differentially initiate plant volatile emission［J］. Plant Physiology，146：965-973.

Binyameen M，Hussain A，Yousefi F，et al. 2013. Modulation of reproductive behaviors by non-host volatiles in the polyphagous egyptian cotton leafworm，*Spodoptera littoralis*［J］. Journal of Chemical Ecology，39：1273-1283.

Bruce T J A，Midega C A O，Birkett M A，et al. 2010. Is quality more important than quantity Insect behavioural responses to changes in a volatile blend after stemborer oviposition on an African grass［J］. Biology letters，6：314-317.

Cai X M，Sun X L，Dong W X，et al. 2012. Variability and stability of tea weevil-induced volatile emissions from tea plants with different weevil densities，photoperiod and infestation duration［J］. Insect Science，19：507-517.

Cook S M，Khan Z R，Pickett J A. 2007. The use of push-pull strategies in integrated pest management［J］. Annual Review of Entomology，52：375-400.

D' Auria J C，Pichersky E，Schaub A，et al. 2007. Characterization of a BAHD acyltransferase responsible for producing thegreen leaf volatile（*Z*）-3-hexen-1-yl acetate in *Arabidopsis thaliana*［J］. Plant Journal，49：194-207.

Finch S，Collier R H. 2000. Host-plant selection by insects-a theory based on 'appropriate/inappropriate landings' by pest insects of cruciferous plants［J］. Entomologia Experimentalis et Applicata，96：91-102.

Hambäck P A，Agren J，Ericson L. 2000. Associational resistance：insect damage to purple loosestrife reduced in thickets of sweet gale［J］. Ecology，81：1784-1794.

Han B Y，Chen Z M. 2002. Behavioral and electrophysiological responses of natural enemies to synomones from tea shoots and kairomones from tea aphids，*Toxoptera aurantii*［J］. Journal of Chemical Ecology，28：2203-2219.

Han B Y, Chen Z M. 2002. Composition of the volatiles from intact and tea aphid-damaged tea shoots and their allurement to several natural enemies of the tea aphid [J]. Journal of Applied Entomology, 126: 497-500.

Han B Y, Zhang Q H, Byers J A. 2012. Attraction of the tea aphid, *Toxoptera aurantii*, to combinations of volatiles and colors related to tea plants [J]. Entomologia Experimentalis et Applicata, 144: 258-269.

Hare J D. 2011. Ecological role of volatiles produced by plants in response to damage by herbivorous insects [J]. Annual Review of Entomology, 56: 161-180.

Kfir R, Overholt W A, Khan Z R, et al. 2002. Biology and management of economically important lepidopteran cereal stem borers in Africa [J]. Annual Review of Entomology, 47: 701-731.

Khan Z R, Pickett J A, van den Berg J, et al. 2000. Exploiting chemical ecology and species diversity: stem borer and *striga* control for maize and sorghum in Africa [J]. Pest Management Science, 56: 957-962.

Khan Z R, Ampong-Nyarko K, Chiliswa P, et al. 1997. Intercropping increases parasitism of pests [J]. Nature, 388: 631-632.

Khan Z R, Chiliswa P, Ampong-Nyarko K, et al. 1997. Utilisation of wild gramineous plants for the management of cereal stemborers in Africa [J]. Insect Science and its Application, 17: 143-150.

Khan Z R, Pickett J A. 2004. The 'push-pull' strategy for stemborer management: a case study in exploiting biodiversity and chemical ecology//Gurr G M, Wratten S D, Altieri M A, ed. *Ecological Engineering for Pest Management: Advances in Habitat Manipulation for Arthropods* [M]. Wallington: CABI: 155-164.

Kimani S M, Chhabra S C, Lwande W, et al. 2000. Airborne volatiles from *Melinis minutiflora* P. Beauv. , a non-host plant of the spotted stem borer [J]. Journal of Essential Oil Research, 12: 221-224.

Mu D, Cui L, Ge J, et al. 2012. Behavioral responses for evaluating the attractiveness of specific tea shoot volatiles to the tea green leafhopper, *Empoaca vitis* [J]. Insect Science, 19: 229-238.

Paré P W, Tumlinson J H. 1997. De novo biosynthesis of volatiles induced by insect herbivory in cotton plants [J]. Plant Physiology, 114: 1161-1167.

Pyke B, Rice M, Sabine B, et al. 1987. The push-pull strategy-behavioural control of Heliothis [J]. Australian Cotton Grower, 9: 7-9.

Song B Z, Wu H Y, Kong Y, et al. 2010. Effects of intercropping with aromatic plants on the diversity and structure of an arthropod community in a pear orchard [J]. BioControl, 55: 741-751.

Sun X, Li X, Xin Z, Han J, et al. 2016. Development of synthetic volatile attractant for male Ectropis obliqua moths. Journal of Integrative Agriculture, 15 (7): 1532-1539.

Sun X L, Wang G C, Cai X M, et al. The tea weevil, *Myllocerinus aurolineatus*, is attracted to volatiles induced by conspecifies [J]. Journal of Chemical Ecology, 2010. 36: 388-395.

Sun X L, Wang G C, Gao Y, et al. 2012. Screening and field evaluation of synthetic volatile blends attractive to adults of the tea weevil, *Myllocerinus aurolineatus* [J]. Chemoecology, 22: 229-237.

Sun X L, Wang G C, Gao Y, et al. 2014. Volatiles emitted from tea plants infested by Ectropis obliqua larvae are attractive to conspecific moths. Journal of Chemical Ecology, 40 (10): 1080-1089.

Zhang Q H, Schlyter F. 2004. Olfactory recognition and behavioural avoidance of angiosperm non-host volatiles by conifer-inhabiting bark beetles [J]. Agricultural and Forest Entomology, 6: 1-20.

Zhang Z, Luo Z, Gao Y, et al. Volatiles from non-host aromatic plants repel tea green leafhopper Empoasca vitis. Entomologia Experimentalis et Applicata, 2014b, 153 (2): 156-169.

Zhang Z, Zhou C, Xu Y, et al. 2017. Effects of intercropping tea with aromatic plants on population dynamics of arthropods in Chinese tea plantations. Journal of Pest Science, 90 (1): 227-237.

Zhang Z Q, Sun X L, Luo Z X, et al. 2013. The manipulation mechanism of "push-pull" habitat management strategy and advances in its application [J]. Acta Ecologica Sinica, 33: 94-101.

Zhang Z Q, Sun X L, Luo Z X, et al. 2014a. Dual action of Catsia tora in tea plantations: repellent volatiles and augmented natural enemy population provide control of tea green leafhopper [J]. Phytoparasitica, 42 (5): 595-607.

Zhang Z Q, Sun X L, Xin Z J, et al. 2013. Identification and field evaluation of non-host volatiles disturbing host location by the tea geometrid, *Ectropis obliqua* [J]. Journal of Chemical Ecology, 39: 1284-1296.

我国蓝莓主要真菌病害发生情况及防治建议*

祝友朋**，韩长志***

（西南林业大学林学院，云南省森林灾害预警与控制重点实验室，昆明　650224）

蓝莓属杜鹃花科越橘属植物，为多年生落叶灌木或小灌木，果实富含花青素，被认为是当今世界极具发展潜力的新兴果树。该植物具有生长适应性强，分布范围广和经济价值高等明显优势。目前，国内外关于蓝莓的研究主要集中在产业发展、丰产栽培技术、病虫害防治等方面。中国蓝莓从 2000 年开始种植，在全国 27 个省市均有种植，自 2009 年起进入高速发展期，2014 年全国总栽培面积已经飞速增长到了 26 068hm^2。目前蓝莓加工的产品共有五大类 20 种，包括果酒、果汁饮料、乳制品、糖果、干果、烘焙食品、保健品和化妆品以及果酱。随着蓝莓种植面积的逐年扩大，其病害的发生发展情况日益严重，极大地阻碍着该产业的健康、有序和快速发展。

我国蓝莓栽种面积广，可将蓝莓种植区分为 5 个区：吉林、黑龙江地区，分布在长白山和大兴安岭的山区；辽东半岛地区，分布在丹东、庄河和大连等地；胶东半岛地区，分布在青岛、威海、烟台到连云港等地；长江中下游地区，长江流域的华东、江浙一带，以广东、广西、福建沿海为主；云贵高原地区，分布在云南、贵州等地。就云南省而言，在曲靖、昆明等地均有蓝莓栽植。

蓝莓品种主要有矮丛蓝莓、半高丛蓝莓、兔眼蓝莓、高丛蓝莓四类。我国栽种面积广、品种多样，其中矮丛蓝莓极适于东北高寒山区大面积商业化栽培；半高丛蓝莓是由高丛蓝莓和矮丛蓝莓杂交获得的品种类型，适应北方寒冷地区栽培；兔眼蓝莓适应于我国长江流域以南、华南等地区的丘陵地带栽培；高丛蓝莓包括南高丛蓝莓和北高丛蓝莓两大类，南高丛蓝莓喜湿润、温暖气候条件，适于我国黄河以南地区如东北、华南地区发展，北高丛蓝莓喜冷凉气候，抗寒力较强，有些品种可抵抗-30℃低温，适于我国北方沿海湿润地区及寒地发展。

目前，对于蓝莓上病害的研究报道较多，常见病害有灰霉病、炭疽病、僵果病、枝枯病、锈病、白粉病、叶斑病、根腐病等，而对于蓝莓上的病害尚缺乏较为系统性的研究。因此，为了更好地开展蓝莓上主要病害的发生和防治研究，本研究基于前人研究结果，从蓝莓的主栽品种以及分布范围入手，通过对主要病害的病原、为害症状、发病规律以及防治措施进行总结，以期为开展云南省蓝莓种植过程中病害防治提供重要的理论基础。

关键词：蓝莓；病害；发生情况；防治措施

---

* 基金项目：西南林业大学大学生科技创新项目（C16094）

** 第一作者：祝友朋，2014 级本科生；E-mail：3420204485@ qq. com

*** 通信作者：韩长志，博士，副教授，研究方向为经济林木病害生物防治与真菌分子生物学；E-mail：hanchangzhi2010@ 163. com

昆虫对杀虫剂的代谢抗性机制概括及展望

A Review and Outlook about the Metabolic Resistance Mechanism of Insects

龚佑辉[1,2]*，刁青云[1]

（1. 中国农业科学院蜜蜂研究所，北京 100093；
2. 中国农业科学院植物保护研究所，北京 100193）

摘 要：由于杀虫剂在农业生产以及卫生环境中的广泛使用，越来越多的昆虫被发现对不同种类的杀虫剂产生了抗药性。其中，代谢抗性在不同昆虫，不同作用方式的杀虫剂中最为广泛和普遍，也是昆虫对不同种杀虫剂产生交互抗性的主要原因。本文总结了与昆虫代谢抗药性相关的三大解毒酶系的研究进展，主要包括细胞色素P450s，羧酸酯酶和谷胱甘肽-S-转移酶，分析了它们参与代谢抗性的分子机理，包括过量表达及基因突变。简述了昆虫代谢抗性机制研究的方法和代谢抗性调控机制研究的进展以及目前需要解决的问题，为进一步研究昆虫对杀虫剂抗性的分子机理及开发害虫防治新方法提供参考。

关键词：代谢抗性；解毒酶；过表达；代谢

昆虫对杀虫剂的抗药性机制主要涉及两大类，一类是基因突变导致的靶标不敏感性，基因突变导致如氨基甲酸酯的靶标乙酰胆碱酯酶和拟除虫菊酯类杀虫剂的靶标钠离子通道对杀虫剂的不敏感，降低了杀虫剂分子对昆虫的毒害；另外一种是代谢解毒酶介导的代谢抗药性机制，通过增加代谢或阻隔杀虫剂的能力，降低毒物到达靶标的有效剂量（Hemingway et al.，2004）。而纵观大多数研究表明，代谢抗药性机制普遍的参与了昆虫对杀虫剂的抗药性发展，是导致昆虫对多种杀虫剂产生交互抗药性的原因。

解毒酶系统的基因包括分解、结合和排出三大相位的与代谢相关的基因（Berenbaum et al.，2015）。其中最主要的代谢解毒酶超基因家族包括：细胞色素P450多功能氧化酶（P450s）（第一相位），谷胱苷肽转移酶（GSTs）（第一或第二相位）和羧酸酯酶（COEs）（第一相位）（Feyereisen et al.，2005）。多药耐药蛋白（multidrug resistance proteins）和其他如磷酸腺苷结合转运体（ABC 转运蛋白）也参与了第三相位的代谢过程。它们主要是把第二相位的代谢结合产物转移到细胞外（Bariami et al.，2012；Dermaauw et al.，2014）。另外，钙黏蛋白（cadherins），一些异构酶（isomerases），裂合酶类（Lyases）和热击蛋白（heat shock proteins）等也被证实参与了外源物质代谢途径（Xu et al.，2013；Berenbaum et al.，2015）。但是直接起代谢解毒作用的主要是P450s，COEs 和 GSTs（Liu，2015）。

* 第一作者：龚佑辉，女，博士；E-mail：gongyh922@126.com

1 细胞色素 P450s 酶（P450s）

细胞色素 P450s 酶系（cytochrome P450s）又称多功能氧化酶（mixed - function oxidase，MFOs）存在于几乎所有生物体中。P450s 是生物体内极为重要的代谢系统，能催化多种外源物质如药物、杀虫剂、植物毒素等的氧化代谢（Feyereisen et al.，2005）。昆虫体内 P450s 活性的增加导致了昆虫对杀虫剂的抗药性产生。由于 P450 基因在转录水平上的过量表达（constitutive over-expression）而导致抗性种群中 P450s 活性增加，最终增加了昆虫代谢杀虫剂的总量的代谢抗性机制已经在许多昆虫中有报道，包括致倦库蚊 *Culex quinquefasciatus*（Yang and Liu，2011），冈比亚按蚊 *Anopheles gambiae*（Müller et al.，2008），埃及伊蚊 *Aedes aegypti*（Strode et al.，2008；Stevenson et al.，2012），赤拟谷盗 *Tribolium castaneum*（Zhu et al.，2010），家蝇 *Musca domestica*（Zhang and Scott，1996），小菜蛾 *Olutella xylostella*（Bautista et al.，2007），褐飞虱 *Nilaparvata lugens*（Stal（Bass et al.，2011；Bao et al.，2016），烟粉虱 *Bemisia tabaci*（Karunker et al.，2008）等。其中，CYP4、CYP6 和 CYP9 家族的 P450 基因参与代谢抗性机制的报道最多。因为基因扩增导致的 P450 基因的过表达也在不吉按蚊 Anopheles funestus 拟除虫菊酯抗性品系（CYP6P4 和 CYP6P9，Wondji et al.，2009）和桃蚜 Myzus persicae 抗烟碱类杀虫剂抗性品系中报道（CYP6CY3，Puinean et al.，2010）。往往多个 P450 基因的共同过表达介导了昆虫对杀虫剂的代谢抗性。例如，在致倦库蚊中，多个 P450 基因共同过表达可能与致倦库蚊对氯菊酯的抗性有关系（Yang et al.，2011；Liu et al.，2015）。

昆虫体内 P450 基因除了在杀虫剂抗药性种群中持续性的过量表达，在受到外源物质（包括杀虫剂）的刺激后还可以被诱导表达（Induction expression）（Gong et al.，2013）。诱导表达是解毒酶基因通过提高表达量来积极应对外源物质毒性的一种防御机制，在杀虫剂耐受性和抗药性中也起到重要的作用（Scharf et al.，2001；Bautista et al.，2007）。有的 P450 基因既在抗药性种群中持续性的过量表达，又能被杀虫剂刺激过量表达，两种机制共同参与了昆虫对杀虫剂的抗药性发展（Liu et al.，2011；Gong et al.，2013）。一些昆虫的 P450 基因能被植物次生代谢物质诱导表达，从而增强了对植物毒性的抵抗力，这种机制是昆虫与植物长期协同进化的结果，是昆虫适应环境的一种体现（David et al.，2006）。

2 羧酸酯酶（COEs）

羧酸酯酶是一类丝氨酸水解酶的总称，主要催化酯，硫酸酯和酰胺的水解，是昆虫体内重要的代谢酶，参与有机磷、氨基甲酸酯、拟除虫菊酯类等杀虫剂、环境有毒物质的代谢（Campbell et al.，2003；Birner-Gruenberger et al.，2012）。羧酸酯酶总活性增加和基因突变是羧酸酯酶代谢抗性机制的两个方面（Newcomb et al.，1997）。羧酸酯酶活性增加既可以由基因扩增引起（Newcomb et al.，2005. 也可以由转录水平表达过量引起（Cao et al.，2008）。羧酸酯酶基因扩增引起的抗药性首先在桃蚜中报道（Field et al.，1988），其次最具有代表性的是致倦库蚊中的 esterase A（*CPIJ*013918）和 esterase B（*CPIJ*013917）介导的有机磷抗药性（Hemingway et al.，1998）。羧酸酯酶基因突变导致对有机磷、拟除虫菊酯类等杀虫剂的水解速率增强已经在许多昆虫中有报道，主要集中在 G137D 和

*W*251L（*Lucilia cuprina*）这两个突变位点（Campbell et al.，1998；Newcomb et al.，1997；2005）。在对棉蚜氧化乐果的抗药性机制研究中发现，羧酸酯酶基因的过量表达（Cao et al.，2008）和突变（Guo et al.，2005；Gong et al.，2017c）共同导致了棉蚜对有机磷的代谢抗性。有的羧酸酯酶并不能代谢某种杀虫剂或代谢效率极低，但是通过基因扩增的过量表达，能作为结合蛋白阻膈杀虫剂分子到达靶标位点，从而增强了昆虫对杀虫剂的抗药性（Wheelock et al.，2005）。羧酸酯酶同 P450s 一样，也能被外源物质诱导表达（Gong et al.，2016）。

3 谷胱甘肽-S-转移酶（GSTs）

一般认为 GSTs 主要功能是完成内源与外源生物素化合物解毒，这种解毒是通过直接代谢或催化由细胞色素 P450 氧化大量级化合物的第二代谢产物完成解毒功能（Sheehan et al.，2001）。GSTs 在生理性应激，细胞内运输，各类生物合成通道方面，也扮演重要作用（Feyereisen et al.，2005）。在基因水平和转录水平上的过量表达和 *GST* 基因突变导致的抗药性均有报道。例如，家蝇 *M. domestica* 中的 *MdGST*-3 因基因扩增导致了对有机磷的抗药性（Zhou and Syvanen，1997）；埃及伊蚊中的 *GSTE*2 在拟除虫菊酯类杀虫剂抗性种群中过量表达且被证实能代谢 DDT（Lumjuan et al.，2005）；*GSTe*2 在不吉按蚊 *DDT* 和拟除虫菊酯抗性种群中高表达，同时发现非洲地区该基因 L119F 突变的地理分布和 DDT 的抗性正相关，体外表达证实了突变的 GST 蛋白确实增强了代谢 DDT 的速率（Riveron et al.，2014）。昆虫体内的 GSTs 也可通过隔离方式抑制杀虫剂的毒性效应（Kostaropoulos et al.，2001）。

4 昆虫代谢抗性机制研究方法

研究昆虫代谢抗性机制的方法从最初的解毒酶活性测定，增效剂实验到分子测序揭示基因组和转录组水平的表达量，到蛋白质组学和代谢组学揭示蛋白水平的表达和代谢物生成（Reid et al.，2012；Gong et al.，2017a）。但是最直接揭示一个代谢基因是否参与了抗药性的发展还要看它是否能代谢这种杀虫剂（Itokawa et al.，2016）。有的 P450 基因在抗性中过量表达，但是它并不能代谢这种杀虫剂，可能与抗性无关（Chiu et al.，2008；McLanghlin et al.，2008）。运用细菌、真菌或昆虫细胞表达系统体外表达具有活性的解毒酶蛋白，重建代谢酶-杀虫剂体外酶反应体系，运用高效液相色谱、质谱或气谱来检测杀虫剂的被代谢情况，虽然这一过程比较复制，难度大，但是这是最直接证实解毒酶基因参与代谢抗性的证据（Riveron et al.，2013；Itokawa et al.，2016）。例如，有研究表明多个 P450 基因在抗性种群中的的过量表达与褐飞虱吡虫啉抗药性的发展有关（Garrood et al.，2015；Zhang et al.，2016）；通过体外代谢功能实验证明 CYP6AY1 和 CYP6ER1 蛋白能代谢杀虫剂吡虫啉（Bao et al.，2016）。Gong 等（2017b）通过外源表达和代谢实验证明了在致倦库蚊抗氯菊酯种群中过量表达的 CYP9M10 和 CYP 6AA7 代谢氯菊酯的途径，即代谢氯菊酯生成间苯氧基苯甲醇（3-phenoxybenzyl alcohol，PBOH），同时 PBOH 和间苯氧基苯甲醛（3-phenoxybenzaldehyde，PBCHO）被进一步代谢成毒性更低的间苯氧基苯甲酸（3-phenoxybenzoic acid，PBCOOH），揭示了过表达的 CYP9M10 和 CYP 6AA7 在氯菊酯抗性中的重要作用。

除此之外，还有一些体内验证代谢基因解毒杀虫剂的方法，比如 RNAi 和果蝇体内转基因的方法（Gong et al.，2014；Li et al.，2015a）。

5 昆虫代谢抗药性的调控机制的研究

有关昆虫代谢抗药性的调控机制的研究并不是很多，主要集中在对 P450 基因的调控机制的研究上。转录水平上的基因持续性过表达主要是由启动子序列的突变引起；诱导表达主要是由于反式作用因子或者是信号级联发生了突变，又或是对食物或环境中的转录诱导因子的响应增强了（Schuler and Berenbaum，2013）。例如果蝇 *CYP6A2* 启动子区域（顺式作用位点）的多个突变（Wan et al.，2014）和褐飞虱 *CYP6AY1* 启动子区域的单核苷酸多态性（Pang et al.，2014）均持续性的上调了 P450 基因的表达。Pu 等（2016）发现褐飞虱中 *CYP6FU1* 的启动子顺式作用位点的 4 个突变与 *CYP6FU1* 在溴氰菊酯抗性种群中持续的过量表达有关。P450 基因的调控涉及多种顺式或反式作用因子的参与，但 P450 基因在抗性种群中持续过量表达或诱导表达的上游调控通路仍然不是很清楚。Bhaskara 等（2008）报道咖啡因对果蝇 *CYP6a* 的诱导表达可能是通过 cAMP 通路调控。最近有研究发现 G 蛋白偶联受体（G-protein-coupled receptors，GPCRs）相关基因通过 cAMP 通路能调控致倦库蚊抗性 P450 基因的表达，从而参与了对氯菊酯的抗药性发展（Li et al.，2014；2015a）。另外，有研究表明，microRNAs 能调控 P450 基因和其他受体基因的表达水平（Tamási V et al.，2011；Wei et al.，2014；Sun et al.，2014），在调控昆虫对杀虫剂的抗药性中起到重要的作用（Li et al.，2015b；Zhu et al.，2017）。研究抗性 P450 基因或其他解毒酶基因的调控通路，挖掘更多关键性的上游转录因子或受体，对寻找新的分子靶标用于新型杀虫剂的开发或应用生物遗传工程来进行害虫绿色防控有着非常重要的意义。

6 展望

随着杀虫剂在害虫防治中的过量使用，昆虫对杀虫剂的抗药性产生已经成为防治的难题。随着基因组、转录组学以及蛋白质组学等新技术的发展和应用，更多的基因和调控通路被证实参与到昆虫代谢抗性机制中来（Reid et al.，2017）。代谢抗性机制具有一定的复杂性，往往多种代谢基因的共过表达或突变，共同导致了昆虫对杀虫剂的抗药性发展，这也是昆虫对不同药剂产生不同程度的抗性或者是交互抗性的原因之一。对相同化学结构的杀虫剂，昆虫对其有相似的代谢抗性机理；对不同化学结构的杀虫剂，参与昆虫代谢抗性机制的主导代谢基因会不同，所以明确杀虫剂的结构特点和代谢途径，昆虫对不同种杀虫剂的代谢抗性机制，对于合理使用杀虫剂及延缓抗药性的产生均具有重要意义。多种代谢基因可能具有同一调控通路，对解毒酶基因调控机制的研究可以更深一步的揭示昆虫代谢抗药性产生的遗传机制，通过发现新的分子靶标、关键上游调控基因、转录因子或受体，应用生物遗传工程改造杀虫剂抗性昆虫或开发新型杀虫剂，对绿色防控害虫有着重要的意义。

参考文献

BaoH，Gao H，Zhang Y et al. 2016. The roles of CYP6AY1 and CYP6ER1 in imidacloprid resistance in the brown planthopper：Expression levels and detoxification efficiency [J]. Pestic Biochem Physio，129：

70-74.

Bariami V, Jones C M, Poupardin R, et al. 2012. Gene amplification, ABC transporters and cytochrome P450s: unraveling the molecular basis of pyrethroid resistance in the dengue vector, *Aedes aegypti* [J]. PLoS Negl Trop Dis, 6 (6): e1692.

Bass C, Carvalho R A, Oliphant L, et al. 2011. Overexpression of a cytochrome P450 monooxygenase, CYP6ER1, is associated with resistance to imidacloprid in the brown planthopper, *Nilaparvata lugens* [J]. Insect Mol Biol, 20: 763-773.

Bautista M, Tanakaa T, Miyata T. 2007. Identification of permethrin-inducible cytochrome P450s from the diamondback moth, *Plutella xylostella* (L.) and the possibility of involvement in permethrin resistance [J]. Pestic Biochem Physiol, 87: 85-93.

Berenbaum M R, Johnson R M. 2015. Xenobiotic detoxification pathways in honey bees [J]. Curr Opin Insect Sci, 10: 51-58.

Bhaskara S, Chandrasekharan M B, Ganguly R. 2008. Caffeine induction of *Cyp6a2* and *Cyp6a8* genes of Drosophila melanogaster is modulated by cAMP and D-JUN protein level [J]. Gene, 415: 49-59.

Birner- Gruenberger R, Bickmeyer I, Lange J, et al. 2012. Functional fat body proteomics and gene targeting reveal in vivo functions of *Drosophila melanogaster* α-Esterase-7 [J]. Insect Biochem Mol Biol, 42 (3): 220-229.

Campbell P M, Newcomb R D, Russell R, et al. 1998. Two different amino acid substitutions in the ali-esterase, E3, confer alternative types of organophosphorus insecticide resistance in the sheep blowfly, *Lucilia cuprina* [J]. Insect Biochem Mol Biol, 28: 139-150.

Cao C W, Zhang J, Gao X W. 2008. Overexpression of carboxylesterase gene associated with organophosphorous insecticide resistance in cotton aphids, *Aphis gossypii* (Glover) [J]. Pestic Biochem Phys, 90: 175-180.

Chiu T L, Wen Z, Rupasinghe S G, et al. 2008. Comparative molecular modeling of *Anopheles gambiae* CYP6Z1, a mosquito P450 capable of metabolizing DDT [J]. Proc Natl Acad Sci USA, 105: 8855-8860.

David J P, Boyer S, Mesneau A, et al. 2006. Involvement of cytochrome P450 monooxygenases in the response of mosquito larvae to dietary plant xenobiotics [J]. Insect Biochem Mol Biol, 36: 410-420.

Dermaauw W, Van Leeuwen T. 2014. The ABC gene family in arthropods: comparative genomics and role in insecticide transport and resistance [J]. Insect Biochem Mol Biol, 45: 89-110.

Feyereisen R. 2005. Insect cytochrome P450 in *Comprehensive insect physiology*, *biochemistry*, *pharmacology and molecular biology* (eds. Gilbert L I, Iatrou K) [J]. 1-77 (Amsterdam: Elsevier).

Field L M, Devonshire A, Forde B G. 1988. Molecular evidence that insecticide resistance in peach-potato aphids (*Myzus persicae* Sulz.) results from amplification of an esterase gene [J]. Biochem, 251: 309-312.

Garrood W T, Zimmer C T, Gorman K J, et al. 2015. Field-evolved resistance to imidacloprid and ethiprole in populations of brown planthopper *Nilaparvata lugens* collected from across South and East Asia [J]. Pest Manag Sci, 2015. DOI 10. 1002/ps. 3980.

Gong Y, Ai G, Li M, et al. 2017c. Functional characterization of carboxylesterase gene mutations involved in *Aphis gossypii* resistance to the organophosphate insecticides [J]. Insect Mol Biol.

Gong Y, Diao Q. 2017a. Current knowledge of detoxification mechanisms of xenobiotic in honey bees [J]. Ecotoxicology, 26 (1): 1-12.

Gong Y, Li T, Feng Y, et al. 2017b. The function of two P450s, CYP9M10 and CYP6AA7, in the permethrin resistance of *Culex quinquefasciatus* [J]. Sci Rep, 7: 587.

Gong Y, Shi X, Desneux N, et al. 2016. Effects of spirotetramat treatments on fecundity and carboxylesterase expression of *Aphis gossypii* Glover [J]. Ecotoxicology, 25: 655-663.

Gong Y H, Li T, Zhang L, et al. 2013. Permethrin induction of multiple cytochrome P450 genes in insecticide resistant mosquitoes, *Culex quinquefasciatus* [J]. Int J Biol Sci, 9, 863-871.

Gong Y H, Yu X R, Shang Q L, et al. 2014. Oral delivery mediated RNA interference of a carboxylesterase gene results in reduced resistance to organophosphorus insecticides in the Cotton aphid, *Aphis gossypii* Glover [J]. PLoS ONE, 9 (8): e102823.

Guo K L, Gao X W. 2005. The mutation of carboxylesterase gene of cotton aphid, *Aphis gossypii* associated with omethoate resistance [J]. Acta Entomologica Sinica, 48 (2): 194-202.

Heidari R, Devonshire A L, Campbell B E, et al. 2004. Hydrolysis of organophosphorus insecticides by in vitro modified carboxylesterase E3 from *Lucilia cuprina* [J]. Insect Biochem Mol Biol, 34: 353-363.

Hemingway J, Karunaratane S H P P. 1998. Mosquito carboxylesterases: a review of the molecular biology and biochemistry of a major insecticide resistance mechanism [J]. Med Vet Entomol, 12: 1-12.

Itokawa K, Komagata O, Kasai S, et al. 2016. Testing the causality between CYP9M10 and pyrethroid resistance using the TALEN and CRISPR/Cas9 technologies [J]. Sci Rep, 6: 24652.

Karunker I, Benting J, Lueke B, et al. 2008. Over-expression of cytochrome P450 *CYP6CM1* is associated with high resistance to imidacloprid in the B and Q biotypes of *Bemisia tabaci* (Hemiptera: Aleyrodidae) [J]. Insect Biochem Mol Biol, 38: 634-644.

Kostaropoulos I, Papadopoulos A I, Metaxakis A, et al. 2001. Glutathione S-transferase in the defence against pyrethroids in insects [J]. Insect Biochem Mol Biol, 31: 313-319.

Li T, Cao C, Yang T, et al. 2015a. A G-protein-coupled receptor regulation pathway in cytochrome P450 mediated permethrin-resistance in mosquitoes, *Culex quinquefasciatus* [J]. Sci Rep, 5: 17772.

Li T, Liu L, Zhang L, et al. 2014. Role of G-protein-coupled receptor-related genes in insecticide resistance of the mosquito, *Culex quinquefasciatus* [J]. Sci Rep, 29, 4: 64-74.

Li, X, Guo L, Zhou X, et al. 2015b. miRNAs regulated overexpression of ryanodine receptor is involved in chlorantraniliprole resistance in *Plutella xylostella* (L.) [J]. Sci Rep, 5: 14095.

Liu N, Li M, Gong Y, et al. 2015. Cytochrome P450s – Their expression, regulation, and role in insecticide resistance [J]. Pestic Biochem Physio, 120: 77-81.

Liu N, Li T, Reid W R. 2011. Multiple cytochrome P450 Genes: Their constitutive overexpression and permethrin induction in insecticide resistant mosquitoes, *Culex quinquefasciatus* [J]. PLoS ONE, 6: e23403.

Liu N. 2015. Insecticide resistance in mosquitoes: impact, mechanisms, and research directions [J]. Ann Review Entomol, 60: 537-559.

Lumjuan N, McCarroll L, Prapanthadara L A, et al. 2005. Elevated activity of an Epsilon class glutathione transferase confers DDT resistance in the dengue vector, *Aedes aegypti* [J]. Insect Biochem Mol Biol, 35 (8): 861-871.

McLaughlin L A, Niazi U, Bibby J, et al. 2008. Characterization of inhibitors and substrates of *Anopheles gambiae* CYP6Z2 [J]. *Insect Mol Biol*, 17: 125-135.

Müller P, Warr E, Stevenson B J, et al. 2008. Field-caught permethrin-resistant *Anopheles gambiae* overexpress CYP6P3, a P450 that metabolises pyrethroids [J]. PLoS Genet, 4: e1000286.

Newcomb R D, Campbell P M, Ollis D L, et al. 1997. A single amino acid substitution converts a carboxylesterase to an organophosphorus hydrolase and confers insecticide resistance on a blowfly [J]. Proc Natl

Acad Sci USA, 94: 7464-7468.

Newcomb R D, Gleeson D M, Yong C G, et al. 2005. Multiple mutations and gene duplications conferring organophosphorus insecticide resistance have been selected at the Rop-1 locus of the sheep blowfly, *Lucilia cuprina* [J]. J Mol Evol, 60: 207-220.

Pang R, Li Y, Dong Y, et al. 2014. Identification of promoter polymorphisms in the cytochrome P450 CYP6AY1 linked with insecticide resistance in the brown planthopper, *Nilaparvata lugens* [J]. Insect Mol Biol, 23: 768-778.

Pu J, Sun H, Wang J, et al. 2016. Multiple cis-acting elements involved in up-regulation of a cytochrome P450 gene conferring resistance to deltamethrin in smal brown planthopper, *Laodelphax striatellus* (Fallen) [J]. Insect Biochem Mol Biol, 78: 20-28.

Puinean A M, Foster S P, Oliphant L, et al. 2010. Amplification of a cytochrome P450 gene is associated with resistance to neonicotinoid insecticides in the aphid *Myzus persicae* [J]. PLoS Genet, 6: e1000999.

Reid W, Zhang L, Gong Y, et al. 2017. Gene expression profiles of the southern house mosquito Culex quinquefasciatus during exposure to Permethrin [J]. Insect Sci, doi: 10.1111/1744-7917.12438.

Reid W R, Zhang L, Liu F, et al. 2012. The transcriptome profile of the mosquito Culex quinquefasciatus following permethrin selection [J]. PLoS ONE, 7: e47163.

Riveron J M, Irving H, Ndula M, et al. 2013. Directionally selected cytochrome P450 alleles are driving the spread of pyrethroid resistance in the major malaria vector *Anopheles funestus* [J]. Proc Natl Acad Sci USA, 110: 252-257.

Riveron J M, Yunta C, Ibrahim S S, et al. 2014. A single mutation in the *GSTe2* gene allows tracking of metabolically based insecticide resistance in a major malaria vector [J]. Genome Biology, 15: R27.

Scharf M E, Parimi S, Meinke LJ, et al. 2001. Expression and induction of three family 4 cytochrome P450 (CYP4) genes identified from insecticide-resistant and susceptible western corn rootworms, *Diabrotica virgifera virgifera* [J]. Insect Mol Biol, 10 (2): 139-146.

Schuler M A, Berenbaum M R. 2013. Structure and function of cytochrome P450s in insect adaptation to natural and synthetic toxins: insights gained from molecular modeling [J]. J Chem Ecol, 39: 1232-1245.

Sheehan D, Meade G, Foley V M, et al. 2001. Structure, function and evolution of glutathione transferases: implications for classification of non-mammalian members of an ancient enzyme superfamily [J]. Biochem, J. 360 (Pt 1): 1-16.

Stevenson B J, Pignatelli P, Nikou D, et al. 2012. Pinpointing P450s associated with pyrethroid metabolism in the dengue vector, *Aedes aegypti* developing new tools to combat insecticide resistance [J]. PLoS Negl Trop Dis, 6: e1595.

Strode C, Wondji C S, David J, et al. 2008. Genomic analysis of detoxification genes in the mosquito *Aedes aegypti* [J]. Insect Biochem Mol Biol, 38: 113-123.

Sun Z Z, Zhang Z, Wang S L. 2012. Molecular mechanisms of nuclear receptors and microRNA in regulation of cytochrome P450 [J]. Journal of Environmental & Occupational Medicine, 03.

TamásiV, Monostory K, Prough RA, et al. 2011. Role of xenobiotic metabolism in cancer: involvement of transcriptional and miRNA regulation of P450s [J]. Cell mol Life Sci, 68 (7): 1131-1146.

Wan H, Liu Y, Li M, et al. 2014. Nrf2/Mafbinding-site-containing functional Cyp6a2 allele is associated with DDT resistance in *Drosophila melanogaster* [J]. Pest Manag Sci, 70: 1048-1058.

Wei Z, Jiang S, Zhang Y, et al. 2014. The effect of microRNAs in the regulation of human CYP3A4: a systematic study using a mathematical model [J]. Sci Rep, 4: 4283.

Wheelock C E, Shan G, Ottea J. 2005. Overview of carboxylesterases and their role in the metabolism of insecticides [J]. J Pestic Sci, 30: 75-83.

Wondji C, Irving H J, Lobo N, et al. 2009. Two duplicated P450 genes are associated with pyrethroid resistance in Anopheles funestus, a major malaria vector [J]. Genome Res, 19 (3): 452-459.

Xu J H, Strange J P, Welker D L, et al. 2013. Detoxification and stress response genes expressed in a western North American bumble bee, *Bombus huntii* (Hymenoptera: Apidae) [J]. BMC Genomics, 14: 874.

Yang T, Liu N. 2011. Genome analysis of cytochrome P450s and their expression profiles in insecticide resistant mosquitoes, *Culex quinquefasciatus* [J]. *PLoS ONE*, 6: e29418.

Zhang J, Zhang Y, Wang Y, et al. 2016. Expression induction of P450 genes by imidacloprid in *Nilaparvata lugens*: A genome-scale analysis [J]. Pestic Biochem Physio, 132: 59-64.

Zhang M, Scott J G. 1996. Cytochrome b5 is essential for cytochrome P450 6D1-mediated cypermethrin resistance in LPR house flies [J]. Pestic Biochem Physiol, 55: 150-156.

Zhou Z H, Syvanen M. 1997. A complex glutathione transferase gene family in the house fly, *Musca domestica* [J]. *M*ol Gen Genet, 256: 187-194.

Zhu B, Li X, Liu Y. 2015. Global identifcation of microRNAs associated with chlorantraniliprole resistance in diamondback moth *Plutella xylostella* (L.) [J]. Sci Rep, 7: 40713.

Zhu F, Parthasarathy R, Bai H, et al. 2010. A brain-specific cytochrome P450 responsible for the majority of deltamethrin resistance in the QTC279 strain of*Tribolium castaneum* [J]. Proc Natl Acad Sci USA, 107: 8557-8562.

蚜虫报警信息素（E）-β-fanesene 及其衍生物的作用机制研究进展*

Research Progress on Mechanism of Aphid Alarm Pheromone（E）-β-fanesene and Its Derivatives

秦耀果[1,2]**，陈巨莲[2]***，段红霞[1]，谷少华[2]，杨新玲[1]***
（1. 中国农业大学理学院应用化学系，北京　100193；
2. 中国农业科学院植物保护研究所，北京　100193）

摘　要：蚜虫报警信息素（E）-β-fanesene 通过蚜虫嗅觉系统的气味结合蛋白 OBPs 和嗅觉受体 ORs 发挥作用。作为天然蚜虫信息素，（E）-β-fanesene 具有驱避、杀蚜、增效等多种生物活性，是一种新型、绿色的蚜虫行为控制剂。本文就国内外学者对蚜虫报警信息素及其衍生物的作用机制研究进展展开综述，并预测了其应用前景。

关键词：（E）-β-fanesene；衍生物；作用机制；研究进展

1　引言

昆虫具有特异的、灵敏的嗅觉系统，在昆虫的各种活动中起到至关重要的作用，主要表现在觅食、迁徙、聚集、报警、交配、产卵等方面。嗅觉系统中，触角在感知气味分子方面发挥着至关重要的作用，昆虫主要通过触角上的不同类型的感受器来识别信息素和多种植物挥发物。昆虫触角感受器由触角表皮特化形成，对信息素或植物挥发物敏感，其内部一般有数目不等的神经元，这些神经元一端伸向感受器顶端的神经元树突（dendrite），另一端延伸到昆虫的脑神经元。感受器的表面密布着极孔（pore），气味分子通过这些极孔进入到感器内部水溶性的淋巴液（sensillum lymph）中（Steinbrecht and Stankiewicz，1999；Jacquin-Joly and Merlin，2004），气味分子或气味分子与气味结合蛋白的复合物能够激活嗅觉受体神经元，将外界化学信号转化为电生理信号，然后电生理信号到达昆虫的大脑后形成不同的指令，使昆虫对不同的气味分子作出相应的行为反应。

参与以上过程的潜在靶标蛋白包括气味结合蛋白（Odorant Binding Proteins，OBPs）、嗅觉受体（Olfactory Receptors，ORs）、气味降解酶（Odorant-degrading enzymes，ODEs）、

* 资助项目：国家重点研究开发计划（No. 2017YFD0200504）、中国博士后科学基金（No. 2018M631646）资助

** 第一作者：秦耀果，女，博士后，从事昆虫嗅觉反应及信息素类似物的设计研究；E-mail：qinyg1018@163.com

*** 通信作者：杨新玲，教授；E-mail：yangxl@cau.edu.cn
陈巨莲，研究员；E-mail：jlchen@ippcaas.cn

化学感受蛋白（Chemosensory Proteins，CSPs）和感觉神经元膜蛋白（Sensory Neuron Membrane Proteins，SNMPs）（Walter，2013）。研究表明，蚜虫气味结合蛋白 OBPs 和蚜虫嗅觉受体 ORs 与蚜虫的驱避行为活性密切相关，参与以上气味分子识别过程并作出相应行为反应的最为关键的两个蛋白。

2 蚜虫 OBPs/ORs 与小分子互作

2.1 蚜虫气味结合蛋白 OBPs

昆虫气味结合蛋白 OBPs 是一类水溶性球状单链多肽，具有 120~160 个氨基酸，以非常高的浓度（约 10 mM）存在于昆虫触角感器淋巴液中（Vogt and Riddiford，1981；Pelosi et al.，2006），是一种极为稳定的配体结合蛋白。昆虫气味结合蛋白主要分为普通气味结合蛋白（general odorant binding proteins，GOBPs）、性外激素结合蛋白 OBP（pheromone binding protein，PBPs）和触角结合蛋白（antennal binding proteins，ABPs）（Vogt and Lerner，1989；Vogt et al.，2004；王桂荣等，2002）。昆虫 OBPs 结构通常有六个 α 螺旋，在一级结构上序列相似性很低，但在其二级序列中存在非常保守的区域，即六个保守的互锁呈对的半胱氨酸残基 Cys，这六个半胱氨酸形成三个相互交联的二硫键，固定 OBPs 的三维空间结构。

蚜虫利用化学信息素来进行选择寄主植物、交配、报警等行为，蚜虫像其他昆虫一样利用气味结合蛋白 OBPs 来结合和运输化学信息素，穿过触角感器中水溶性的淋巴液，然后传递信号到嗅觉受体 ORs，从而启发蚜虫的行为反应（Zhou，2010a）。蚜虫感知报警信息素产生的报警行为也是属于此反应系统，蚜虫 OBPs 和 ORs 参与此过程。

自 2010 年 Zhou 等（2010b）首次鉴定出编码豌豆蚜 *Acyrthosiphon pisum* 气味结合蛋白（ApisOBPs）的 15 条基因（表 1）以来，关于蚜虫 OBPs 的研究逐渐开始。谷少华等（Gu et al.，2013）研究了棉蚜的 OBPs，描述了 9 个 OBP 基因和 9 个 CSP 基因，通过基因结构分析发现蚜虫的 OBP 和 CSP 基因中内含子的数量和长度均高得多，这是蚜虫 OBPs 基因的独有性质。陈巨莲课题组报道了麦长管蚜触角转录组测序信息，描述了 13 个 OBP 基因和 5 个 CSP 基因（Xue et al.，2016）。对桃蚜 OBP7 的研究也有报道，科研人员用免疫细胞化学定位的方法研究桃蚜触角感器的超薄切片，发现 OBP7 在初生和次生感觉圈中均存在，并以较高的浓度出现在淋巴液中（Sun et al.，2013）。最新的关于棉蚜 OBPs 的研究，利用 RNA 干扰及电生理反应结果均表明，棉蚜的 OBP2 可能是另一潜在的作用靶标（Rebijith et al.，2016）。

表 1 豌豆蚜基因组的气味结合蛋白

Table 1 Odorant-binding proteins annotated in the *Acyrthosiphon pisum* genome

Name	EST redundancy	Signal peptide	Amino acids	Gene ID*
ApisOBP1	112	1-21 aa	159 aa	ACYPIG336037
ApisOBP2	29	1-19 aa	243 aa	ACYPIG179180
ApisOBP3	52	1-23 aa	141 aa	ACYPIG117886

（续表）

Name	EST redundancy	Signal peptide	Amino acids	Gene ID*
ApisOBP4	22	1-22 aa	193 aa	ACYPIG478320
ApisOBP5	21	1-25 aa	221 aa	ACYPIG747500
ApisOBP6	3	1-19 aa	215 aa	ACYPIG250873
ApisOBP7	7	1-30 aa	155 aa	ACYPIG658982
ApisOBP8	2	1-18 aa	162 aa	ACYPIG938564
ApisOBP9	3	1-24 aa	165 aa	ACYPIG781430
ApisOBP10	ND	1-24 aa	143 aa	ACYPIG102270
ApisOBP11	ND	1-23 aa	112 aa	ACYPIG252504
ApisOBP12-CN	ND	No	112 aa	ACYPIG244867
ApisOBP13-NT	NA	No	82 aa	ACYPIG620194
ApisOBP14-CN	NA	NA	26 aa	ACYPIG570521
ApisOBP15-NT	NA	No	23 aa	ACYPIG803752

* AphidBase gene identity.

CN, both C- and N-terminus missing; CT, C-terminus missing; NA, not applied; ND, not detected; NT, N-terminus missing; SP, signal peptide

2.2 蚜虫 OBPs 与气味小分子的相互作用

在蚜虫 OBPs 与小分子互作机制研究方面，证实 OBPs 是参与蚜虫 EBF 嗅觉感受过程的关键蛋白（Pelosi et al.，2018）。最初报道 EBF 能被 ApisOBP3 特异识别与结合，而 ApisOBP1 与 ApisOBP8 与 EBF 没有结合活性；并发现豌豆蚜的 ApisOBP1、ApisOBP3 与 ApisOBP8 这三种蛋白的氨基酸序列相似性很低，只有 12%~31%；分子模拟结果表明，ApisOBP3 结合空腔内的五个疏水性氨基酸残基（Ile43，Leu48，Leu64，Val104 及 Leu108）可以与 EBF 的支链相互作用，而 Tyr84 可以与 EBF 共轭双键的 π 电子相互作用（Qiao et al.，2009）。ApisOBP3 可能是 EBF 的潜在作用靶标，能够在蚜虫体内结合与识别 EBF。随后，美国 Walter Leal 课题组（Vandermoten et al.，2011）研究发现，麦长管蚜 SaveOBP3 能够特异结合 EBF。除了 OBP3，蚜虫的 OBP7 也能特异识别 EBF 及其他小分子。例如，豌豆蚜的 ApisOBP7 能识别并特异结合 EBF 及其含吡唑环的 EBF 类似物（Sun et al.，2012）。该研究结果丰富了 ApisOBPs 的理论研究，具有重要意义。麦长管蚜的 SaveOBP7 也能与 EBF 有极强的结合能力，说明 SaveOBP7 在 EBF 的识别上可能有非常重要的角色（Zhong et al.，2012）。新的研究发现，禾谷缢管蚜气味结合蛋白 RpadOBP7 与 EBF 具有极好的结合活性，是控制麦蚜行为的潜在的分子靶标；并证明疏水作用在 EBF 与 RpadOBP3/7 的结合中发挥主要作用，而且 π-π 作用也是决定 EBF 或其他配体与

RpadOBP3 中关键氨基酸残基 Phe2、Trp68 和 Trp71 相结合的一个因素（Fan et al.，2017）。利用 RNAi 技术，王桂荣等确定 ApisOBP3 和 OBP7 能介导豌豆蚜对 EBF 的特异性识别，并能够诱导蚜虫的驱避行为（Zhang et al.，2017）。

2016 年，巢菜修尾蚜和莴苣蚜 OBP3 的晶体结构被首次报道（Northey et al.，2016），发现了一些结构特征：蛋白内部没有配体结合位点；在蛋白的表面有一条引人注目的沟，推测是配体结合位点；蛋白结合口袋在 N 端位置，而不是 C 端。荧光竞争结合试验、分子对接及分子动力学研究表明，4 种蚜虫报警信息素成分均与两种蚜虫的 OBP3 结合，且这两种蚜虫 OBP3 与配体之间的结合作用主要由结合口袋中直接的 π-π 作用决定。王珊珊等（2016）研究发现，豌豆蚜 ApisOBP7 与冈比亚按蚊 AgamOBP7 结合口袋中的氨基酸残基的性质相似或相同，结合口袋残基同源性非常高，因此，以同源性较高的 AgamOBP7 蛋白替代 ApisOBP7 研究与小分子的作用。分子对接和动力学模拟结果表明，含酯基或 N 取代酰胺基的 EBF 类似物具有较高的对接打分值和蛋白结合活性，芳香环及疏水作用对结合活性有利；此外，小分子与 OBP 之间的 π-π 作用也对结合活性有利。杜少卿等（Du et al.，2018）以巢菜修尾蚜 MvicOBP3 的晶体结构与 EBF 及其类似物进行分子对接和分子动力学研究，与 OBP3 具有较好结合活性的芳环取代的 EBF 类似物在 MvicOBP3 的表面结合腔形成独特的结合构象：EBF 长链位于结合腔里面并被疏水性氨基酸包围，同时，芳环位于结合腔外面，形成多个氢键；这为蚜虫嗅觉机制的研究提供新的理论基础。

2.3 蚜虫嗅觉受体 ORs

1999 年，第一个被报道的昆虫嗅觉受体是来自果蝇 *Drosophila melanogaster* 的 ORs，基于生物信息学方法鉴定出由 100~200 个基因编码的 7 个跨膜蛋白，类似于于 G 蛋白偶联受体 GPCR（Vosshall et al.，1999）。G 蛋白偶联受体的典型结构特征包括：1 个细胞膜内的 C-末端、7 个螺旋跨膜结构域、细胞膜两侧各有 3 个 loop 环、1 个细胞膜外的 N-末端。7 个跨膜区域富含高度疏水的氨基酸序列，每个跨膜区域由 19~26 个氨基酸组成，这 7 个 α 螺旋束形成圆柱形的空间结构，有 7 个潜在的磷酸化位点；在第一个和第二个胞外环上高度保守的半胱氨酸形成了一个潜在的二硫键；而第四个和第五个跨膜区形成的胞外 loop 环，是潜在的识别气味物质的结合位点（Steinbrecht et al.，1997；Strader et al.，1994；Vaidehi et al.，2002；Pierce et al.，2002）。果蝇嗅觉受体 ORs 的结构表明，大部分 ORs 的跨膜区域包含一个序列为（Phe-Pro-XCys-Tyr-（X）20-Trp）的保守片段，在这些跨膜区域中，横跨第六和第七跨膜区域的 3′区域保守性是最高的（Vosshall，2003）。

对蚜虫嗅觉受体 ORs 的研究，近几年刚刚开始，主要进行了豌豆蚜 ORs 的研究。2009 年，豌豆蚜嗅觉受体的 ORs 基因被鉴定出来有 79 个，这是后续探索昆虫比较遗传学、生态基因组学的专业化和物种形成、新型蚜虫控制策略的关键步骤，其 ORs 的结构显示：豌豆蚜 ORs 的结构是一类类似于 G 蛋白偶联受体的七螺旋结构，但其 C-末端在细胞膜外，N-末端在细胞膜内，使得豌豆蚜的 ORs 结构又区别于 G 蛋白偶联受体（Smadja et al.，2009）。

2.4 蚜虫 ORs 与气味小分子的相互作用

蚜虫 ORs 与小分子的互作研究这几年刚刚开始。王桂荣研究团队（zhang et al.，2017）研究发现，在庞大的嗅觉受体家族中，豌豆蚜嗅觉受体 ApisOR5 在触角第六节上大的盾鳞状感器神经元中表达。当 ApisOR5 与 Orco 共同表达时，豌豆蚜对蚜虫报警信息素 EBF 作出行为反应；并且，当通过 RNA 沉默技术敲除 ApisOR5 及 ApisOBP3、ApisOBP7 的基因后，EBF 对豌豆蚜的驱避行为反应消失。其他的气味分子，如乙酸香叶酯也能激活 ApisOR5 的反应，显著地驱避豌豆蚜，进而推断 ApisOR5 对于感应 EBF 是至关重要的。这将为高通量筛选蚜虫驱避剂，开发新的蚜虫控制策略提供依据和指导。陈巨莲研究团队（Fan et al.，2015）对麦长管蚜 *S. avenae* 的直接同源基因 Orco 进行克隆，得到麦长管蚜 SaveOrco，通过 RNA 沉默技术将 SaveOrco 的表达量减少到 34.1%，结果表明麦长管蚜对植物挥发物和 EBF 的触角电位反应均减弱，蚜虫的翅型分化也受到影响；说明 SaveOrco 对于蚜虫感应 EBF 是非常关键的。蚜虫 ORs 与小分子间更为详细的互作研究正在进行中。

3 结语与展望

与传统杀蚜剂相比，蚜虫报警信息素的优势在于无毒、低量高效、专一性强，因而对环境更加友好。尽管 EBF 及其类似物的作用机制已取得一些研究结果，但并没有明确的作用机制能解释其本身固有的生物活性，尤其是在嗅觉信号通路这一方面。相信随着科研工作者对该类蚜虫控制剂研究的不断深入，相关的作用机制研究定将日益完善。而其开发和应用工作的开展，势必给当今农业生产所面临的蚜虫抗药性和环境污染严重等问题提供新的解决方案和途径。然而，国内目前尚未见与其相关的商品化品种，因此加强对该类化合物的关注显得尤为必要。

参考文献

王桂荣，郭予元，吴孔明 . 2002. 昆虫触角气味结合蛋白的研究进展［J］. 昆虫学报，45（1）：131-137.

Du S Q，Yang Z K，Qin Y G，et al. 2018. Computational investigation of the molecular conformation-dependent binding mode of（E）-β-farnesene analogs with a heterocycle to aphid odorant-binding proteins［J］. J. Mol. Model.，24：70.

Fan J，Xue W X，Duan H X，et al. 2017. Identification of an intraspecific alarm pheromone and two conserved odorant-binding proteins associated with（E）-β-farnesene perception in aphid *Rhopalosiphum padi*［J］. J. Insect Physiol.，101：151-160.

Fan J，Zhang Y，Francis F，et al. 2015. Orco mediates olfactory behaviors and winged morph differentiation induced by alarm pheromone in the grain aphid，*Sitobion avenae*［J］. Insect Biochem. Mol. Biol.，64：16-24.

Gu S H，Wu K M，Guo Y Y，et al. 2013. Identification and expression profiling of odorant binding proteins and chemosensory proteins between two wingless morphs and a winged morph of the cotton aphid *Aphis gossypii* Glover［J］. PloS ONE，8（9）：e73524.

Jacquin-Joly E，Merlin C. 2004. Insect olfactory receptors：Contributions of molecular biology to chemical ecology［J］. J. Chem. Ecol.，30（12）：2359-2397.

Northey T，Venthur H，De Biasio F，et al. 2016. Crystal structures and binding dynamics of odorant-binding protein 3 from two aphid species *Megoura viciae* and *Nasonovia ribisnigri*［J］. Sci. Rep.，6：24739.

Pelosi P，Iovinella I，Zhu J，et al. 2018. Beyond chemoreception：diverse tasks of soluble olfactory proteins in insects [J]. Biol. Rev., 93 (1): 184-200.

Pelosi P, Zhou J J, Ban L P, et al. 2006. Soluble proteins in insect chemical communication [J]. Cell. Mol. Life Sci., 63, 1658-1676.

Pierce K L, Premont R T, Lefkowitz R J. 2002. Seven-transmembrane receptors [J]. Nat. Rev. Mol. Cell Biol., 3 (9): 639-650.

Qiao H L, Tuccori E, He X L, et al. 2009. Discrimination of alarm pheromone (E) -beta-farnesene by aphid odorant-binding proteins [J]. Insect Biochem. Mol. Biol, 39 (5-6): 414-419.

Rebijith K B, Asokan R, Hande H R, et al. 2016. RNA interference of Odorant-Binding Protein 2 (OBP2) of the cotton aphid, *Aphis gossypii* (Glover), resulted in altered electrophysiological responses [J]. Appl. Biochem. Biotechnol., 178 (2): 251-266.

Smadja C, Shi P, Butlin R K, et al. 2009. Large gene family expansions and adaptive evolution for odorant and gustatory receptors in the pea aphid, *Acyrthosiphon pisum* [J]. Mol. Biol. Evol., 26 (9): 2073-2086.

Steinbrecht R A. 1997. Pore structures in insect olfactory sensilla: A review of data and concepts [J]. Int. J. Insect Morphol. Embryol., 26 (3-4): 229-245.

Steinbrecht R A, Stankiewicz B A. 1999. Molecular composition of the wall of insect olfactory sensilla-the chitin question [J]. J. Insect Physiol., 45 (8): 485-490.

Strader C D, Fong T M, Tota M R, et al. 1994. Structure and function of G protein-coupled receptors [J]. Annu. Rev. Biochem., 63: 101-132.

Sun M J, Liu Y, Walker W B, et al. 2013. Identification and characterization of pheromone receptors and interplay between receptors and pheromone binding proteins in the diamondback moth, *Plutella xyllostella* [J]. PLoS ONE, 8 (4): e62098.

Sun Y F, De B F, Qiao H L, et al. 2012. Two odorant-binding proteins mediate the behavioural response of aphids to the alarm pheromone (E) -β-farnesene and structural analogues [J]. PloS ONE, 7 (3): e32759.

Vaidehi N, Floriano W B, Trabanino R, et al. 2002. Prediction of structure and function of G protein-coupled receptors [J]. PNAS, 99 (20): 12622-12627.

Vandermoten S, Francis F, Haubruge E, et al. 2011. Conserved odorant-binding proteins from aphids and eavesdropping predators [J]. PLoS ONE, 6 (8): e23608.

Vogt R, Lerner M. 1989. Two groups of odorant binding proteins in insects suggest specificand general olfactory path-ways [J]. Neuroscience Abstracts, 15 (1): 1290.

Vogt R G, Prestwich G D, Lerner M R. 2004. Odorant-binding-protein subfamilies associate with distinct classes of olfactoryreceptor neurons in insects [J]. Journal of Neurobiology, 22 (1): 74-84.

Vogt R G, Riddiford L M. 1981. Pheromone binding and inactivation by moth antennae [J]. Nature, 293: 161-163.

Vosshall L B.2003.Diversity and expression of odorantreceptors in Drosophila [J]. Insect Pherom.Biochem. Mol.Biol.: 567-591.

Vosshall L B, Amrein H, Morozov P S, et al. 1999. A spatial map of olfactory receptor expression in the *Drosophila antenna* [J]. Cell, 96 (5): 725-736.

Walter S L. 2013. Odorant reception in insects: roles of receptors, binding proteins, and degrading enzymes [J]. Annu. Rev. Entomol., 58 (1): 373-391.

Wang S S, Sun Y F, Du S Q, et al. 2016. Computer-aided rational design of novel EBF analogues with an aromatic ring [J]. J. Mol. Model., 22 (6): 144.

Xue W X, Fan J, Zhang Y, et al. 2016. Identification and expression analysis of candidat odorant-binding protein and chemosensory protein genes by antennal transcriptome of *Sitobion avenae* [J]. PloS ONE, 11 (8): e0161839.

Zhang R B, Wang B, Grossi G, et al. 2017. Molecular basis of alarm pheromone detection in aphids [J]. Curr. Biol., 27 (1): 55-61.

Zhong T, Yin J, Deng S S, et al. 2012. Fluorescence competition assay for the assessment of green leaf volatiles and trans-beta-farnesene bound to three odorant-binding proteins in the wheat aphid *Sitobion avenae* (Fabricius) [J]. J. Insect Physiol., 58 (2): 771-781.

Zhou J J. 2010a. Odorant-binding proteins in insects [J]. Vitamins and Hormones, 83: 241-272.

Zhou J J, Vieira F G, He X L, et al. 2010b. Genome annotation and comparative analyses of the odorant-binding proteins and chemosensory proteins in the pea aphid *Acyrthosiphon pisum* [J]. Insect Mol. Biol., 9: 113-122.

新实践与新进展

植物介导的寄生蜂生态位分化*

Plant-mediated Niche Partitioning among Parasitoid Wasps

习新强**

（南京大学生命科学学院，南京　210093）

生态位分化是物种多样性产生和维持的重要机制之一，之前的研究多集中在同意营养级的生物对光、温度、水分等资源的分化，后来两个营养级的生态位分化模型指出种间相互作用在天敌和猎物生态位分化过程中的重要性，这些研究多集中在两个营养级的研究方面，跨营养级的相互作用对生态位分化和维持的作用研究较少。对“植物-食草昆虫-寄生蜂”三级食物网而言，植物在营养状况、防御物质含量等方面有较大差异，因此，泛化的食草昆虫在以不同的植物为食时，其生长过程、体型等常常有较大差异。此外，植物的叶片、花果的营养与大小也会显著影响天敌对植物体上食草昆虫的搜寻效率，因此，植物可能会对寄生蜂的物种分化产生重要影响，然而，这种跨营养级的生态位分化机制尚未得到实验验证。在青藏高原的高寒草甸上，*Tephritis femoralis* 是最为泛化的实蝇物种之一，它可以在多种菊科植物的花序内产卵，其幼虫在不同的植物中完成生长发育，由于植物的花序在大小、养分含量等方面存在差异较大，笔者在前期的野外调查工作中也发现，攻击不同菊科植物花序中蝇蛆的寄生蜂的物种也往往有所不同。笔者提取了金小蜂羽化后留下的蛹壳中的DNA，并对其CoI片段进行扩增，测序后发现，*Tephritis femoralis* 是钝苞雪莲和淡黄香青花序中金小蜂最为重要的宿主，寄生蜂在这两种植物中多寄生这一种实蝇的蝇蛆，而这两种植物的花序特征有较大差别，其中钝苞雪莲的花序较大、花序内种子的养分含量较高，而淡黄香青的花序较小、花序内种子的养分含量较低。笔者通过微宇宙实验发现，体型较小的毛链金小蜂（*Mesopolobus* sp.）并不能在钝苞雪莲的花序内产卵，而体型较大的金小蜂（*Pteromalus albipennis*）可以在两种植物的花序内产卵，但是被 *Pteromalus albipennis* 寄生的蝇蛆在淡黄香青的花序内并不能够完成生活史，笔者进一步通过人工饲养发现，这主要是由于小花序的淡黄香青所能提供的养分较少，不能满足寄生蜂的营养需求所致。该结果扩展了生态位分化理论，并为拮抗型生态网络中常有的分室结构的形成提供了解释。

关键词：三级食物网；防御物质；物种分化；金小蜂

---

* 资助项目：国家自然科学基金（3153007，31500395）

** 第一作者：习新强，男，博士研究生，研究方向为“植物-实蝇-寄生蜂”食物网结构；E-mail：xixq@ nju. edu. cn

不同抗性水稻对褐飞虱取食应答的代谢组学研究*

Non-targeted Metabolomics Analysis of Rice (*Oryza sativa*) Response to Brown Planthopper, *Nilaparvata lugens*

康　奎**，张文庆***
（中山大学生命科学学院，广州　510275）

水稻是世界三大粮食作物之一，水稻的产量关系到世界人口的粮食安全。褐飞虱（*Nilaparvata lugens*）是水稻的主要害虫之一，属半翅目，飞虱科，广泛分布于东亚、东南亚等国家，具有远距离季节性迁飞、分布广、繁殖能力强、适应性强、致害性变异大等特性，已严重威胁到粮食生产安全。为了控制褐飞虱的为害，常用的防治手段包括化学农药、抗虫水稻品种等农业防治措施、绿僵菌等生物农药。

抗虫品种水稻能够增加褐飞虱若虫死亡率、延长发育历期、降低成虫羽化率和寿命，还可导致雌虫卵巢发育不良、产卵量减少、孵化率降低等，最终导致褐飞虱种群数量减少（朱麟等，2002）。一直以来，研究人员着重于水稻中褐飞虱抗性基因的克隆，目前在野生稻和栽培稻中已经鉴定得到的抗褐飞虱基因位点超过 30 个（Ling et al.，2016），其中 *Bph*14、*Bph*26、*Bph*3、*Bph*29、*Bph*9、*Bph*32 和 *Bph*6 等基因陆续被成功克隆，并对这些基因的功能以及其介导的作用机理进行了解释（Du et al.，2009；Tamura et al.，2014；Liu et al.，2015；Wang et al.，2015；Ren et al.，2016；Zhao et al.，2016；Guo et al.，2018）。

本研究首先利用 GC-MS 技术分别对敏感（TN1）和抗虫水稻（IR36、IR56、Ptb33）的糖和代谢物进行检测，结果发现部分糖在褐飞虱侵害后在抗性水稻中的含量降低，而在敏感水稻中的含量升高。在褐飞虱体内有糖受体，且会影响褐飞虱的取食以及产卵（Chen et al.，2017），因此水稻营养成分的降低也是水稻防御机制中的重要策略。其他代谢物检测后对其组成性防御和诱导防御进行分析，发现部分防御相关初生代谢物在抗虫品种水稻中的含量较低，褐飞虱处理后其含量明显提高，同时也有物质在抗虫品种中的本底含量较高，而在褐飞虱处理后其总的含量降低，说明褐飞虱与水稻之间存在着相互作用的关系。

已有研究表明，品种抗性与水稻中的强极性、非挥发性组分的含量和组合密切相关（赵颖等，2004），研究中只是说明了组分的峰值，但并不能确定其结构或名称。因此，使用 HPLC-TOF-MS 上述同样的水稻品种中的次生代谢产物进行非靶向代谢组以及水稻激素 JA、JA-Ile 检测，一共检测到 1140 种代谢物。敏感水稻 TN1 中 JA 和 JA-Ile 的含量

* 基金项目：国家自然科学基金-广东省联合基金（U1401212）
** 第一作者：康奎，博士后，主要从事生物防治研究；E-mail：kangkui5@ mail. sysu. edu. cn
*** 通信作者：张文庆，教授，主要从事害虫控制研究；E-mail：lsszwq@ mail. sysu. edu. cn

在静态条件下的含量很低，褐飞虱处理后迅速上升，在 1. 5h 时达到最高。抗性水稻 IR36 在静态条件下的激素含量也很低，但在褐飞虱处理后 JA 的含量在 0. 5h 内迅速响应达到最高，且在 3h 再次提高，其下游起主要作用的 JA-Ile 也是迅速响应。从整体上看，IR36 的 JA 激素响应明显要优于 TN1，不论是在响应时间还是响应的量上，说明抗虫基因在水稻体内能够提高水稻对害虫的响应能力。

水稻在处理前的静态差异是含有不同抗虫基因所致，因此可以表明水稻固有差异，其中一些物质即为组成型防御物质。将含有抗性基因的水稻与敏感水稻进行比较，上下调倍数均为 2，结果发现相对于敏感水稻，抗性水稻中代谢物上升的个数较多，而且上升的个数中多数为抗性水稻中才有的物质，下调的物质也多为仅敏感水稻中含有。Ptb33 同时含有 IR36 和 IR56 两个抗虫水稻中含有 2 个抗虫基因 *bph*2 和 *Bph*3，因此可这两个含有单一抗虫水稻的品种利用 Ptb33 进行校对，除去其他基因的影响。可得到 *bph*2 基因导致 637 个代谢物的变化，由含有两种抗虫基因的水稻 Ptb33 矫正后为 448 个，包括 351 个上调和 91 个下调物质；*Bph*3 基因可导致 647 个代谢物的变化，由含有两种抗虫基因的水稻 Ptb33 矫正后个数为 409，包含 304 个上调和 105 个下调。将 3 种抗虫水稻能够调控的差异物质全部进行整合，发现 *bph*2 可以特异诱导的代谢物个数为 99（94+5），而 *Bph*3 可以特异诱导的代谢物个数为 60（47+13）。而且还可以看出，3 种抗性水稻同样可以诱导 349（257+92）个代谢物的变化。说明不同的抗虫基因能够调控的植物防御是有相同，也是有特异的。根据得到的两个抗虫基因特异性诱导的物质基本信息，利用 Formula Finder 3. 0 对每个物质进行结构鉴定。其中 *bph*2 特异的 99 个物质鉴定出 25 个，而 *Bph*3 特异的 60 个物质鉴定出 26 个褐飞虱侵害后，水稻中的物质变化是褐飞虱引起的，为诱导防御。通过侵害前后的水稻进行对比，可以得到水稻诱导防御相关物质。4 个品种水稻在褐飞虱为害与未为害进行比较，发现 TN1 和 IR36 在褐飞虱诱导后上调物质的数量低于下调，而 IR56 和 Ptb33 则为害后上调物质较多，且都是明显多于 TN1，说明 IR56 含有的 *Bph*3 抗虫基因可能优于 IR36 含有的 *bph*2。将差异代谢物进行分析，结果发现在 3 种抗性水稻中都有差异的物质只有 9 个，而在 4 种水稻中都有差异的只有 1 个，在 IR36 和 IR56 中特异有差异的物质分别为 80 个和 93 个。对以上分析在 3 种或 4 种水稻中都有差异的物质进行结构鉴定，结果 10 个物质仅仅鉴定出一种 144. 08/9. 50：2-Naphthylamine（2-甲萘胺），这个物质在 4 种水稻中受到褐飞虱的侵害后均有变化，且在敏感水稻中下调，在抗性水稻中上调。

根据 3 种抗虫水稻调控的代谢物整合结果，*bph*2 可以特异诱导水稻代谢物的个数为 99，其中 94 个上调，5 个下调。含有 *bph*2 的抗虫基因水稻 IR36 在褐飞虱诱导后有 46 种物质上调，79 种物质下调。将这些物质再次进行整合发现，在含有 *bph*2 的抗虫水稻相对于敏感水稻上调的 94 个物质，在褐飞虱处理后在 IR36 中有 21 个下调，其中鉴定出的有 5 种：二羟基丙酮（Caproylresorcinol）、帕利哌酮（9-Hydroxyrisperidone）、舍吲哚（Sertindole）、头孢他啶（Ceftazidime）、溴麦角环肽（Bromocriptine）。*Bph*3 可以特异诱导水稻代谢物的个数为 60，其中 47 个上调，13 个下调。含有 *Bph*3 的抗虫基因水稻 IR56 在褐飞虱诱导后有 88 种物质上调，54 种物质下调。将这些物质再次进行整合发现，在含有 *Bph*3 的抗虫水稻相对于敏感水稻上调的 47 个物质中，褐飞虱诱导后有 2 个物质持续上调，而又 6 个物质下调；含有 *Bph*3 的抗虫水稻相对于敏感水稻下调的 13 个物质中，褐飞虱诱导后有 4 个物质反而上调。鉴定出的物质有 2 个：核黄素（Thiamine）和芸香甙（Rutin），这 2 个物质均为在静态条件下 *Bph*3 基因特异诱导上调而在褐飞虱处理后明显下调。

已有研究表明在水稻中有多种物质能够被褐飞虱诱导上升，如酰胺类物质：p-酰基腐胺、阿魏酸腐胺等（Alamgir et al.，2016），有机酸类物质：草酸、顺丁烯二酸、乌头酸等（Yoshihara et al.，1979），从而影响褐飞虱在水稻上的生理行为。水稻中的活性物质麦黄酮也被证实能够影响褐飞虱的取食以及产卵行为，同时在不同抗性水稻中的含量也具有较明显的差异，特别是在褐飞虱取食之后抗性水稻中麦黄酮的含量降低（凌冰等，2007；Zhang et al.，2015）。在笔者鉴定的物质中帕利哌酮（9-Hydroxyrisperidone）为 5-羟色胺（5-hydroxytryptamine，5-HT）受体抑制剂，而 5-HT 作为信号物质，在昆虫取食、繁殖等多种生理行为中起重要作用（Silva et al.，2014）。在褐飞虱侵害 IR36 后，IR36 中的有害物质帕利哌酮含量降低，使得其抑制作用降低，减少对褐飞虱生理行为的影响。

*Bph*3 抗虫基因能够编码 3 个 OsLecRK 基因，在水稻中转入单个或 2 个 OsLecRK 能部分提高对褐飞虱的抗性，而同时转入 3 个 OsLecRK 能进一步增强该抗性，进一步研究发现褐飞虱取食后能够诱导抗虫品种 RH 中胼胝质的积累（Liu et al.，2014），本研究发现褐飞虱诱导后 IR56 中有 88 种物质的含量上调，54 种物质含量下调，其中就包括了与 JA 通路相关的两个物质，核黄素和芸香甙，说明 IR56 可能也是可以调控 JA 通路，导致 IR56 对褐飞虱的抗性增加。

代谢组学在植物中的研究较为广泛，但在水稻与褐飞虱互作中的研究相对较少，特别是非靶向代谢组学，本结果为互作研究提供了新基础，并为褐飞虱的生物防治提供新的思路。

关键词：水稻；褐飞虱；代谢组

参考文献

凌冰，董红霞，张茂新，等．水稻麦黄酮对褐飞虱的抗性潜力［J］．生态学报，2007，27（4）：1300-1307.

朱麟，古德祥，张古忍，等．褐飞虱和白背飞虱在抗褐飞虱水稻品种上的行为反应［J］．植物保护学报，2002，29（2）：145-152.

Alamgir K M，Hojo Y，Christeller J T，et al. 2016. Systematic analysis of rice（*Oryza sativa*）metabolic responses to herbivory［J］. Plant Cell Environ，39：453-466.

Chen W W，Kang K，Yang P，et al. 2017. Identification of a sugar gustatory receptor and its effect on fecundity of the brown planthopper *Nilaparvata lugens*［J］. Insect Sci，DOI：10. 1111/1744-7917. 12562.

Du B，Zhang W，Liu B，et al. 2009. Identification and characterization of *Bph*14，a gene conferring resistance to brown planthopper in rice［J］. P Natl Acad Sci USA，106：22163-22168.

Guo J，Xu C，Wu D，et al. 2018. Bph6 encodes an exocyst-localized protein and confers broad resistance to planthoppers in rice［J］. Nat Genet，DOI：10. 1038/s41588-018-0039-6.

Yang L，Zhang W. 2016. Genetic and biochemical mechanisms of rice resistance to planthopper［J］. Plant Cell Reports，35（8）：1559-1572.

Liu Y，Wu H，Chen H，et al. 2015. A gene cluster encoding lectin receptor kinases confers broadspectrum and durable insect resistance in rice［J］. Nat Biotechnol，33：301-305.

Ren J, Gao F, Wu X, et al. 2016. *Bph32*, a novel gene encoding an unknown SCR domain-containing protein, confers resistance against the brown planthopper in rice [J]. Sci Rep, 6: 37645.

Silva B, Goles N I, Varas R, et al. 2014. Serotonin receptors expressed in *Drosophila* mushroom bodies differentially modulate larval locomotion [J]. Plos One, 9: e89641.

Tamura Y, Hattori M, Yoshioka H, et al. 2014. Map-based cloning and characterization of a brown planthopper resistance gene BPH26 from *Oryza sativa* L. ssp. indica cultivar ADR52 [J]. Sci Rep, 4: 5872-5879.

Wang Y, Cao L, Zhang Y, et al. 2015. Map-based cloning and characterization of BPH29, a B3 domain-containing recessive gene conferring brown planthopper resistance in rice [J]. J Exp Bot, 66: 6035-6045.

Yoshihara T, Sogawa K, Pathak M D, et al. 1979. Soluble silicic acid as a sucking inhibitory substance in rice against the brown planthopper (*Delphacidae*, *Homoptera*) [J]. Entomol Exp Appl, 26: 314-322.

Zhao Y, Huang J, Wang Z, et al. 2016. Allelic diversity in an NLR gene BPH9 enables rice to combat planthopper variation [J]. P Natl Acad Sci USA, 113: 12850-12855.

3-（1，3，4-噁二唑）基细辛素类似物的合成及其抑菌活性研究*

Synthesis and Antifungal Activity of Novel Sarian Analogues Containing 1，3，4-oxadiazole Moiety

樊江平**，张 倩，徐胜楠，许 婷，郭 勇***
（郑州大学药物研究院，郑州 450001）

以天然产物为先导化合物研制新型药物近年来备受科研工作者青睐。细辛素是一种天然精油活性物质，植物来源丰富，广泛存在于伞形科、樟科、胡椒科等植物中，拥有广泛的生物活性。国外学者 Villegas（1988）报道从伞形科植物 *Heteromorpha trifoliata* 的叶中分离得到细辛素，发现其具有抗真菌活性。另外，马志卿等（2007）发现细辛素对水稻纹枯病菌、小麦纹枯病菌和甘蓝黑斑病菌等多种植物病原菌具有很好的抑制作用。1，3，4-噁二唑类化合物是重要的含氮杂环化合物，具有抗肿瘤、抗微生物、抗病毒等生物活性，在农药方面有广泛应用。结合细辛素本身的活性，加之1，3，4-噁二唑又是很好的活性基团，笔者拟在细辛素 C-3 位引入1，3，4-噁二唑环以期合成一系列活性高于母体的化合物。

本文采用活性亚结构拼接策略对植物来源广泛并具生物活性的细辛素进行结构修饰，通过碘催化氧化关环在其 C-3 位引入1，3，4-噁二唑环，合成了约20个含氮杂环新型化合物并采用生长速率法测定其在50μg/mL 浓度下，对植物病原真菌的抑制活性。活性结果显示化合物7e、7p、7r 等具有较好的抑制植物病原真菌活性，其中化合物7p、7r 对玉米弯孢病菌的抑制率分别达到了70.9%和69.7%。化合物7r 对苹果腐烂病菌、玉米弯孢叶斑病菌、烟草赤星病菌的 EC_{50} 值分别为12.6μg/mL、14.5μg/mL 和17.0μg/mL。构效关系表明，引入含杂环结构的1，3，4-噁二唑基团能够明显提高细辛素类似物的抑制植物病原菌活性。

关键词：细辛素；结构修饰；植物病原真菌；1，3，4-噁二唑

---

* 基金项目：国家自然科学基金（21502176）

** 第一作者：樊江平，硕士研究生，从事天然产物结构修饰研究；E-mail：1290614695@qq.com

*** 通信作者：郭勇，硕士生导师，从事天然产物结构修饰研究；E-mail：guoyong_122@zzu.edu.cn

含 N-苯基吡唑环的梣酮衍生物的设计、合成及杀虫活性评价*

Design, Synthesis and Pesticidal Activities of Novel Fraxinellone Derivatives Containing *N*-phenylpyrazole Moiety

许　婷**，张　倩，刘芝延，樊江平，杨瑞阁***，郭　勇***
(郑州大学药物研究院，郑州　450001)

梣酮，是一降解型柠檬苦素类化合物，可以从许多楝科和芸香科植物中分离得到。先导化合物梣酮对许多农业害虫具有较好的杀虫活性，为了进一步提高母体梣酮的杀虫活性，本文设计并合成了两系列含 *N*-苯基吡唑环的梣酮类衍生物（7a-7k 和 8a-8k），其结构经各种波谱分析表征。化合物 7g 和 8k 的结构进一步经 X-单晶衍射证明其正确性。生物活性测试结果表明一半以上的目标化合物对三龄前期黏虫显示出较好的杀虫活性超过母体梣酮。在所有的目标化合物中，化合物 7g-i 和 8g-j 表现出超过商品化植物源农药川楝素的杀虫活性。值得一提的是，化合物 8g 对小菜蛾幼虫表现出很好的杀虫活性，其 LC_{50} 值为 0.31μmol/L，远超过川楝素。此外，构效关系分析表明，在梣酮的呋喃环引入多卤代的苯基吡唑环比引入单取代或具有给电子基取代的苯基吡唑环更能够得到同时对三龄前期黏虫和小菜蛾具有较好杀虫活性的化合物。这一研究结果将为笔者后期进一步以梣酮为母体开发天然产物杀虫剂提供一定的借鉴。

关键词：天然产物农药；梣酮；杀虫活性；吡唑环；构效关系

---

* 资助项目：国家自然科学基金项目（21502176）

** 第一作者：许婷，女，硕士研究生，研究方向为天然产物结构修饰及其生物活性；E-mail：1083961927@qq.com

*** 通信作者：杨瑞阁，讲师，研究方向为天然产物农药；E-mail：yrggg@163.com
郭勇，讲师，研究方向为天然药物化学；E-mail：guoyong_122@163.com

烟草赤星病感病与健康烟叶真菌群落结构与多样性分析*

Fungal Community Structure and Diversity in Different Parts of Tobacco between Brown Spot and Healthy Plants

周　浩[1,2]**，汪汉成[2]***，余知和[1]***

（1. 长江大学生命科学学院，荆州　434025；2. 贵州省烟草科学研究院，贵阳　550081）

烟草赤星病是烟草生长中后期及烤烟烘烤期间广泛发生的真菌病害，严重影响着烟草的产量与品质。了解植物健康与感病部位的微生物群落结构和多样性对指导病害防治具有积极作用。本文采用 Illumina 高通量测序技术分析了新鲜和烤后烟叶的赤星病感病与健康叶片样品的真菌群落结构，并进行了多样性分析。结果表明：新鲜烟草赤星病感病与健康叶片样品在门水平上，优势菌门为担子菌（Basidiomycota）和子囊菌（Ascomycota），它们在健康和感病烟叶样品中所占比例分比为 52. 94%、46. 88%和 1. 09%、98. 83%；在属水平上，优势菌属为红酵母属（*Rhodotorula*）、*Boeremia*、掷孢酵母属（*Sporobolomyces*）、疱霉属（*Phoma*），这 4 种真菌在健康叶片样品中的含量分别为 41. 16%、24. 98%、5. 24%及 4. 9%，在感病叶片样品中的含量分别为 93. 27%、0. 98%、0 及 1. 26%。链格孢属（*Alternaria*）真菌在感病烟叶和健康烟叶的含量均较少，分别为 0. 79%和 0. 5%。健康和感病烟叶样品真菌的 shannon 多样性指数分别为 1. 79 和 0. 36。烤后烟草赤星病感病与健康叶片样品在门水平上，优势菌门为担子菌门（Basidiomycota）和子囊菌门（Ascomycota），它们在健康和感病烟叶样品中所占比例分比为 69. 79%、27. 41%和 17. 85%、82. 1%；在属水平上，优势菌属为红酵母属（*Rhodotorula*）、链格孢属（*Alternaria*）、曲霉属（*Aspegillus*），这 3 种真菌在健康叶片样品中的含量分别为 67. 73%、16. 79%及 3%，在感病叶片样品中的含量分别为 17. 69%、81. 36%及 0。健康和感病烟叶样品真菌的 shannon 多样性指数分别为 1. 12 和 0. 54。新鲜和烤后的健康烟叶样品在门水平上，优势菌门为担子菌门（Basidiomycota）和子囊菌门（Ascomycota），它们在新鲜和烤后烟叶样品中所占比例分比为 52. 94%、46. 88%和 69. 79%、27. 41%；在属水平上，优势菌属为红酵母属（*Rhodotorula*）、*Boeremia*、链格孢属（*Alternaria*）、掷孢酵母属（*Sporobolomyces*），这 4 种真菌在新鲜健康叶片样品中的含量分别为 41. 16%、24. 98%、0. 5%及 5. 24%，在烤后健

---

* 基金项目：国家自然科学基金（31360448）；贵州省科技支撑计划（黔科合支撑［2018］2356）；贵州省科技厅优秀青年人才培养计划（黔科合平台人才［2017］5619）；中国烟草总公司贵州省公司科技项目（201711，201714）

** 第一作者：周浩，硕士生，主要从事烟草病虫害防治技术研究；E-mail：919355397@ qq. com

*** 通信作者：汪汉成，博士，研究员，主要从事烟草植物保护和微生物学研究；E-mail：xiaobaiyang126@ hotmail. com

余知和，博士，教授，主要从事植物病害防治的教学和研究；E-mail：zhiheyu@ hotmail. com

康叶片样品中的含量分别为 67.73%、0、16.79%及 0.49%。新鲜和烤后的健康烟叶样品真菌的 shannon 多样性指数分别为 1.79 和 1.12。新鲜和烤后的烟草赤星病感病烟叶样品在门水平上，优势菌门为担子菌门（Basidiomycota）和子囊菌门（Ascomycota），它们在新鲜和烤后感病烟叶样品中所占比例分比为 1.09%、98.83%和 17.85%、82.1%；在属水平上，优势菌属为链格孢属（*Alternaria*）、*Boeremia*、红酵母属（*Rhodotorula*）、疱霉属（*Phoma*），这 4 种真菌在新鲜感病叶片样品中的含量分别为 0.79%、93.27%、0.98%及 1.26%，在烤后感病康叶片样品中的含量分别为 81.36%、0、17.69%及 0。新鲜和烤后的感病烟叶样品真菌的 shannon 多样性指数分别为 0.36 和 0.54。研究结果明确了烟草赤星病感病与健康烟叶在田间新鲜样品时期和烤后干烟叶时期的真菌群落结构和多样性，对烟草赤星病的防治提供了信息参考。

关键词：烟草赤星病；烤烟；群落结构；多样性

Effects of Dosage and Spraying Volume on Cotton Defoliants Efficacy: A Case Study Based on Application of Unmanned Aerial Vehicles*

Xin Fang[1**], Zhao Jing[2], Zhou Yueting[1], Wang Guobin[3], Han Xiaoqiang[1***], Fu Wei[4], Deng Jizhong[3], Lan Yubin[3]

(1. *The Key Laboratory of Oasis Eco-agriculture, Xinjiang Production and Construction Group, College of Agricultural, Shihezi University, Shihezi* 832002, *China*;
2. *Institute of Plant Protection, Xinjiang Academy of Agricultural and Reclamation Science, Shihezi*, 832000, *China*;
3. *College of Engineering, South China Agricultural University/National Center for International Collaboration Research on Precision Agricultural Aviation Pesticides Spraying Technology (NPAAC), Guangzhou* 510642, *China*;
4. *College of Mechanical and Electrical Engineering, Shihezi University, Shihezi* 832002, *China*)

Plant protection unmanned aerial vehicles (UAVs) consist of light and small UAVs with pesticide spraying equipment. The advantage of UAVs is using low-volume spray technology to replace the traditional large-volume mass locomotive spray technology. Defoliant spraying is a key link in the mechanized cotton harvest, as sufficient and uniform spraying can improve the defoliation quality and decrease the cotton trash content. However, cotton is planted in high density in Xinjiang, with leaves in two adjacent rows seriously overlapped making the lower leaves poorly sprayed. Thus, the defoliation effect is poor, and the cotton quality is degraded. To improve the effect of defoliation and reduce the losses caused by boom sprayer rolling, the effect of defoliant dosage on defoliation, boll opening, absorption and decontamination in cotton leaves and the effect of spraying volume on absorption and decontamination in cotton leaves sprayed by UAVs are studied. The pooled results indicate that plant protection UAVs could be used for cotton defoliants spraying by a twice defoliant spraying strategy, and the defoliant dosage has no significant effect on seed cotton yield and fiber quality in Xinjiang. The residue of thidiazuron in cotton leaves reaches the maximum at four days after spraying, the residue of diuron in cotton leaves reaches the

* Funding: The study was found by the National Key Research and Development Program of China (2016YFD0200700)

** First author: Xin Fang, male, master, College of Agricultural, Shihezi University; E-mail: xinf@stu.shzu.edu.cn

*** Correspondence author: Han Xiaoqiang, Postdoctoral, Associate Professor; E-mail: hanshz@shzu.edu.cn maximum at one day after second spraying. The thidiazuron and diuron residues are increased with spraying volume at rang of 17. 6–29. 0L/hm^2. When the spraying volume is less than 17. 6L/hm^2, the residue of thidiazuron and diuron is reduced. The research results could provide a reference for further optimization of the spraying parameters of cotton defoliant by plant protection UAVs.

Key words: Cotton defoliant; Dosage and spraying volume; Absorption and decontamination; Unmanned aerial vehicle

References:

Xin F, Zhao J, Zhou Y T, et al. 2018. Effects of dosage and spraying volume on cotton defoliants efficacy: A case study based on application of unmanned aerial vehicles [J]. Agronomy, 8: 85.

辣椒炭疽病菌对啶氧菌酯的敏感基线及其抗性风险*

Sensitivity to Picoxystrobin among *Colletotrichum gloeosporioides* and *Colletotrichum capsici* That Cause Pepper Anthracnose in China

任　璐[1,2]**，史晓晶[2]，曹俊宇[2]，殷　辉[1,3]，韩巨才[2]，赵晓军[1,3]***

（1. 农业有害生物综合治理山西省重点实验室，太原　030006；2. 山西农业大学农学院，太谷　030801；3. 山西省农业科学院植物保护研究所，太原　030006）

辣椒炭疽病是辣椒生产中常见的真菌性病害，对辣椒果实为害最明显与严重，也可在叶片上产生病斑，导致辣椒腐烂，失去经济价值。在夏季，天气闷热，湿度大时易发生，造成大面积辣椒减产。甜椒与尖椒相比，更易感病。目前，生产上，果蔬炭疽病化学防治的常用杀菌剂主要有芳烃类、有机硫类及苯丙咪唑类杀菌剂等。已有报道显示炭疽病菌对多种常用药剂已产生较高水平抗性。啶氧菌酯（Picoxystrobin）于 2001 年由先正达在欧洲首次推出，2006 年杜邦公司收购后，在拉美、北美市场登记，在我国于 2012 年 7 月获得临时登记并于同年 11 月正式登记，是甲氧基丙烯酸酯类杀菌剂中内吸活性最强的品种，主要用于防治麦类叶面病害如叶枯病、叶锈病、白粉病，以及辣椒炭疽病、葡萄黑痘病等经济作物病害。其作用位点主要是线粒体上的细胞色素 *b*，通过抑制线粒体氧化呼吸所必经的细胞色素 *b* 和 *c*1 之间的电子转移来阻断生物的呼吸路径，从而起到杀菌效果。该药剂可用于防治已对 14α-脱甲基抑制剂和苯并咪唑类杀菌剂产生抗性的病害。目前，国内对啶氧菌酯抗药性的相关报道还很鲜见。而该类杀菌剂其他品种抗药性分子机理显示，抗性分子突变位点单一，抗药性风险较高。目前，啶氧菌酯还未在山西省辣椒产区广泛应用。为此，对比抗感菌株适合度，对该药剂的抗性风险进行评估具有重要意义。本研究建立了辣椒炭疽病菌对啶氧菌酯的敏感基线，在此基础上室内诱导获得了辣椒炭疽病菌抗啶氧菌酯突变体，并对突变体生物学特性进行了研究。结果表明，在山西省晋中市 3 个未使用过啶氧菌酯及同类药剂的地区采集并分离到 45 株辣椒炭疽病菌菌株，采用菌丝生长速率法测定其敏感性，测定结果，其 EC_{50}平均值为（6.7831±3.4994）μg/mL，呈连续性单峰曲线，且敏感性频率分布呈近似正态分布，因此 EC_{50}平均值可作为辣椒炭疽病菌对啶氧菌酯的敏感基线。在水杨肟酸（SHAM）的处理浓度为 150μg/mL 时，EC_{50+S}介于平均值为（0.1090±0.0580）μg/mL。旁路氧化所表现出的增效值 F 平均为 78.0262。通过室内抗性诱导共获得 8 株抗性突变体，其中低抗菌株 6 株，中抗菌株 2 株。抗性产生后可稳

---

* 资助项目：山西省重点研发计划重点项目（201603D21110-2）；农业有害生物综合治理山西省重点实验室开放课题（YHSW2015002）

** 第一作者：任璐，女，博士后，山西农业大学农学院，从事农药毒理与生物农药的研究；E-mail：renlubaby@163.com

*** 通信作者：赵晓军，研究员；E-mail：zhaoxiaojun0218@163.com

定遗传。抗性突变体生物学特性测定结果显示，突变体产孢量、菌丝生长速率、致病力较敏感菌株无显著差异。在不同营养条件、pH 值、温度条件下，抗感菌株均以淀粉作为碳源、硝酸钾作为氮源时利用率最高；均在中性偏酸条件下生长较旺盛；菌丝最适生长温度均为 25℃。研究表明辣椒炭疽病菌对啶氧菌酯具有较高抗性风险，研究结论为指导生产用药，延缓抗药性的发展提供理论依据。

关键词：辣椒炭疽病菌；啶氧菌酯；敏感基线；抗性风险

中国东北地区向日葵菌核病菌菌丝亲和组及其遗传变异分析*

Mycelial Compatibility Group and Genetic Variation of Sunflower *Sclerotinia sclerotiorum* in Northeast China

刘　佳**，孟庆林***，张匀华***，石凤梅，马立功，
李易初，刘春来，刘　宇，苏宝华，李志勇
（黑龙江省农业科学院植物保护研究所，哈尔滨　150086）

向日葵是我国重要的油料作物和经济作物。由核盘菌［*Sclerotinia sclerotiorum*（Lib.）de Bary］引起的向日葵菌核病是东北地区向日葵生产上为害最严重的病害，对产量和品质造成很大影响。本研究对东北地区 115 个向日葵田的菌核病菌菌株进行了菌丝亲和组（mycelial compatibility group）的研究。共鉴定出 35 个不同的 MCGs，每组内有 1～12 个分离株。其中有 9 个 MCGS，只有一个代表性的分离物。同时，采用微卫星标记（simple sequence repeats）方法对 115 个菌株进行遗传变异分析。基于 SSR 的聚类分析表明，大多数地理位置相近的菌株被分为同一组或近组。所有 115 个菌株的聚类结果表明，基于微卫星位点的聚类与 MCGS 结果高度一致。研究结果为目前已知的核盘菌菌株群体结构和遗传多样性提供了价值，同时也为向日葵抗性育种提供有价值的信息及理论依据。

关键词：遗传变异；菌丝亲和组；微卫星标记；核盘菌；向日葵

---

* 资助项目：国家体色油料产业技术体系（CARS-14）；黑龙江省政府博士后基金项目
** 第一作者：刘佳，男，博士，研究方向为植物病害；E-mail：liujia4218@163.com
*** 通信作者：孟庆林；E-mail：mqlhlcn@126.com
张匀华；E-mail：yhzhang9603@126.com

*MAPKK*基因家族成员介导的棉花对黄萎病抗性的精细调节*

Subtle Regulation of Cotton Resistance to Verticillium Wilt Mediated by *MAPKK* Family Members

张美萍[1**]，沈振国[1]，孟　菁[2]，李　丹[2]，齐放军[2]

（1. 南京农业大学生命科学学院，南京　210095；

2. 中国农业科学研究院植物保护研究所，植物病虫害生物学国家重点实验室，北京　100193）

由大丽轮枝菌引起的黄萎病是棉花生产过程中最严重的病害之一。MAPK级联途径对植物的抗病性有着非常重要的作用，特别是MAPKK位于级联途径的中枢地位，可以将信号传递给下游的MAPK。本研究主要研究了MAPKK在棉花抗病过程中的作用。根据聚类分析，共筛选出24个陆地棉*MAPKK*基因，然后利用反向遗传学技术进行全部基因的抗病性检测。结果显示：3种*MAPKK*（*GhMKK*4，*GhMKK*6和*GhMKK*9）正调控棉花对黄萎病的抗性；GhMKK10负调控棉花对黄萎病的抗性。同时，发现GhMKK基因在抗病过程中存在精细调控。在GhMKK9，GhMKK9-1（*Gh_ A*12*G*2448、*Gh_ D*12*G*2574）正调控棉花的抗性；而同源基因GhMKK9-2（*Gh_ D*12*G*2575）在抗病过程中不起作用；同样这种精细调控也存在于GhMKK10中，只有沉默GhMKK10-2（*Gh_ A*12*G*1883、*Gh_ D*12*G*2062）时，才对棉花的抗性有负调控作用，同源基因GhMKK10-1（*Gh_ A*03*G*1976，*Gh_ D*03*G*1645）在抗病过程中不起作用。

关键词：黄萎病；棉花；MAPKK基因家族

---

* 资助项目：国家自然科学基金项目（31371898）；植物病虫害重点实验室（SKLOF201615）

** 第一作者：张美萍，女，博士，研究方向植物保护；E-mail：zhangmp2006@163.com

苯酰菌胺在葡萄酒酿造过程中的对映体选择性行为研究[*]

The Fate and Enantioselective Behavior of Zoxamide During Wine-making Process

潘兴鲁[**]，郑永权[***]，吴孔明[***]
（中国农业科学院植物保护研究所，植物病虫害生物学国家重点实验室，北京 100193）

近年来葡萄栽培分布广泛，葡萄在世界各地被认为是现代饮食非常重要的一部分。葡萄不仅仅是作为新鲜水果食用，也作为加工产品包括葡萄干、葡萄酒、果汁、醋、葡萄籽提取物和葡萄籽油等。而每年大约55%的葡萄被用于生产葡萄酒发酵，葡萄酒具有良好的风味和对人体的许多积极作用健康，如降低心血管疾病的风险，并减少氧化损伤，因而葡萄酒已经成为一种流行的酒类饮料。为了获得更优质的葡萄来制酒，农药在整个栽培过程中不断使用。导致葡萄和酒中经常被检测到有许多农药残留，酒的品质也可能会受到影响。这种情况下，农药残留存在于最终的商品葡萄酒中就可能会直接影响消费者的健康。目前许多法规和最大残留限量（MRL）也开始关注葡萄酒中的残留问题。此外，越来越多的研究学者开始关注农药在葡萄酒发酵过程中的消解规律。然而，之前的很多研究都忽略了一种特殊情况，即手性农药的性质及潜在的安全风险。据估计，目前出售的25%的农药都是手性的。通常手性化合物对映体之间具有类似的理化性质，但是研究表明对映体之间在生物活性、毒性和降解行为上存在差异。因此，从对映体的角度来评价手性农药在酿酒发酵过程中的选择性行为至关重要，它将更准确地指导食品安全评价。

苯酰菌胺是由罗门哈斯公司（现为陶氏农业科学公司）开发的苯甲酰胺类保护性杀菌剂，具有新颖的作用机理。它通过与微管蛋白β-亚基的结合从而促进微管细胞骨架的破裂来抑制菌核分裂。苯酰菌胺不影响游动孢子的游动、孢囊形成或萌发。伴随着菌核分裂的第一个循环，芽管的伸长受到抑制，从而阻止病菌穿透寄主植物。然而美国EPA对苯酰菌胺对海水无脊椎动物的毒性分级为剧毒；对淡水鱼类及无脊椎动物的毒性分级为高毒。目前，关于苯酰菌胺的研究多集中在活性机制分析方法、食品加工等方面，均为外消旋体水平上的研究。因此从对映体水平上开展苯酰菌胺的研究，明确其高效体及高风险体，在保证有效控害的基础上减少苯酰菌胺农药施用量，减小对环境的潜在为害。前期试验表明在葡萄上苯酰菌胺的高风险体优先富集，因此评估葡萄发酵过程中的苯酰菌胺对映

---

* 资助项目：国家重点研发项目（2016YFD0200200）

** 第一作者：潘兴鲁，男，博士后，研究方向为农药残留与环境毒理、纳米农药；E-mail：panxinglu1990@163.com

*** 通信作者：郑永权；E-mail：zhengyongquan@ippcaas.cn
吴孔明；E-mail：kmwu@ippcaas.cn

体的变化规律可以为食品安全风险评估提供理论依据。葡萄酒主要包括两种，红葡萄酒和白葡萄酒。白葡萄酒主要是葡萄去皮发酵，而红葡萄酒是葡萄带皮发酵。所以实验设置3个处理，A组葡萄采集直接发酵，B组葡萄采集清洗后发酵，C组葡萄去皮发酵。定期取样，最终AB组为红葡萄酒，C组为白葡萄酒。结果显示，发酵初始高风险体*R*体的浓度要高于*S*体，这主要是由于*S*体在葡萄生长期间优先降解，而在发酵过程中高风险体*R*体降解速率更快，在发酵结束后，三个处理中的高风险体*R*体的浓度要显著低于*S*体。这说明葡萄酒发酵过程能显著降低苯酰菌胺风险。实验结果有助于促进更准确地风险评估葡萄酒发酵过程中农药残留的变化行为。

关键词：苯酰菌胺；葡萄酒；对映体选择性；加工

小麦、棉花蚜虫-寄生蜂多重 PCR 体系的建立*

The Establishment of Wheat and Cotton Aphid-parasitoid Multiplex PCR Systems

杨 帆**，姚志文，朱玉麟，刘 冰，陆宴辉***
（中国农业科学院植物保护研究所，植物病虫害生物学国家重点实验室，北京 100193）

目前蚜虫-寄生蜂关系模型常被用于节肢动物食物网结构与功能的研究。蚜虫-寄生蜂食物网传统研究方法由于寄生蜂形态鉴定难、工作量大等原因，极大局限了该类工作的研究进展。蚜虫是华北小麦和棉花上一类主要害虫，但至今对其蚜虫-寄生蜂食物网结构缺乏系统的认识，限制了寄生蜂控蚜功能的挖掘利用。本研究根据已知的麦田、棉田蚜虫-寄生蜂物种信息，以 mtDNA 为目标基因，分别设计了华北麦田和棉田的多重 PCR 体系。华北麦田多重 PCR 检测体系包括 3 个多重 PCR 和 5 个单重 PCR，分别检测四种常见麦蚜，四种初级寄生蜂乌兹别克蚜茧蜂 *Aphidius uzbekistanicus* Luzhetski、烟蚜茧蜂 *Aphidius gifuensis*（Ashmead）和阿尔蚜茧蜂 *Aphidius ervi* Haliday 和九种重寄生蜂宽肩阿莎金小蜂 *Asaphes suspensus*（Nees）、蚜茧蜂金小蜂 *Asaphes vulgaris* Walker、合沟细蜂 *Dendrocerus carpenteri*（Curtis）、黄足分盾细蜂 *Dendrocerus laticeps*（Hedicke）、蚜虫宽缘金小蜂 *Pachyneuron aphidis*（Bouché）、*Phaenoglyphis villosa*（Hartig）和 Alloxysta 属三个物种，体系灵敏度 DNA 模板检出限最低为 1 000 拷贝。同样，棉田蚜虫-寄生蜂多重 PCR 体系包括两个多重 PCR 和三个单重 PCR，可检测一种棉花蚜虫，三种初级寄生蜂棉蚜刺茧蜂 *Binodoxys communis*（Gahan）、烟蚜茧蜂和白足蚜小蜂 *Aphelinus albipodus* Hayat and Fatima 和六种重寄生蜂宽肩阿莎金小蜂、蚜茧蜂金小蜂、合沟细蜂、黄足分盾细蜂、蚜虫宽缘金小蜂、*P. villosa*，DNA 模板检出限也最低为 1 000 拷贝。利用该检测体系分别构建了小麦、棉花蚜虫-寄生蜂定性食物网，初步获得各蚜虫-寄生蜂物种间的食物关系。本研究结果提供了一种新的蚜虫-寄生蜂分子检测方法，为进一步开展景观复杂性对蚜虫-初级寄生蜂-重寄生蜂食物网关系的影响打下基础。

关键词：蚜虫；寄生蜂；特异性；灵敏度；多重 PCR

---

* 资助项目：国家自然科学基金项目（31572019）资助

** 第一作者：杨帆，女，博士，研究方向为农业昆虫与害虫防治；E-mail：evelynyangfan@163.com
*** 通信作者：陆宴辉；E-mail：yhlu@ippcaas.cn

新壮态沼液对辛硫磷防治棉花害虫的增效作用*

The Synergism of New Strong Condition Biogas Slurry with Phoxim in Cotton Insect's Control

赵一鸣**，王　鉴，陈　妍，王艳文，裴艳瑞，张坤朋，王兴云***
（安阳工学院，农业农村部航空植保重点实验室，安阳　455000）

“新壮态”液肥是山东民和生物科技有限公司利用鸡粪等动物粪便经生物发酵、纳米透析工艺提取而成的一种全能型植物生长促进液，富含多种有机活性物质及植物生长所必须的营养元素，还具有一定的杀虫功效，属于绿色生物杀虫剂。本实验采用不同浓度的新壮态沼液和辛硫磷复配的方法，来防治棉田的主要害虫棉铃虫和甜菜夜蛾。复配剂的使用可以达到一次用药兼治两种或两种以上防治对象的效果，这样就可以减少施药的次数、复配剂的使用，也可以有效的延缓防治对象对农药的抗药性，从而延长农药的使用年限。复配剂较单剂来说，有很多优点，节省了农民施药的次数同时也节省了劳动时间。

本实验对93.5%的辛硫磷进行稀释，配置浓度为1mg/mL的母液，选取LC_{30}（害虫死亡率为30%时辛硫磷的浓度）分别加入沼液原液，稀释5倍沼液、稀释10倍沼液、稀释20倍沼液、稀释40倍沼液、稀释80倍沼液，饲料板以每孔50μL的药量的进行添加，进行其对二龄期甜菜夜蛾和棉铃虫幼虫的毒力测定。结果表明，稀释20倍的沼液对辛硫磷防治害虫有明显的增效作用。

关键词：棉铃虫；甜菜夜蛾；辛硫磷；新壮态沼液；增效

---

* 资助项目：安阳工学院博士科研启动基金（BSJ2017015）；安阳工学院大学生科技创新项目

** 第一作者：赵一鸣，男，本科在读生，研究方向为害虫生物防治；E-mail：1012102967@qq.com

*** 通信作者：王兴云，女，博士，讲师，研究方向为害虫生物防治；E-mail：wangxingyun402@163.com

新壮态沼液对高效氯氟氰菊酯防治棉花害虫的增效作用*

The Synergism of New Strong Condition Biogas Slurry with Lambda-cyhalothrin in Cotton Insect's Control

薛　威**，赵赛楠，周许英，王明阳，张梵铃，王兴云，张坤朋***

（安阳工学院，农业农村部航空植保重点实验室，安阳　455000）

"新壮态"液肥是一种叶面肥，叶面肥具有迅速补充营养、充分发挥肥效的作用。高效氯氟氰菊酯是一种具有多种优点的生物杀虫剂，有研究表明，单用有抗性上升的趋势，为延缓或避免高效氯氟氰菊酯对棉花害虫耐受性升高而进行了本试验的研究。本试验以棉铃虫、甜菜夜蛾为研究对象，采用表面涂抹法通过胃毒作用对它们进行毒力测定。将叶面肥的 6 个梯度：原液、稀释 5 倍、10 倍、20 倍、40 倍、80 倍分别与高效氯氟氰菊酯复配，进行生物活性测定，通过共毒因子公式计算得出试验结果。结果表明：高效氯氟氰菊酯与稀释 40 倍及 40 倍以下的叶面肥复配对防治棉铃虫有增效作用；高效氯氟氰菊酯与稀释 20 倍及 20 倍以下的叶面肥复配对防治对甜菜夜蛾有增效作用。

关键词：棉铃虫；甜菜夜蛾；高效氯氟氰菊酯；新壮态沼液；增效

---

* 资助项目：安阳工学院博士科研启动基金（BSJ2017015）；安阳工学院大学生科技创新项目

** 第一作者：薛威，男，本科在读生，研究方向为害虫生物防治；E-mail：2653743765@ qq. com

*** 通信作者：张坤朋，男，在读博士，副教授，研究方向为害虫生物防治；E-mail：1095557379@qq. com

咪鲜胺-纳米介孔二氧化硅载药颗粒在黄瓜植株中的运转、分布及代谢*

Translocation, Distribution and Degradation of Prochloraz-loaded Mesoporous Silica Nanoparticles in Cucumber Plants

赵鹏跃[1,2**]，曹立冬[1]，潘灿平[2***]，黄啟良[1***]
（1. 中国农业科学院植物保护研究所，植物病虫害生物学国家重点实验室，北京　100193；2 中国农业大学，理学院应用化学系，北京　100193）

农药减量使用迫在眉睫，科学有效的使用农药可保障农业生产和生态环境安全，也是实现到2020年农药使用量“零增长”的重要途径。运用纳米技术等，有效负载农药成分，可改善农药在植物体内的吸收运转性能，可提高农药的有效利用率，降低其在非靶标区域和环境中的投放量，是目前提高农药利用率的有效途径之一。利用新型纳米材料改善农药在植株上的吸收运转性能，减少其向可食部位的运转和富集，使其在植株体内的传输分布与实际防控剂量需求吻合，降低可食部位的农药残留量，从而提高农药的有效利用率，减少其向非靶标生物的迁移和环境污染。

纳米介孔二氧化硅具有比表面积大、内外表面易于修饰、生物相容性好、孔径可调节、孔道均匀等特点，在药物控释方面的应用已成为国内外关注的热点。一般情况下，在酸性或碱性条件下，通过表面活性剂、共结构导向剂和硅源的自组装，能够获得纳米介孔二氧化硅，通过改变硅源的种类或其与共结构导向剂的加入比例，可获得不同粒径的纳米介孔二氧化硅。该材料在生物医学领域已得到了比较充分的研究，包括其载药性能、控制释放、药物传输、生物相容性等多个方面，并在调节细胞内药物对靶传输、控制释放等已得到了广泛应用。

本研究选择内吸性较弱的咪鲜胺作为模式农药，制备了粒径大小为200~300nm的纳米介孔二氧化硅载体颗粒，对黄瓜叶片进行处理后，研究了咪鲜胺母体化合物及其代谢产物2，4，6-三氯苯酚在黄瓜植株不同部位及果实中的剂量分布规律。结果表明，纳米介孔二氧化硅载体能够被黄瓜叶片迅速吸收，并传输到根、茎等其他部位；与传统的咪鲜胺悬浮剂相比，纳米介孔二氧化硅载体颗粒能够更好的被叶片吸收和转运；纳米介孔二氧化

---

* 资助项目：国家重点研发计划资助（2017YFD0200300）；国家自然科学基金项目（31701828、31471805）

** 第一作者：赵鹏跃，女，博士后，研究方向为农药应用学；E-mail：pengyue_ 8825@ 163. com

*** 通信作者：潘灿平；E-mail：qlhuang@ ippcaas. cn
黄啟良；E-mail：canpingp@ cau. edu. cn

硅载体能够作为一种保护材料，减缓咪鲜胺在黄瓜叶片中的代谢；同时，纳米介孔二氧化硅载药颗粒施用后，黄瓜果实中咪鲜胺的残留量远远低于最大残留限量标准，为纳米材料在农药领域的应用提供了重要的理论基础。

关键词：纳米介孔二氧化硅；咪鲜胺；剂量分布；吸收传导；黄瓜

钙黏蛋白转座子插入与可变剪切介导中国红铃虫对转 Bt 棉的抗性*

Retrotransposon Insertion and Alternative Splicing of Cadherin Associated with Resistance to Bt Cotton in Pink Bollworm from China

王　玲[1,2**]，王金涛[1]，马跃敏[3]，万　鹏[1]，刘凯于[3]，丛胜波[1]，肖玉涛[4]，许　冬[1]，吴孔明[2***]，李显春[5]，Jeffrey A. Fabrick[6]，Bruce E. Tabashnik[5]

（1. 湖北省农业科学院植保土肥研究所，农业部华中作物有害生物综合治理重点实验室/农作物病虫草害防控湖北省重点实验室，武汉　430064；2. 中国农业科学院植物保护研究所，植物病虫害生物学国家重点实验室，北京　100193；3. 华中师范大学生命科学学院，武汉　430079；4. 中国农业科学院深圳农业基因组研究所，深圳　518120；5. 美国亚利桑那大学昆虫学系　AZ 85721；6. 美国农业科学研究院旱地农业研究中心　AZ 85138）

种植转 *Bt* 基因作物是目前世界范围内控制农业害虫最有效的方式之一。红铃虫（*Pectinophora gossypiella*）是一种十分重要的棉花害虫，也是转 Bt 棉花的靶标害虫。转 Bt 棉花种植以前，防治红铃虫主要依靠化学农药，但其钻蛀习性严重影响了农药的使用效果，致使红铃虫常年为害成灾，严重影响了棉花生产。转 Bt 棉花种植之后，有效地控制了红铃虫及棉铃虫等鳞翅类害虫。然而，由于红铃虫在棉田对棉花寄主的专一性，使其面临着持续的选择压力，相比于其他害虫，其抗性演化速率可能更快。目前，美国与我国长江流域分别在室内与田间条件下筛选获得了多个红铃虫 Cry1Ac 高抗品系，印度甚至发现红铃虫对转 Cry1Ac 棉演化了实质抗性；这些都充分说明红铃虫不仅具有对 Bt 棉花产生抗性的潜力，其抗性问题还严重威胁着 Bt 棉的持续使用。因此，了解红铃虫对 Bt 的抗性机制，有助于制定合理的抗性管理策略。

昆虫对 Bt 的抗性主要与其中肠受体的突变相关，其中钙黏蛋白是最主要的受体之一，而插入转座元件是受体产生抗性突变的重要机制。我们从长江流域棉田筛选得到一个新的钙黏蛋白突变等位基因（*r*15），该基因插入了一个 3 370bp 的逆转录转座子，介导了红铃虫对 Cry1Ac 的抗性。突变的钙黏蛋白基因可产生两种不同的转录本（*r15A* 和 *r15B*），意味着其 mRNA 前体存在可变剪切现象。与敏感品系相比，只携带 *r*15 等位基因的红铃虫品系对 Cry1Ac 具有 290 倍的抗性，对 Cry2Ab 没有交互抗性，其幼虫能在 Bt 棉上完成生活

---

* 资助项目：转基因生物新品种培育重大专项（2016ZX08012－004）；国家自然科学基金项目（31572062）；948 重点项目（2011-G4）

** 第一作者：王玲，女，在站博士后，研究方向为害虫抗性治理；E-mail：wanglin20504@ qq. com

*** 通信作者：吴孔明；E-mail：kmwu@ ippcaas. cn

史，抗性遗传为常染色体隐性遗传。通过昆虫细胞系表达，发现无论是表达 *r15A* 还是 *r15B* 的 Hi5 转染细胞，均对 Cry1Ac 蛋白不敏感；反之，表达野生型钙黏蛋白的转染细胞对 Cry1Ac 蛋白很敏感。这些结果表明，钙黏蛋白突变等位基因 *r15* 赋予了红铃虫对 Cry1Ac 转基因棉产生抗性的能力。该研究进一步深化了红铃虫对 Bt 棉花抗性分子机制的认识，为长江流域棉区红铃虫对 Bt 棉花的抗性监测与抗性治理提供了技术支撑。

关键词：红铃虫；Bt 抗性；钙黏蛋白；转座子；可变剪切

夹竹桃水提液对黄瓜、油菜、西红柿的化感作用研究*

Preliminary Study on the Allelopathy of *Nerium indicum* Water Extract on Cucumber, Oilseed and Tomato

段辛乐**，石侦斌，李梦航，胡殿喜，欧媛媛

（福建农林大学蜂学学院，福州 350002）

作为植物重要的化学生态防御机制，植物化感作用在建立和维持不同植物群落间稳定的化学作用关系起到了至关重要的作用。植物的化感物质是天然的除草剂，因此利用植物化感物质防控田间杂草、开发新型除草剂能有效解决田间杂草的防治及杂草抗药性治理等问题；同时基于植物天然次生代谢产物开发的除草剂具有资源丰富、环境兼容性好、低残留、靶标选择性高等化学除草剂无法比拟的优势，在农田杂草防控领域有着广阔的应用前景。

夹竹桃（*Nerium indicum* Mill.）是一种广泛分布于热带及亚热带地区的常绿直立大灌木，在我国其作为绿化观赏植物在各地均有种植。夹竹桃茎叶都有毒，主要含有生物碱、黄酮、强心苷类等多种物质，具有强心、利尿、祛痰、定喘等功效。夹竹桃在生长发育过程中不断的向空气和土壤中分泌次生代谢物质，可影响其周围植物生长发育。

本研究以黄瓜、油菜和西红柿为受体，用室内生物测定方法，对夹竹桃水提物对三种受体植物的化感作用，为进一步合理利用夹竹桃等药用植物资源，开发天然无公害新型植物源除草剂和植物源生长调节剂提供理论依据。结果表明，不同浓度的夹竹桃水提液对油菜和西红柿种子的发芽活力均无明显抑制作用，高浓度的（0.4g/mL、0.2g/mL 和 0.1g/mL）夹竹桃水提液对黄瓜种子的萌发具有明显的抑制作用（$P<0.05$），低浓度处理（0.05g/mL 和 0.025g/mL）对黄瓜种子萌发具有一定的促进作用。不同夹竹桃水提液对黄瓜的根长和芽长均为抑制作用，且抑制效果与处理浓度呈正相关，而对油菜和西红柿的根长和芽长的影响为高浓度处理（0.4g/mL、0.2g/mL 和 0.1g/mL）抑制，低浓度处理（0.05g/mL 和 0.025g/mL）促进，处理浓度越低，则促进作用越强（$P<0.05$）。由此可知，夹竹桃水提液对三种受体植物萌发和幼苗生长均具有一定的化感作用。

关键词：夹竹桃；水提液；化感作用；黄瓜；油菜；西红柿

---

* 资助项目：国家自然科学基金项目（31472156，31772681）；福建省自然科学基金项目（2018J05041）；福建省大学生创新创业训练计划立项项目（201710389068）

** 通信作者：段辛乐，男，讲师，研究方向为蜜蜂保护学；E-mail：xinleduan@fafu.edu.cn

棉花萜烯合成酶基因鉴定及对靶标昆虫的行为调控*

Identification of Terpene Synthase Genes from Cotton and the Effect of Their Enzyme Products on Target Insect Behavior

黄欣蒸**，寇俊凤，井维霞，张永军***

（中国农业科学院植物保护研究所，植物病虫害生物学国家重点实验室，北京　100193）

植物被植食性昆虫取食后大量释放的特异性萜烯挥发物，在驱避和毒杀害虫的直接防御反应以及在吸引天敌的间接防御反应中发挥着重要功能。为深入研究棉花挥发物生物合成与调控，本文系统构建了虫害诱导棉花挥发物图谱，全面鉴定了雷蒙德氏棉和陆地棉基因组中 *TPS* 家族基因，解析了 12 个重组蛋白 GhTPS4-15 的体外底物催化活性，并在烟草中超表达 *GhTPS*12 明确了其调控产物（3*S*）-linalool 在植物直接防御中的生物学功能（huang et al.，2018）。

棉铃虫和绿盲蝽同时取食诱导挥发物组分为 37 种，主要分为三大类：萜烯挥发物、脂肪酸衍生物（即绿叶挥发物）和莽草酸衍生物（即苯丙烷/苯环类挥发物）。其中萜烯挥发物共有 16 种，（*E*）-*β*-罗勒烯、DMNT 和芳樟醇为最多的 3 种萜烯挥发物。

在陆地棉基因组中鉴定 147 个基因注释为 *TPS*，在雷蒙德氏棉基因组中鉴定 69 个 *TPS* 基因，其中全长基因（编码氨基酸多于 520 个）分别为 46 和 41 个。棉花 *TPS* 基因聚为 6 个亚家族，TPSa 亚家族基因最多，其中大多数基因注释为棉酚生物合成关键基因——杜松萜烯合成酶基因。

8 个萜烯合成酶 GhTPS4、GhTPS5、GhTPS6、GhTPS10、GhTPS11、GhTPS12、GhTPS14 和 GhTPS15 具有体外催化活性，它们的主要酶活产物为 *β*-月桂烯、（3*R*）-芳樟醇、（3*S*）-芳樟醇、*δ*-杜松萜烯、大根香叶烯 D、大根香叶烯 D-4-醇、（*E*）-橙花叔醇（DMNT 前体）、（*E*，*E*）-香叶基芳樟醇（TMTT 前体）。这些酶活产物是棉花诱导释放的萜烯挥发物组分，而且这 8 个 Gh*TPSs* 基因在昆虫取食后上调表达，表明它们在棉花直接或间接防御反应中发挥着重要作用。GhTPS12 的酶活产物为（3*S*）-芳樟醇，是棉花诱导挥发物的主要组分之一。

将 *GhTPS*12 基因在烟草中进行超表达，获得的转基因植株能够释放大量的目标挥发物（3*S*）-芳樟醇。行为选择试验表明，转基因烟草植株对棉铃虫雌成虫的产卵和烟蚜的取食具有显著的驱避作用。

综上所述，本文鉴定的单萜、倍半萜和二萜合成酶，以及已报道的 GhTPS1-3 和 14

* 基金项目：国家自然科学基因（31701800，31772176，31621064，31672038，31471778）

** 第一作者：黄欣蒸，男，博士后，从事植物挥发物介导的植物防御方向的研究；E-mail：huangxinzheng85@163.com

*** 通信作者：张永军，研究员；E-mail：yjzhang@ippcaas.cn

个杜松萜烯合成酶，它们的酶活产物组成了棉花诱导萜烯挥发物的主要部分。另外，超表达 *GhTPS*12 烟草植株释放大量的（3*S*）-芳樟醇，对棉铃虫雌成虫的产卵和烟蚜的取食具有显著的驱避作用。研究结果为通过调节植物挥发物的释放量来调控靶标害虫及其天敌的行为提供了新思路，有助于促进应用化学生态调控技术进行有害生物的绿色防控。

关键词：基因调控；棉铃虫；绿盲蝽；虫害诱导植物挥发物；酶活鉴定

Endosperm-specific Overexpression of a Transporter *ZmZIP5* Increases Zinc and Iron Contents in Maize Grains

Li Suzhen, Liu Xiaoqing, Zhou Xiaojin, Li Ye, Yang Wenzhu, Chen Rumei *

(*Department of Crop Genomics & Genetic Improvement, Biotechnology Research Institute, Chinese Academy of Agricultural Sciences, Beijing* 100081, *China*)

Maize is an important food and forage crop worldwide. In developing countries maize is a staple food to provide micro-nutrients, such as zinc and iron, for people living in rural areas. Understanding the uptake, transport and accumulation mechanism of essential nutrients in maize is of primary importance for improving the nutritional quality of this crop. The zinc-regulated transporters, iron-regulated transporter-like protein (ZIP) transporter is responsible for uptake and transport of divalent metal ion. *ZmZIP5*, identified in our lab previously, could complement the yeast growth defect of zinc and iron double mutants, and localized to the both endoplasmic reticulum and plasma membrane. In the present report, the GUS activity of *ZmZIP5*-promoter-GUS transgenic plants was observed in germinated seeds, young sheath, and stem. *ZmZIP5* constitutively overexpression (OXZmZIP5) and RNAi (ZmZIP5i) lines were generated. At the seedling stage, the zinc and iron contents were all increased in roots and shoots of overexpression lines while that were all decreased in RNAi lines. Unexpected, the zinc and iron contents in seeds of OXZmZIP5 and ZmZIP5i lines were decreased and unchanged, respectively. In order to enhance Zn/Fe contents in seeds, endosperm specific *ZmZIP5* overexpression lines were generated and both zinc and iron were increased in grains. These results indicate that *ZmZIP5* is responsible for the uptake and root-to-shoot translocation of Zn/Fe. Endosperm-specific overexpressing *ZmZIP5* could increase the zinc and iron contents in maize grains. The present study provides new insights into the role of *ZIP* genes in zinc and iron biofortification of cereal grains.

Key words: Maize; Zinc-regulated transporters; Iron-regulated transporter-like protein (ZIP); Zinc; Iron; Overexpression; RNAi; Endosperm

* Correspondence author: Chen Rumei; E-mail: chenrumei@caas.cn

苜蓿盲蝽触角转录组中化学感受膜蛋白的鉴定及表达谱分析*

Identification and Characterization of Distinct Expression Profiles of Candidate Chemosensory Membrane Proteins in the Antennal Transcriptome of *Adelphocoris lineolatus* (Goeze)

肖　勇[1,2**]，孙　亮[2,3**]，马晓玉[1,2]，董　昆[2]，刘航玮[2]，王　琪[2]，
郭予元[2]，刘泽文[1***]，张永军[2***]

（1. 南京农业大学植物保护学院，南京　210095；2. 中国农业科学研究院植物保护研究所/植物病虫害生物学国家重点实验室，北京　100193；3. 中国农业科学院茶叶研究所/农业部茶树生物学与资源利用重点实验室，杭州　310008）

嗅觉系统对于昆虫的生存和繁衍至关重要，昆虫利用灵敏的嗅觉可以特异性检测识别环境中的化学信号，从而引发相关的行为反应，如寄主定位、寻找配偶、产卵位点定位、躲避捕食者等。外界化学信号物质通过激活感觉神经元上的膜蛋白受体，进而产生神经信号传递到昆虫的中枢神经系统，引发昆虫的相关行为反应。化学感受膜蛋白包括气味受体（ORs），离子型受体（IRs），味觉受体（GRs）和感觉神经元膜蛋白（SNMPs），在昆虫嗅觉信号传导过程中发挥重要作用。ORs 和 IRs 主要表达在嗅觉神经元树突膜，参与挥发性气味物质的识别。GRs 主要表达在味觉神经元，识别的化合物多数为非挥发性物质。SNMPs 属于 CD36 家族，在嗅觉神经元上表达，位于树突的受体膜上，参与昆虫的嗅觉识别。

苜蓿盲蝽 *Adelphocoris lineolatus*（Goeze）属半翅目盲蝽科，是棉花生产上的一类重要害虫，每年在全世界对棉花产量都造成巨大的损失。1997 年，我国开始商业化种植转基因棉花，种植 Bt 棉花有效控制了棉铃虫等主要鳞翅目害虫的为害，化学农药的使用量也随之大幅减少，随之，棉田害虫生态位发生了一系列演替，该害虫已逐渐上升为棉田的主要害虫，对棉花以及周边农作物的生产造成严重的为害。苜蓿盲蝽为多食性害虫，为害寄

* 资助项目：国家“973”计划（2012CB114104）；国家自然科学基金项目（31171858，31321004，31501652，31471778）；国家重点实验室开放课题（SKLOF201514）

** 第一作者：肖勇，男，博士研究生，研究方向为昆虫分子生态学与害虫控制；E-mail：xiaoyongxyyl@163.com

孙亮，男，博士，研究方向为昆虫分子生态学与害虫控制；E-mail：liangsun@tricaas.com

*** 通信作者：刘泽文；E-mail：yjzhang@ippcaas.cn

张永军；E-mail：liuzewen@njau.edu.cn

主种类多达 29 科 125 种，每年对我国棉花、苜蓿等多种作物产量都造成严重损失。现阶段防治苜蓿盲蝽主要靠化学农药，这不仅导致其抗药性产生，而且对环境也造成了巨大的污染。因此，有必要发展环境友好、经济有效的防治方法。

因此，对苜蓿盲蝽嗅觉系统的深入研究，明确其嗅觉识别机制，对该害虫的防治提供新的思路方法。我们采用高通量测序平台（Illumina Hiseq）对苜蓿盲蝽触角进行转录组测序，并通过生物信息学方法筛选鉴定出 108 个化学感受膜蛋白：88 个气味受体（ORs），12 个离子型受体（IRs），4 个味觉受体（GRs）和 4 个感觉神经元膜蛋白（SNMPs），这其中有 90 个化学感受膜蛋白具有完整的开放阅读框。然后，采用半定量 RT-PCR 和荧光定量 qRT-PCR 技术解析了他们在不同组织和性别之间的表达谱。结果表明：几乎所有 108 个化学感受膜蛋白在触角高表达并且一些基因在不同性别之间显示出显著差异的表达。对苜蓿盲蝽化学感受膜蛋白基因的系统发育分析和其在不同组织和性别之间的表达图谱的研究，为更进一步探究苜蓿盲蝽和其他半翅目昆虫复杂的嗅觉系统奠定了分子基础，同时，也帮助我们利用化学感受膜蛋白基因作为靶标来设计昆虫嗅觉行为调控新策略，从而为害虫防止提供新方法和新途径。

关键词：苜蓿盲蝽；化学感受膜蛋白；触角转录组分析；组织表达谱；嗅觉感知

水蜡树果实总黄酮抗氧化活性初探*

Antioxidant Activity of Total Flavonoids from *Ligustrum obtusifolium* Fruit

史晓晶**，张悦悦，郭　军，吴　婷，李　丹

（忻州师范学院生物系，忻州　034000）

水蜡树（*Ligustrum obtusifolium* Sieb. et Zuce.）是木犀科女贞属中的一种落叶灌木（余蕾，2015），因具有较强的抗寒、抗旱能力，生长对土壤的要求不严，故在我国很多城市作为绿化植物进行栽培（冯海华，2013）。水蜡树叶片中含有大量的多酚类、酚苷类物质，具抗心肌缺血、抗氧化、降血脂、降血糖、抗肿瘤等作用（Hamdi and Castellon，2005；Al-Azzawie and Alhamdani，2006；Andreadou et al.，2006；Lee et al.，2009）；果实具有降高血糖的作用（Lee et al.，2009）。

正常情况下，生物体内的各种抗氧化物质和抗氧化酶可将细胞代谢活动产生的活性氧的浓度维持在稳定的范围内（李兴太等，2016）。如果这种平衡被打破，活性氧过量则会引起氧化应激，促进细胞中脂质、蛋白质、DNA 和 RNA 的氧化损伤，抑制细胞的正常功能（Gülçin et al.，2010，2012）。人类的多种疾病，如肿瘤（Tamura et al.，2014）、衰老（Liochev，2013）、炎症、心脑血管（Santos et al.，2014）等，都与自由基造成的损伤有关。而黄酮类化合物是一种在自然界广泛分布的多酚类抗氧化剂，可有效清除体内的活性氧。目前，国内对黄酮的提取工艺及抗氧化活性等方面的研究较多，但涉及水蜡树果实总黄酮的抗氧化活性并未深入探讨。水蜡树果实资源丰富，且含有的较多生物活性物质，根据赵美莲等（2018）的提取工艺提取水蜡树果实总黄酮并对其初纯化后，采用小鼠离体组织试验来评价水蜡树果实总黄酮的抗氧化活性。1g/L、2g/L、4g/L 和 6g/L 水蜡树果实总黄酮均可显著抑制离体条件下小鼠肝匀浆中丙二醛的生成（$P < 0.05$）。Fe^{2+} 和 H_2O_2 都可诱导自由基的产生。在 $FeSO_4$ 诱导体系中，0.5~6g/L 总黄酮可明显降低小鼠肝匀浆中丙二醛的生成（$P < 0.05$）；在 H_2O_2 诱导体系中，浓度在 2~6g/L 的总黄酮可显著抑制小鼠肝匀浆中丙二醛的生成（$P < 0.05$）。过高浓度的抗坏血酸溶液（0.5 mmol/L）对 Fe^{2+} 诱导的氧化损伤具有明显的增强作用（马爱国和刘四朝，2001）。因此，在 Fe^{2+} 与高浓度抗坏血酸共同的诱导作用下，小鼠肝线粒体膜发生脂质过氧化、通透性增加，造成线粒体的肿胀和损伤，表现为光密度值下降（梅光明等，2014）。但水蜡树果实总黄酮（2g/L 和 10g/L）对这种诱导作用所导致的肝线粒体肿胀和损伤具有明显的抑制作用。另外，2g/L 和 10g/L 水蜡树果实总黄酮还可显著降低正常的小鼠红细胞和 H_2O_2 诱导的小鼠红细胞溶血度，保护红细胞膜，抑制红细胞的氧化损伤。

---

* 资助项目：忻州师范学院博士科研启动项目（2016）；忻州师范学院科研基金资助项目（201716）

** 通信作者：史晓晶，女，副教授，从事天然活性产物与环境毒理研究；E-mail：xzsysxj@sina.com

可见，水蜡树果实总黄酮对小鼠肝组织、肝线粒体和红细胞的自发性过氧化和诱导脂质过氧化均有显著弱化效应。该结果可为水蜡树果实的深加工提供了一定的理论基础，但目前对于水蜡树果实总黄酮对动物的研究尚处于起步阶段，还需进一步明确水蜡树果实总黄酮在体内的作用机制，以期使水蜡树果实这种特种资源成为经济优势，为我国丰富的水蜡树果实资源的开发和利用提供更为有力的依据。

关键词：水蜡树果实；总黄酮；抗氧化活性；丙二醛

参考文献

冯海华 . 2013. 水蜡树的观赏特性及在城市绿化中的应用［J］. 河北林业科技，(4)：92-94.

马爱国，刘四朝 . 2000. 不同剂量维生素 C 对 DNA 氧化损伤影响的研究［J］. 营养学报，23（1）：12-15.

梅光明，张小军，郝强，等 . 2014. 酸提香菇多糖的抗氧化活性研究［J］. 浙江海洋学院学报（自然科学版），33（5）：406-413.

李兴太，张春英，仲伟利，等 . 2016. 活性氧的生成与健康和疾病关系研究进展［J］. 食品科学，37（13）：257-270.

余蕾 . 2015. 水蜡果实色素的提取及色素性质的研究［J］. 食品研究与开发，36（21）：72-74.

赵美莲，于春艳，史晓晶 . 2018. 水蜡树果实总黄酮提取工艺优化及其抗氧化活性［J］. 福建农业学报，33（2）：206-211.

Andreadou I，Iliodromitis E K，Mikros E，et al. 2006. The olive constituent oleuropein exhibits anti-ischemic，antioxidative，and hypolipidemic effects in anesthetized rabbits［J］. J Nutr，136（8）：2213-2219.

Al-Azzawie H F，Alhamdani M S. 2006. Hypoglycemic and antioxidant effect of oleuropein in alloxan-diabetic rabbits［J］. Life Sci，78（12）：1371-1377.

Gülçin I，Elias R，Gepdiremen A，et al. 2010. Antioxidant activity of bisbenzylisoquinoline alkaloids from *Stephania rotunda*：cepharanthine and fangchinoline［J］. J Enzym Inhib Med Ch，25（1）：44-53.

Gülçin I，Elmastaş M，Aboul-Enein H Y. 2012. Antioxidant activity of clove oil：a powerful antioxidant source［J］. Arab J Chem，5（4）：489-499.

Hamdi H K，Castellon R. 2005. Oleuropein，a non-toxic olive iridoid，is an anti-tumor agent and cytoskeleton disruptor［J］. Biochem Bioph Res Co，334（3）：769-778.

He Z D，But P P，Chan T D，et al. 2001. Antioxidative glucosides from the fruits of *Ligustrum lucidum*［J］. Chem Pharm Bull，49（6）：780-784.

Lee S I，Oh S H，Park K Y，et al. 2009. Antihyperglycemic effects of fruits of privet（*Ligustrum obtusifolium*）in streptozotocin-induced diabetic rats fed a high fat diet［J］. J Med Food，12（1）：109-117.

Liochev S I. 2013. Reactive oxygen species and the free radical theory of aging［J］. Free Radical Bio Med，60（10）：1-4.

Santos C X C，Nabeebaccus A A，Shah A M，et al. 2014. Endoplasmic reticulum stress and nox-mediated reactive oxygen species signaling in the peripheral vasculature：potential role in hypertension［J］. Antioxid Redox Sign，20（1）：121-134.

Tamura M，Matsui H，Tomita T，et al. 2014. Mitochondrial reactive oxygen species accelerate gastric cancer cell invasion［J］. J Clin Biochem Nutr，54（1）：12-17.

烟草青枯病感病与健康烟株不同部位真菌群落结构及多样性分析*

Fungal Community Structure and Diversity in Different Parts of Tobacco Between Bacterial Wilt and Healthy Plants

向立刚[1,2]**，汪汉成[2]***，陈兴江[2]，余知和[1]***
（1. 长江大学生命科学学院，荆州 434025；2. 贵州省烟草科学研究院，贵阳 550081）

烟草青枯病是由茄科雷尔氏菌（*Ralstonia solanacearum*）引起的一种典型的土传维管束病害，可侵染烟株根、茎、叶等多个部分。为了解青枯病感病与健康烟株不同部位真菌群落的差异，本文采用 Illumina 高通量测序技术分析了青枯病感病与健康烟株植烟土壤、感病烟株病茎处样品和病健交界部位样品，以及健康烟株相同部位样品的真菌群落结构及多样性。土壤样品多样性分析结果表明：青枯病感病与健康烟株植烟土壤在门水平上的优势真菌均为 Ascomycota、Zygomycota 和 Basidiomycota，在感病植株植烟土壤中所占比例分别为 54.12%、36.67%、6.16%；在正常植株植烟土壤中所占比例为 68.09%、24.73%、5.59%。感病烟株植烟土壤中 Ascomycota 含量显著低于健康烟株，Zygomycota 含量显著高于健康烟株。在属水平上，感病烟株植烟土壤的优势真菌为 *Mortierella*（28.61%）、*Fusarium*（24.38%）、*unclassified_ c_ norank_ p_ Zygomycota*（8.05%）、*Boeremia*（6.34%）和 *Cryptococcus*（4.28%）等，健康烟株植烟土壤的优势真菌为 *Fusarium*（42.05%）、*Mortierella*（24.70%）、*unclassified_ f_ Chaetomiaceae*（3.84%）、*Cryptococcus*（3.13%）和 *Trichoderma*（3.60%）等。感病烟株植烟土壤中 *Fusarium*、*unclassified_ f_ Chaetomiaceae* 和 *Trichoderma* 的含量显著低于健康烟株植烟，*unclassified_ c_ norank_ p_ Zygomycota* 和 *Boeremia* 的含量显著高于正常植烟。茎秆感病部位样品多样性分析结果表明：感病烟株病茎样品与健康烟株相同部位样品在门水平上的优势真菌均为 Ascomycota 和 Basidiomycota，在感病烟株上所占比例分别为 58.29% 和 35.63%，在健康植株上所占比例分别为 32.35% 和 39.35%。感病烟株病茎样品中 Ascomycota 含量显著高于健康烟株茎秆样品。在属水平

---

* 基金项目：中国博士后科学基金（2017M610585）；中国烟草总公司科技项目（110201601025（LS-05），110201502003）；贵州省科技厅优秀青年人才培养计划（黔科合平台人才［2017］5619）；中国烟草总公司贵州省公司科技项目（201305，201711，201714）

** 第一作者：向立刚，硕士研究生，主要从事烟草病虫害防治技术研究；E-mail：1475206901@qq.com

*** 通信作者：汪汉成，博士，研究员，主要从事植物保护和微生物学方面研究；E-mail：xiaobaiyang126@hotmail.com

余知和，博士，教授，主要从事微生物学教学及真菌与植物真菌病害研究；E-mail：zhiheyu@hotmail.com

上，感病烟株病茎样品优势真菌为 *Cryptococcus*（22.12%）、*Monographella*（33.25%）、*Coprinopsis*（11.82%）和 *Fusarium*（9.64%），健康烟株相同部位样品优势真菌为 *Cryptococcus*（33.52%）、*unclassified_ k_ Fungi*（28.44%）和 *Alternaria*（24.43%）。感病烟株病茎样品中 *Cryptococcus*、*unclassified_ k_ Fungi* 和 *Alternaria* 的含量显著低于健康烟株样品，*Monographella*、*Coprinopsis* 和 *Fusarium* 的含量显著高于健康烟株样品。茎秆病健交界部位样品多样性分析结果表明：感病烟株病健交界样品在门水平上的优势真菌为 Ascomycota、Basidiomycota 和 unclassified_ k_ Fungi，所占比例分别为 32.68%、61.64% 和 6.10%；健康烟株相同部位样品的优势真菌为 Ascomycota 和 Basidiomycota，所占比例分别为 73.44%和 26.52%。感病烟株病健交界样品中 Ascomycota 含量显著低于健康烟株样品，Basidiomycota 含量显著高于健康烟株样品。在属水平上，感病烟株病健交界样品中优势真菌为 *Cryptococcus*（33.09%）、*Rhodotorula*（25.50%）、*Monographella*（15.97%）和 *unclassified_ f_ Davidiellaceae*（5.72%），健康烟株相同部位样品中优势真菌为 *Fusarium*（45.43%）、*Cryptococcus*（23.86%）、*Alternaria*（19.93%）和 *Gibberella*（4.38%）。其中感病烟株病健交界部位样品 *Cryptococcus*、*Rhodotorula* 和 *Monographella* 含量显著高于健康烟株相同部位样品，*Fusarium*、*Alternaria* 和 *Gibberella* 含量显著低于健康烟株相同部位样品。为此，青枯病感病植株与健康植株各部位样品在真菌多样性上存在较大差异，感青枯病烟株各部位样品真菌多样性较健康烟株相应部位样品高，研究结果明确了青枯病感病与健康烟株不同部位真菌群落结构和多样性，有利于烟草青枯病的防治；同时也为今后了解病害的发生与环境真菌多样性的关系提供了参考。

关键词：烟草；青枯病；真菌；群落结构；多样性

黄瓜枯萎病菌强、弱致病力菌株的比较转录组分析*

Transcriptome Analysis of Virulence-Differentiated *Fusarium oxysporum* f. sp. *cucumerinum* Isolates during Cucumber Colonisation Reveals Pathogenicity Profiles

黄晓庆**，卢晓红，孙漫红，李世东***

（中国农业科学院植物保护研究所，北京 100193）

黄瓜枯萎病由尖孢镰刀菌黄瓜专化型（*Fusarium oxysporum* f. sp. *cucumerinum*，Foc）侵染引起，在我国各黄瓜种植区普遍发生，是制约黄瓜生产的主要病害之一。本实验室之前的研究结果表明，将致病力偏弱的黄瓜枯萎病菌在抗病黄瓜品种上继代培养5代后，病原菌的致病力显著增强，为进一步揭示病原菌致病力的变异机制，本文以初始的弱致病力菌株foc-3b及抗病品种诱导的强致病力菌株Ra-4为实验材料，研究侵入寄主植物后不同菌株的基因表达模式。通过将GFP基因标记到弱致病力菌株foc-3b上，在激光共聚焦显微镜下观察病原菌侵染黄瓜的过程。将强、弱致病力菌株分别接种到黄瓜幼苗上，在侵染前期和后期分别取样，同时以体外培养的0h作为对照，提取RNA，构建cDNA文库，进行转录组的测序和分析，根据基因的差异表达情况，进一步筛选致病力分化相关基因。结果表明，接种黄瓜幼苗24h后，在根毛处观察到有少量孢子聚集，有些孢子开始萌发；接种36h，少量菌丝已经侵入根部，并且随着接种时间的延长，根部的菌丝逐渐增多，到了120h，菌丝在根部细胞内大量的扩展和蔓延，并且大部分的黄瓜苗表现枯萎症状，因此以24h和120h分别作为侵染的初期和后期。转录组分析结果表明：弱致病力菌株在侵染黄瓜过程中，与对照（0h）相比，共检测到1 073个基因上调表达，同时1 585个基因下调表达。而强致病力菌株在寄主植物的诱导下，共有1 324和1 534个基因分别上调和下调表达。对上述不同菌株在不同取样点获得的差异表达基因（DEGs）进一步分析，发现有190个上调和360个下调表达基因无论是强致病力菌株还是弱致病力菌株中，侵入寄主植物后相对于侵染前均发生了差异表达，推测这些基因可能与病原菌的侵染密切相关。对这些DEGs参与的生物学过程进行分析，发现与代谢过程相关的基因所占比例最大，包括碳水化合物代谢、氨基酸代谢等。与蛋白质转运有关的次之，包括MFS，ATPases转座子以及

* 基金项目：现代农业产业体系项目“国家大宗蔬菜产业技术体系”（CARS-25-B-02）和国家重点研发计划“化学肥料和农药减施增效综合技术研发”（2016YFD0201000）

** 第一作者：黄晓庆，博士，主要从事黄瓜枯萎病菌和葡萄霜霉病菌的致病力分化及群体遗传多样性研究；E-mail：huangxiaoqing0718@126.com

*** 通信作者：李世东，博士，研究员，主要从事土传病害生态学及其综合治理、生物农药研发和应用等研究；E-mail：sdli@ippcaas.cn

氨基酸跨膜转运相关转座子等，另外，氧化还原及细胞壁降解酶等相关的基因也占很大的比例。与弱致病力菌株相比，强致病力菌株在侵染过程中特异性的上调表达了 582 个基因，其中侵染前期特异性上调表达的有 216 个，侵染后期有 296 个。同时也有 564 个基因发生了特异性下调表达。侵染寄主植物后，这些基因在强致病力菌株中的特异性表达可能与病原菌的致病力分化密切相关。对于特异上调的基因，在两个不同的侵染阶段均是与代谢过程相关的基因所占比例最高，并且一些与碳代谢相关的参与氧化磷酸化过程的基因只在 24h 特异性表达。其次，氧化还原过程相关的基因也占比例较高。紧接着依次为蛋白质转运相关，生物过程调控及大分子修饰相关等，另外，还有一些基因与应对环境胁迫及信号转导相关。对于特异性下调的基因，在侵染前期，22%与代谢相关，17. 9%与氧化还原相关，17%与蛋白质转运相关，13. 8%与大分子修饰相关。侵染后期，转运蛋白与氧化还原过程相关的最多，其余依次为代谢、生物学调控及大分子修饰等。这些强、弱致病力菌株共有的及强致病力菌株中特有的 DEGs 的获得，为进一步研究黄瓜枯萎病菌致病力分化的机制奠定了基础。

关键词：黄瓜枯萎病菌；致病力分化；转录组分析；致病相关基因

溴氰虫酰胺亚致死剂量对二点委夜蛾卵巢发育的影响*

Effects of Sublethal Dosage of Cyantraniliprole on the Ovary Development of *Athetis lepigone*

安静杰**，邢馨竹，李耀发，党志红，潘文亮，高占林***
（河北省农林科学院植物保护研究所，河北省农业有害生物综合防治工程技术研究中心，农业部华北北部作物有害生物综合治理重点实验室，保定 071000）

目前对于玉米害虫二点委夜蛾 *Athetis lepigone*（Möschler）有效的防治方法，主要依靠化学防治。由于药剂在环境中的降解或虫体接触到亚致死剂量的药剂易产生亚致死效应。而且研究证明害虫在亚致死剂量的胁迫下通常会对其繁殖力产生显著影响。因此，研究溴氰虫酰胺亚致死剂量对二点委夜蛾卵巢发育的影响，为探讨亚致死效应影响害虫繁殖力的作用机制提供理论依据。本研究利用溴氰虫酰胺亚致死剂量（LC_{10}和LC_{25}）处理二点委夜蛾3龄幼虫后，发现其雌成虫的单雌产卵量分别为317.89粒和268.32粒，与对照337.83粒相比，单雌产卵量随着亚致死浓度的增加而减少，且LC25处理的单雌产卵量显著低于对照。利用光学显微镜解剖观察二点委夜蛾雌成虫卵巢，发现对照种群的卵巢比重到第6d达到最大值54.00%，显著高于亚致死剂量LC_{10}和LC_{25}处理，随后开始下降。而用亚致死剂量LC_{10}和LC_{25}处理后，卵巢比重均是在第7d达到最大值，分别为45.16%和59.42%，均显著高于对照，随后开始下降。在卵巢管长度方面，对照种群在第3天达到最长值17.07mm，随后逐渐缩短；亚致死剂量LC_{10}和LC_{25}处理二点委夜蛾，羽化后前三天也是随着发育时间而逐渐增长，但在第4天开始萎缩，随后分别在第6天和第7天又有所伸长，达到最长值20.01mm和19.01mm，之后再缩短。未经药剂处理的对照二点委夜蛾卵巢内成熟卵数量在第4天达到高峰136.25粒，随后开始下降。而经亚致死浓度LC_{10}和LC_{25}处理后，卵巢内成熟卵数量则分别在第5天和第6天达到最大值（172.67和178.50）。综上所述，亚致死浓度的溴氰虫酰胺（LC_{10}和LC_{25}）处理后与对照相比，前者的卵巢比重、卵巢管长度和成熟卵数量的最大值均明显滞后于后者，表明溴氰虫酰胺亚致死浓度处理后，成虫卵巢发育的高峰期明显滞后，但其成虫寿命并未增加，这可能是导致亚致死剂量处理后二点委夜蛾产卵量下降的主要原因之一。

关键词：二点委夜蛾；溴氰虫酰胺；亚致死效应；卵巢发育

---

* 资助项目：国家自然科学基金项目（C140202）；国家重点研发计划（2016YFD0300705）

** 第一作者：安静杰，女，副研究员，研究方向为农业害虫综合防治技术；E-mail：anjingjie147@163.com

*** 通信作者：高占林；E-mail：gaozhanlin@sina.com

桃蚜报警信息素结合蛋白的鉴定及功能分析
Identification and Functional Analysis of the Alarm Pheromone Binding Proteins in the Green Peach Aphid *Myzus persicae*

王　倩，李显春，谷少华*
（中国农业科学院植物保护研究所，植物病虫害生物学国家重点实验室，北京　100193）

桃蚜（*Myzus persicae*）是一种具有严重破坏性的多食性害虫。除直接取食为害外，可以传播 100 多种植物病毒病，包括马铃薯卷叶病毒（Eskandari et al.，1979），黄瓜花叶病毒（Bwye et al.，1997）。目前防治蚜虫主要利用广谱性的杀虫剂，主要是有机磷酸酯，拟除虫菊酯和新烟碱类杀虫剂。杀虫剂的过度使用不仅会使桃蚜产生抗药性，而且会造成环境污染。因此，需要开发一种新型的蚜虫防控技术。昆虫利用它们灵敏的嗅觉器官，主要是触角来感知世界。同其他昆虫一样，蚜虫利用植物挥发物和物种间的特异性化学信号来定位寄主植物，交配和躲避天敌（Pickett and Glinwood，2007）。如当蚜虫受到外界攻击时会释放报警信息素来通知周围其他的蚜虫进行有效躲避，甚至攻击捕食者（Arakaki，1989）。在嗅觉识别过程中，气味结合蛋白（odorant binding proteins，OBPs）和化学感受蛋白（chemosensory proteins，CSPs）扮演着重要角色。因此，我们可以通过挖掘桃蚜的嗅觉基因，阐明蚜虫的嗅觉机制，从而阻断蚜虫的化学通讯达到害虫防治的目的。

本研究首先开发了桃蚜的人工饲料，并能成功饲养 10 代，这为开展后续试验提供了统一化的标准试虫。通过桃蚜的基因组和转录组分析，鉴定到 *OBPs* 和 *CSPs* 基因各 9 个。组织表达谱分析明确了 3 个 *OBPs* 基因 *MperOBP*6/7/10 为触角特异性表达，*MperOBP*2/4/5/8/9 基因主要在触角中表达，只有 *MperOBP*3 基因在触角中的表达量低于在身体中的表达量。对 23 种半翅目昆虫的 237 个 OBPs 和 11 种半翅目昆虫的 110 个 CSPs 分别进行了进化分析，发现蚜虫的 OBPs 和 CSPs 同盲蝽和飞虱的相分离，都分化成了不同的亚家族，并且同一个亚家族的旁系同源（paralogous）OBPs 或 CSPs 在蚜虫不同种之间高度保守，说明这些相同的亚家族基因来源于同一个祖先基因。桃蚜 9 个 *OBPs* 和 9 个 *CSPs* 基因组结构分析发现蚜虫 *OBPs* 基因的内含子数目以及长度都显著高于 *CSPs* 基因，并且发现 *MperOBP*3/7/8、*CSP*1/4/6、*CSP*2/9、*CSP*5/8 位于同一条 scaffold 上。我们同时在豌豆蚜与大豆蚜的 *OBPs* 和 *CSPs* 基因结构分析中发现 *OBP*3/7/8、*CSP*1/4/6、*CSP*2/9 和 *CSP*5/8 基因均串联在同一条 scaffold。不同蚜虫物种间的 *OBPs* 和 *CSPs* 在基因结构上的保守性说明这些 *OBPs* 和 *CSPs* 基因来源于基因复制事件。对 5 种不同蚜虫（桃蚜、棉蚜、豌豆蚜、大豆蚜和麦长管蚜）的 45 个 OBPs 和 41 个 CSPs 的 motif 及其分布模式进行了分析，均发现了 8 个保守的 motif。45 个 OBPs 共有 13 种 motif 分布模式，但 CSPs 的 motif 分布模式比 OBPs 更加保守，仅仅有 5 个。我们同时分析了 18 种半翅目昆虫的 199 个 OBPs 和 103 个

* 通信作者：谷少华，副研究员；E-mail：shgu@ippcaas.cn

CSPs 的 motif 分布模式。199 个半翅目昆虫共有 51 个不同的 motif 分布模式，其中 102 个 OBPs（51.3%）有着最常见的 6 种 motif 分布模式。103 个 CSPs 共有 17 个不同的 motif 分布模式，其中 75 个 CSPs（72.8%）有着最常见的 4 种 motif 分布模式。通过分析半翅目的 motif 分布模式，同样可以发现在半翅目中 CSPs 比 OBPs 更加保守。

我们克隆、表达和纯化了 8 种桃蚜气味结合蛋白 MperOBP2-9，以 1-NPN 为荧光探针利用荧光竞争结合实验研究了 8 种 OBP 蛋白和桃蚜报警信息素、性信息素及 14 种植物挥发物的结合能力。结果表明，MperOBP3/7/9 与 EBF 的结合能力很强，结合常数 Ki 值分别为 2.47μmol/L、1.07μmol/L、5.02μmol/L，是 EBF 的主要结合蛋白。植物挥发物己酸己酯与 OBP3 和 OBP9 具有很强的结合能力，结合常数分别为 5.54μmol/L 和 1.99 μmol/L。OBP7 与己酸己酯和橙花叔醇结合能力中等，结合常数分别为 9.33μmol/L、6.74μmol/L。没有发现能与性信息素特异性结合的蛋白。因此，上述 3 个 OBPs 基因可作为开展蚜虫生物防治的重要靶标基因。

关键词：气味结合蛋白；化学感受蛋白；化学通讯；人工饲料

参考文献

Arakaki N. 1989. Alarm pheromone eliciting attack and escape responses in the sugar cane woolly aphid, *Ceratovacuna lanigera*（Homoptera, Pemphigidae）[J]. J Ethol, 7: 83-90.

Bwye A M, Proudlove W, Berlandier F A, et al. 1997. Effects of applying insecticides to control aphid vectors and cucumber mosaic virus in narrow-leafed lupins（*Lupinus angustifolius*）[J]. Aus J Exp Agr, 37: 93-102.

Eskandari F, Sylvester E S, Richardson J. 1979. Evidence for lack of propagation of potato leaf roll virus in its aphid vector, *Myzus persicae* [J]. Phytopathology, 69: 45-47.

Pickett J A, Glinwood R T. 2007. Chemical ecology. In: Van Emden H F, Harrington R, eds. *Aphids as crop pests* [M]. UK: CAB International Press, 235-260.

中红侧沟茧蜂感觉神经元膜蛋白（SNMP）的基因克隆与表达研究*

Gene Cloning and Expression Analysis of Sensory Neuron Membrane Proteins SNMPs in the Parasitoid Wasp, *Microplitis mediator* (Hymenoptera: Braconidae)

单　双**，王山宁，宋　玄，陶宇逍，李仔博，张　旭，张永军***
（中国农业科学院植物保护研究所，植物病虫害生物学国家重点实验室，北京　100193）

中红侧沟茧蜂 *Microplitis mediator*（Haliday）（膜翅目，茧蜂科），是棉铃虫 *Helicoverpa armigera*（Hübner）和黏虫 *Mythimna separata*（Walker）的主要寄生性天敌，同时也寄生夜蛾科其他昆虫，寄主范围多达 40 余种，是一种重要的寄生性天敌昆虫（Arthur and Mason，1986；Khan，1999；Mason et al.，2001）。目前我国已实现了该蜂的大量繁殖，并通过人工释放用于棉铃虫等重要害虫的生物防治（Li et al.，2006）。寄生蜂通过灵敏的化学感受系统在复杂的外界环境中精准定位寄主，进而完成自身的生存繁衍，同时控制害虫种群密度。因此开展中红侧沟茧蜂化学识别机制的研究，有助于通过调控寄生蜂化学识别行为使其在害虫生物防治中得到更好的应用。感觉神经元膜蛋白（SNMP）是昆虫中与人类脂肪酸转运蛋白 CD36 家族同源的一类化学感受相关蛋白，研究表明，在果蝇和部分鳞翅目昆虫中 SNMP1 主要表达于触角中性信息素敏感神经元并参与性信息素的识别（Rogers et al.，1997，2001b；Benton et al.，2007；Jin et al.，2008）。为了明确 SNMP 在寄生蜂化学感受中的作用，我们以中红侧沟茧蜂为研究对象，通过基因鉴定、组织表达及定位分析，明确 SNMP 的表达特性，为进一步的功能研究奠定基础。

本研究在中红侧沟茧蜂中鉴定了两个 SNMP 基因，分别为 *MmedSnmp*1 和 *MmedSnmp*2。进化分析及序列比对结果显示，SNMPs 在不同目昆虫中较为保守，时空表达模式研究结果显示，*MmedSnmp*1 在成虫触角中表达量显著高于其他组织及时期，且在雄虫触角中表达量高于雌虫；而 *MmedSnmp*2 在蛹期半黑化阶段表达量显著增高，在随后的生长发育中维持恒定，并且在雌雄成虫各组织中均有表达，表达量无显著差异。因此，随后的研究主要集中于成虫触角高表达并可能参与化学感受的 *MmedSnmp*1。原位杂交研究结果显示，*MmedSnmp*1 广泛分布于雌雄成虫触角各鞭节内的神经元细胞簇中，并且与 RT-qPCR 结果一致，该基因在雄虫触角中的表达量高于雌虫，推测其可能参与雄虫对性

* 基金项目：国家自然科学基因（31701800，31772176，31621064，31672038，31471778）
** 第一作者：单双，博士研究生；E-mail：shanshuang@cau.edu.cn
*** 通信作者：张永军，研究员；E-mail：yjzhang@ippcaas.cn

信息素的识别。

本研究初步明确了中红侧沟茧蜂 SNMP 的表达特性，为功能研究奠定基础，为进一步了解 SNMP 在寄生蜂化学感受中的作用机制提供依据，进而在实际生产中通过人为调控寄生蜂化学识别行为，使其在害虫生物防治中发挥更大作用。

关键词：棉铃虫；寄生蜂；感觉神经元膜蛋白；生物防治；原位杂交

参考文献

Arthur A P, Mason P G. 1986. Life history and immature stages of the parasitoid *Microplitis mediator* (Hymenoptera: Braconidae), reared on the bertha armyworm *Mamestra configurata* (Lepidoptera: Noctuidae) [J]. Canadian Entomologist, 118 (5): 487-491.

Benton R, Vannice K S, Vosshall L B. 2007. An essential role for a CD36-related receptor in pheromone detection in *Drosophila* [J]. Nature, 450 (7167): 289-293.

Jin X, Ha T S, Smith D P. 2008. SNMP is a signaling component required for pheromone sensitivity in *Drosophila* [J]. Proceedings of the National Academy of Sciences of the United States of America, 105 (31): 10996-11001.

Khan S M. 1999. Effectiveness of *Microplitis mediator* (Hymenoptera: Braconidae) against its hosts *Agrotis segetum* and *A. ipsilon* (Lepidoptera: Noctuidae) [J]. Pakistan Journal of Biological Sciences, 2 (2): 81-91.

Li J C, Yan F M, Coudron T A, et al. 2006. Field release of the parasitoid *Microplitis mediator* (Hymenoptera: Braconidae) for control of *Helicoverpa armigera* (Lepidoptera: Noctuidae) in cotton fields in northwestern China' s Xinjiang province [J]. Environmental Entomology, 35 (3): 694-699.

Mason P G, Erlandson M A, Youngs B J. 2001. Effects of parasitism by *Banchus flavescens* (Hymenoptera: Ichneumonidae) and *Microplitis mediator* (Hymenoptera: Braconidae) on the *Bertha armyworm*, *Mamestra configurata* (Lepidoptera: Noctuidae) [J]. Journal of Hymenoptera Research, 10 (1): 81-90.

Rogers M E, Sun M, Lerner M R, et al. 1997. SNMP-1, a novel membrane protein of olfactory neurons of the silk moth *Antheraea polyphemus* with homology to the CD36 family of membrane proteins [J]. Journal of Biological Chemistry, 272 (23): 14792-14799.

Rogers M E, Steinbrecht R A, Vogt R G. 2001b. Expression of SNMP-1 in olfactory neurons and sensilla of male and female antennae of the silk moth *Antheraea polyphemus* [J]. Cell and Tissue Research, 303 (3): 433-446.

小麦植株体表最适消毒方法的筛选*

Selection of the Optimum Disinfection Method for Wheat Plant Surface

蔡　新**，何玲敏***

（安阳工学院，安阳　455000）

内生菌长期生活在植物体内的特殊环境并与宿主协同进化，对植物的生长发育和抗逆过程起着非常重要的作用，并且在生物防治方面比根围、叶围等微生物更具有应用潜力。开展小麦内生菌多样性研究，可为小麦重要病虫害的生物防治提供候选菌株。在小麦内生菌多样性研究中，体表消毒方法的选择对小麦内生菌多样性的大小起着关键作用。小麦植株体表消毒不彻底或过于彻底，均会影响小麦内生菌多样性的调查结果。为准确全面地了解小麦内生菌多样性，本研究对小麦体表的消毒方法进行筛选和优化。通过以下两种方案：①无菌水（冲洗 3 次），75%乙醇（各组织部位设置时间梯度），10%次氯酸钠（各组织部位设置时间梯度）；②无菌水（冲洗 3 次），75%乙醇（各组织部位设置时间梯度），0.1%升汞（各组织部位设置时间梯度），最终获得小麦植株体表最佳消毒方法为：各组织部位用自来水冲洗干净，无菌水（冲洗 3 次），75%乙醇（30 s），0.1%升汞（根部 6~8min，茎 4~5min，叶 2~3min，籽粒 5~8min），无菌水冲洗 5~6 次。小麦植株体表最适消毒方法的建立，为后期准确了解小麦内生菌多样性和种群结构研究奠定了基础。

关键词：小麦；消毒方法；内生菌；多样性

---

* 资助项目：安阳工学院博士科研启动基金项目（BSJ2018015）

** 第一作者：蔡新，男，实验员，研究方向为植物病害生物防治；E-mail：790907929@qq.com

*** 通信作者：何玲敏；E-mail：348210843@qq.com

蓝莓根腐病生防菌的筛选研究*

The Strains Screening of Biological Control for Blueberry Root Rot

祝友朋**，蔡旺芸，韩长志***

（西南林业大学生物多样性保护与利用学院，昆明 650224）

蓝莓具有重要的营养价值和保健价值，其果实具有丰富的营养成分，诸如蛋白质、维生素等常规营养成分含量十分丰富，矿物质和微量元素含量也相当可观，产品有鲜果蓝莓和加工蓝莓两类，具有重要的开发利用价值。近些年，随着云南省蓝莓种植面积逐年扩大，蓝莓上病害的发生发展情况日益严重，严重影响着以蓝莓果实为原料的后续产品的开发和利用，极大地阻碍了蓝莓产业的健康、有序和快速发展。目前对于蓝莓上病害的研究报道较多，常见病害有溃疡病、根瘤病、灰霉病、炭疽病、僵果病、枝枯病、锈病、白粉病、叶斑病、根腐病等。

近几年，蓝莓根腐病作为云南多地蓝莓生产上重要的真菌病害之一，对蓝莓的生长产生了严重的影响。该病害通常造成蓝莓倒苗甚至死株，严重时常导致蓝莓绝产，极大地危害着云南蓝莓产业发展。目前，学术界对蓝莓根腐病病原的报道不尽相同，特别是对于云南蓝莓根腐病的病原缺乏深入研究，同时，蓝莓根腐病的防治在蓝莓生命周期以及周年管理中都具有重要的地位和作用。针对蓝莓根腐病的防治及时到位，对延长结果年限，增长蓝莓寿命具有重要意义。对结果期果园当年产量大小，质量好坏，优质果率高低都具有较大的影响。控制蓝莓根腐病发生、蔓延和确保果品安全对果业可持续发展起着保驾护航的作用。鉴于蓝莓具有较高的经济价值和人们对绿色食品的逐渐认可，对根腐病的防治不能仅依赖于传统化学农药的治疗，急需开发符合绿色生产要求、适用于实际生产的优良药剂。

本研究通过对位于云南省曲靖市蓝莓种植基地中蓝莓根腐病病害标本采集以及病原菌分离纯化，通过柯赫氏法则验证、形态学及分子生物学鉴定，明确引起蓝莓根腐病的病原为尖孢镰刀菌（*Fusarium oxysporum*）；同时，采用土壤平板稀释法对蓝莓种植地根际土壤进行菌株的分离，土壤稀释度为 $10^{-7} \sim 10^{-2}$，抽取 1ml 分别涂布到 PDA 培养基和牛肉膏蛋白胨培养基上培养进行真菌和细菌菌株的分离。通过平板对峙培养法测定菌株对尖孢镰刀

---

* 基金项目：国家级大学生创新创业训练计划项目“蓝莓根腐病生防菌的筛选研究”（项目编号：201710677013）；云南省森林灾害预警与控制重点实验室开放基金项目（ZK150004）；西南林业大学大学生科技创新项目（C16094）

** 第一作者：祝友朋，男，硕士研究生；E-mail：3420204485@qq.com

*** 通信作者：韩长志，男，副教授，主要从事经济林木病害生物防治与真菌分子生物学研究；E-mail：hanchangzhi2010@163.com

菌的抑制活性，初筛采用病原菌和土壤分离菌以 1：2 的比例，筛选出效果较好的菌株，复筛对经初筛效果较好的菌株进行再次筛选，提高试验结果的准确性和科学性，采用病原菌和土壤分离菌以 1：1 的比例，筛选获得对病原菌作用效果明显、稳定的试验菌株。经过初筛和复筛，筛选出两株菌株对尖孢镰刀菌的抑制效果较好，分别为钩状木霉和枯草芽胞杆菌，其中钩状木霉对尖孢镰刀菌抑制性较强，经过十字交叉法测量菌落大小，并计算得到，当钩状木霉：尖孢镰刀菌为 2：1 时，抑制率为 87.45%，当钩状木霉：尖孢镰刀菌为 1：1 时，抑制率为 61.73%，发现钩状木霉对尖孢镰刀菌的抑制主要表现为竞争作用、拮抗作用。该研究为进一步利用生防菌株实现蓝莓根腐病绿色防治打下坚实的理论基础。

关键词：蓝莓根腐病；病原菌；生防菌；尖孢镰刀菌；云南

尖孢镰刀菌分泌蛋白的预测及其生物信息学分析*

Prediction and Bioinformatics Analysis of Secreted Proteins from *Fusarium oxysporum*

祝友朋**，蔡旺芸，韩长志***

（西南林业大学生物多样性保护与利用学院，云南省森林灾害预警与控制重点实验室，昆明 650224）

由尖孢镰刀菌（*Fusarium oxysporum*）引起的豆科、葫芦科、茄科等100多种植物根腐病、茎腐病、茎基腐病等，严重影响着上述植物的健康生长，给生产生活造成了重大经济损失。*F. oxysporum* 属于半知菌类真菌，是一种以土壤习居为主要特征的植物病原真菌，广泛分布于世界各地。前人研究发现，*F. oxysporum* 的主要致病机制在于侵染并破坏寄主植物的维管束组织，从而导致植物不能实现正常的营养和水分运输功能，引起植物根腐、茎腐、茎基腐等症状，严重时甚至造成植株萎蔫死亡，严重影响着植物的产量和品质。同时，前人研究表明，植物病原真菌、卵菌以及细菌中存在着大量的分泌蛋白，其在侵染植物的过程中发挥着重要的作用，不仅有助于实现其对植物的侵染、定殖和扩散，而且有助于形成对抗植物免疫防卫反应的效应分子、信号分子和诱饵蛋白。然而，对于尖孢镰刀菌的分泌蛋白尚未明确，因此本研究以全基因组序列中已经公布的尖孢镰刀菌菌株（*F. oxysporum* f. sp. *lycopersici* 4287）中的蛋白序列为基础数据，以真菌分泌蛋白所具有的特征（N-端含有信号肽、不含有跨膜结构域、没有GPI锚定位点、将蛋白分泌在胞外）为依据，利用SignalP v3.0、ProtCompB v9.0、TMHMM v2.0、big-PI Fungal predictor、TargetP v1.1等生物信息学分析程序筛选、获得分泌蛋白，同时，对其氨基酸组成及分布、信号肽长度大小、信号肽切割位点等特征进行分析，结果表明：尖孢镰刀菌中分泌蛋白数量为778个，其氨基酸长度多集中于101~400 AA，所占比例为57.07%，氨基酸组成中以G（甘氨酸）最多，所占比例为9.20%；信号肽长度以16~21aa最多，所占比例为81.49%，信号肽氨基酸残基中以P（脯氨酸）最多，所占比例为9.12%；信号肽切割位点-3~3氨基酸组成中最多的分别是T（苏氨酸）、S（丝氨酸）、T、A（丙氨酸）、S、S，信号肽切割位点属于T-X-A类型，属于SP I型信号肽识别位点，具有相对保守性特点。以上述分泌蛋白序列为基础数据，利用PHD、Protscale、TargetP 1.1 Server、SMART等网站在线预测分泌蛋白疏水性、转运肽及保守结构域等性质，明确尖孢镰刀菌中分泌蛋白理论等电点集中在4.01~6.00，所占比例高达50.26%；不稳定性系数集中在20.01~40.00，所占比例为63.24%；亲水性蛋白所占比例为94.99%。利用随机数软件抽取10%的分泌

* 基金项目：国家级大学生创新创业训练计划项目（项目编号：201710677013）

** 第一作者：祝友朋，男，硕士研究生；E-mail：3420204485@qq.com

*** 通信作者：韩长志，博士，副教授，研究方向为经济林木病害生物防治与真菌分子生物学；E-mail：hanchangzhi2010@163.com

蛋白进行疏水性、二级结构、转运肽和保守结构域分析，明确亲水性最强氨基酸残基数量最多的是K（赖氨酸），所占比例为16.67%，疏水性最强氨基酸残基数量最多的是L（亮氨酸），所占比例为14.12%；二级结构组成特征是跨膜螺旋较少；转运肽集中在细胞质周质；保守结构域数量较少。通过上述研究，有效地实现了尖孢镰刀菌中分泌蛋白的预测及其生物信息学的分析，为深入解析尖孢镰刀菌中分泌蛋白在侵染过程中所发挥的功能提供了理论基础。

关键词：尖孢镰刀菌；分泌蛋白；预测；生物信息学分析

对韭菜迟眼蕈蚊高毒力 Bt 资源的筛选与应用*

Screening and Application of High Virulence Bt Resources on *Bradysia odoriphaga* Larvae

宋　健**，曹伟平，杜立新***

（河北省农林科学院植物保护研究所，河北省农业有害生物综合防治工程技术研究中心，农业部华北北部作物有害生物综合治理重点实验室，保定　071000）

韭菜迟眼蕈蚊（*Bradysia odoriphaga Yang et Zhang*）俗称韭蛆，属双翅目眼蕈蚊科迟眼蕈蚊属，是影响韭菜产量和品质的重要害虫，每年造成产量损失达 30%~80%，经济损失超过 30%。该虫主要为害百合科蔬菜的韭菜、大蒜、大葱和洋葱，其次为害菊科、藜科、十字花科、葫芦科和伞形科等 6 科 30 多种蔬菜，泛分布于我国东北、华北、华中、西北等地，是我国的特有害虫。目前生产上主要依靠化学农药进行防治，一方面，韭蛆繁殖快、隐蔽性强、防治难度大，导致菜农不规范过量使用化学农药进行防治；另一方面，长期大量使用化学农药增强害虫抗药性、污染环境、杀伤鸟类、害虫再猖獗的恶性循环，不能达到对害虫种群的有效控制，同时造成韭菜农药残留超标，使消费者健康受到威胁，并造成恶劣的社会影响。为此，寻找环境友好、安全有效的防治措施，成为防治韭菜迟眼蕈蚊亟待解决的问题。

近年来，河北省农林科学院植物保护研究所从河北、河南、山东等韭菜产地，采集土样 5 000余份，分离到苏云金芽胞杆菌（*Bacillus thuringiensis* 简称 Bt）2 000余株，2013 年通过室内生物测定筛选到 6 株对韭蛆高毒力的 Bt 菌株，其中 JQ23 菌株对韭蛆杀虫活性最高，对韭菜迟眼蕈蚊 2 龄幼虫 72h 的 LC_{50}值为 8.38×10^6芽胞/mL。经室内盆栽防治试验结果表明，菌株 JQ23 在 1×10^7芽胞/mL 浓度下，采用根部精准滴灌法连续用药 3 次，间隔 7d，对韭菜迟眼蕈蚊的防治效果达到 86.28%。目前针对该菌株研制出一套以棉籽饼粉和大豆饼粉为主的中试发酵条件，并制成水剂（7.2×10^9芽胞/mL），粉剂（2.07×10^{10}芽胞/g）和颗粒剂（4.00×10^9芽胞/g）三种剂型。通过室内生物活性评价，明确三种剂型对韭蛆 2 龄幼虫的 LC_{50}与原始菌株效果无显著差异，且各剂型在室温条件下均可稳定保存 10 个月。2014—2017 年，在河北韭菜主产区沧州肃宁和邢台南宫建立了试验示范基地，经春季、秋季和扣棚三个栽培期的田间试验，明确 JQ23 水剂对韭菜迟眼蕈蚊表现出良好的田间防治效果，1×10^8芽胞/mL 浓度时对韭蛆的防治效果达 77.67%，防治效果稳定。JQ23 菌株能够有效控制韭菜迟眼蕈蚊为害，满足了我国绿色防控、发展生态农业、可持续发展要求，丰富了我国 Bt 资源，具有良好的应用前景。

关键词：韭菜迟眼蕈蚊；苏云金芽胞杆菌；资源筛选；田间应用

---

* 资助项目：河北省财政项目（F18E10001）；河北省科技计划项目（13226510D）

** 第一作者：曹伟平，女，副研究员，研究方向为害虫生物防治；E-mail：cwplx751209@163.com

*** 通信作者：杜立新；E-mail：lxdu2091@163.com

小地老虎两个普通气味结合蛋白的表达和功能比较

Expressional and Functional Comparisons of Two General Odorant Binding Proteins in *Agrotis ipsilon*

黄广振[1]，刘靖涛[2]，李显春[2]，李　静[1]，谷少华[2]*

（1. 河北农业大学植物保护学院，保定　071001；2. 中国农业科学院植物保护研究所，植物病虫害生物学国家重点实验室，北京　100193）

昆虫触角作为最重要的嗅觉器官，在定位配偶、寻找食物资源和合适的产卵场所等方面发挥着重要的作用（Visser，1986；Field et al.，2000）。昆虫触角上有许多种不同类型的感器，它们可以表达特定的嗅觉蛋白来感知外界的化学信号或信息化学物质，如性信息素和植物挥发物（Schneider，1964；Sachse and Krieger，2011；Leal，2013）。通常，信息素和植物挥发物等通过穿透表皮表面的极孔扩散到感器淋巴液中，但这些疏水性的气味分子需要在气味结合蛋白（OBPs）的作用下穿过水溶性的感器淋巴液，最后到达嗅觉受体神经元树突膜上。昆虫的气味结合蛋白（OBPs）通常被认为是由触角感器中的非神经元辅助细胞（毛原细胞和膜原细胞）合成和分泌，它们在昆虫触角感器淋巴液中的浓度非常高，能达到 10 mmol/L，这意味着它们在昆虫化学通讯和生存中都具有重要的生理作用（Vogt and Riddiford，1981；Klein，1987；Pelosi et al.，2018）。

性信息素结合蛋白（PBPs）和普通气味结合蛋白（GOBPs）是鳞翅目昆虫中两个主要的 OBP 家族（Zhou，2010）。目前至少有 52 种鳞翅目昆虫的 82 个 GOBP 和 91 个 PBP 在 NCBI 基因数据库中被记录。昆虫的性信息素结合蛋白（PBPs）通常被认为参与了疏水性信息素与膜相关信息素受体（PRs）的结合，从而引发了特定的行为。普通气味结合蛋白（GOBPs）则一直被认为可以与寄主植物挥发物相结合并转运其到嗅觉神经元树突膜上的嗅觉受体。但最近的研究表明，普通气味结合蛋白也能结合雌性信息素。在本研究中，我们从小地老虎成虫触角中克隆到两个普通气味结合蛋白基因，*AipsGOBP*1 和 *AipsGOBP*2。组织表达谱表明，这两个蛋白都具有触角特异性，且在雌性触角中的表达量比雄性中更丰富。时空表达谱显示这两个蛋白都是在成虫羽化前的第三天开始表达，*AipsGOBP*1 在羽化后的第三天达到表达最高水平，而 *AipsGOBP*2 是在羽化后第四天达到表达最高水平。同时交配状态也对二者的表达有影响，交配后这两个蛋白在雌雄触角中的表达量上调，但在雄性触角中的表达量下调。原位杂交实验和免疫组织化学实验的结果表明，在雌性和雄性的触角中，AipsGOBP1 和 AipsGOBP2 皆表达或共表达在毛形感器和锥形感器中。荧光竞争结合试验表明，AipsGOBP2 与小地老虎的两个主性信息素顺-7-12 碳乙酸酯和顺-9-14 碳乙酸酯及四种植物挥发物顺-3-己烯醇，油酸，邻苯二甲酸二丁酯和β-石竹烯都表现出很高的结合关系，且 *ki* 值都不高于 5μmol/L。另一方面，

* 通信作者：谷少华，副研究员；E-mail：shgu@ippcaas.cn

AipsGOBP1 与小地老虎五种性信息素及六种植物挥发物则表现出中等的结合关系。而且在与鳞翅目其他种类的醛类和醇类性信息素配体的结合中，AipsGOBP2 表现出比 AipsGOBP1 更广的结合谱和更强的结合能力。

总之，我们的结果表明在与性信息素和植物挥发物的结合中，AipsGOBP2 可能比 AipsGOBP1 起着更重要的作用。这将有助于在分子水平、细胞水平及行为学层面全面阐明 GOBPs 在小地老虎感受性信息素和寄主定位过程中的作用，同时解释昆虫嗅觉识别的分子及细胞机制，为筛选和设计比性信息素更加有效的引诱剂、趋避剂提供理论依据。

关键词： 性信息素结合蛋白；气味结合蛋白；嗅觉受体；荧光竞争结合试验

参考文献

Field L M, Pickett J A, Wadhams L J. 2000. Molecular studies in insect olfaction [J]. Insect Mol. Biol., 9: 545-551.

Klein U, 1987. Sensillum-lymph proteins from antennal olfactory hairs of the moth *Antheraea polyphemus* (Saturniidae) [J]. Insect Biochem., 17: 1193-1204.

Leal W S. 2013. Odorant reception in insects: roles of receptors, binding proteins, and degrading enzymes [J]. Annu. Rev. Entomol., 58: 373-391.

Pelosi P, Iovinella I, Zhu J, et al. 2018. Beyond chemoreception: diverse tasks of soluble olfactory proteins in insects [J]. Biol. Rev., 93: 184-200.

Visser J H. 1986. Host odor perception in phytophagous insects [J]. Annu. Rev. Entomol., 31: 121-144.

Vogt R G, Riddiford L M. 1981. Pheromone binding and inactivation by moth antennae [J]. Nature, 293: 161-163.

Sachse S, Krieger J. 2011. Olfaction in insects: the primary processes of odor recognition and coding [J]. e-Neuroforum, 2: 49-60.

Schneider D. 1964. Insect antennae [J]. Annu. Rev. Entomol., 9: 103-122.

Zhou J J. 2010. Odorant-binding proteins in insects [J]. Vitam. Horm., 83: 241-272.

杆状病毒 AcMNPV 中 Ac-PK2 蛋白的功能分析[*]
Function Analysis of Ac-PK2 Protein from AcMNPV

卫丽丽[**]，梁爱华，付月君[***]
（山西大学生物技术研究所，化学生物学与分子工程教育部重点实验室，太原 030000）

杆状病毒 AcMNPV 侵染宿主细胞后，翻译起始因子 eIF2 的 α 亚基（eIF2α）会被 eIF2α 激酶磷酸化，抑制翻译起始，降低蛋白的合成，作为宿主细胞的一种抗病毒机制。杆状病毒的 Ac-PK2 蛋白可以通过竞争性的与 eIF2α 激酶结合形成异源二聚体，抑制其磷酸化 eIF2α。我们对 Ac-PK2 蛋白在病毒侵染宿主细胞过程中的功能做了深入分析，明确了其对宿主细胞蛋白合成、能量代谢以及细胞凋亡的影响。首先，利用 Bac-to-Bac 昆虫杆状病毒重组表达系统构建了过表达 Ac-PK2 的重组病毒 AcMNPV-PK2-EGFP，并通过实时荧光定量 PCR 检测了 AcMNPV 和 AcMNPV-PK2-EGFP 侵染 sf9 细胞过程中 *Ac-pk2* 基因转录水平表达谱的变化，结果表明 AcMNPV-PK2-EGFP 处理组 *Ac-pk2* 基因的转录水平从 24 h 开始明显高于野生处理组。荧光显微镜观察与 Western blot 分析结果显示，Ac-PK2-EGFP 的表达量随着感染时间的延长而逐渐增加，随着 Ac-PK2-EGFP 表达量的增加，eIF2α 的磷酸化逐渐减少，说明过表达 Ac-PK2 蛋白可以抑制 eIF2α 的磷酸化。接着，我们用 AcMNPV 和 AcMNPV-PK2-EGFP 分别与等量的 AcMNPV-Renilla-RFP 共侵染 Sf9 细胞，通过检测 Renilla 的活性来反映外源蛋白 Renilla 表达量的变化，结果表明侵染 48h、60h 时，AcMNPV-PK2-EGFP 处理组的 Renilla 的表达量要显著高于野生病毒处理组，分别为野生处理组的 1.46 倍，1.65 倍。之后，我们检测了 AcMNPV 和 AcMNPV-PK2-EGFP 侵染 Sf9 细胞的过程中葡萄糖的消耗以及乳酸积累，结果表明 AcMNPV-PK2-EGFP 处理组葡萄糖消耗速率逐渐增加，侵染 72h 后为野生处理组的 1.22 倍；培养液中乳酸积累减少，在侵染 72h 后为野生处理组的 0.81 倍。在侵染 48h 时，AcMNPV-PK2-EGFP 处理组细胞内 HK 的活性和 ATP 的含量分别为野生处理组的 1.16 倍和 1.2 倍。蚀斑实验结果显示病毒侵染 48h、72h 后，AcMNPV-PK2-EGFP 处理组子代病毒的产量分别是野生处理组的 1.67 倍、1.84 倍。流式细胞术结果表明病毒侵染 48h、72h 后，AcMNPV-PK2-EGFP 处理组 Sf9 细胞的凋亡比率显著高于野生处理组，分别是野生处理组的 1.58 倍、1.94 倍。在抗虫实验中，分别用 20μL，1×10^7 pfu/mL 的病毒连续饲喂三龄甜菜夜蛾幼虫 5 天，之后逐天统计幼虫的平均体重和死亡率。AcMNPV-PK2-EGFP 饲喂的甜菜夜蛾幼虫在处理第 26 天后，死亡率是野生处理组的 1.46 倍。由 AcMNPV-PK2-EGFP+AcMNPV-*Bm*K IT 共饲喂的甜菜夜蛾幼虫，在处理第 26 天死亡率是 AcMNPV+AcMNPV-

* 资助项目：国家自然科学基金项目（No. 31272100）
** 第一作者：卫丽丽，女，博士研究生，研究方向为害虫生物防治；E-mail：weilili0910@163.com
*** 通信作者：付月君；E-mail：yjfu@sxu.edu.cn

*Bm*K IT 处理组的 1.25 倍。结果表明过表达 Ac-PK2 可以提高 AcMNPV 的杀虫活性，AcMNPV-PK2-EGFP 和 AcMNPV-*Bm*K IT 共饲喂可以提高 AcMNPV-*Bm*K IT 的抗虫活性。本研究分别在细胞和虫体水平上分析了 AcMNPV 侵染宿主过程中调控表达的 Ac-PK2 的功能，获得了一株抗虫效率较高的病毒杀虫剂 AcMNPV-PK2-EGFP，并进一步完善了其对 AcMNPV-*Bm*K IT 协同效应的研究。上述研究结果旨在进一步明确了 Ac-PK2 蛋白的功能，为杆状病毒 AcMNPV 的应用提供了实验依据，对科学防治鳞翅目害虫具有参考意义。

关键词：杆状病毒；AcMNPV；Ac-PK2；功能

合成具有抗菌活性的含嘧啶取代的新型酰胺衍生物*

Synthesis and Antifungal Activity of Noveln Amide Derivatives Containing Pyrimidine Moiety

吴文能[1,2]**，杨茂发[1]***，欧阳贵平[3]***

（1. 贵州大学昆虫研究所，贵阳 550005；2. 贵阳学院食品与制药工程学院，贵阳 550025；3. 贵州大学药学院，贵阳 550005）

果实采后腐烂是一个全球性问题，在世界范围内新鲜水果贮藏过程中达25%～30%上因腐烂变质而不能利用。进入21世纪以来，我国猕猴桃产业得到了持续发展，种植面积逐年增加，然而随着生产规模逐渐扩大，猕猴桃软腐病问题日益突出。中国7个主要猕猴桃产区（湖北、四川、河南、重庆、江西、贵州和陕西）的5个品种的猕猴桃（金艳、红阳、金魁、贵长、秦美）都存在软腐病原菌，平均发病率达20%～50%，造成了严重的经济损失。近年来，随着贵州省政府出台《关于加快推进现代山地特色高效农业发展的意见》的颁布实施，随着贵州省的水果产业也正在迅猛发展。贵州猕猴桃种植面积超过46.7万亩，仅贵州修文县的猕猴桃种植面积已超过15万亩，位居全国第三。贵州省相关政府部门十分重视猕猴桃产业的发展。然而，随着猕猴桃产量的增大，采后贮藏、物流环节在产业发展中地位日益突显。特别是因软腐病菌浸染，猕猴桃的贮藏面临巨大挑战，2013—2017年间，因软腐病菌感染造成了猕猴桃的巨大直接经济损失，此外，因病害造成的品牌竞争力锐减，也成为贵州省猕猴桃产业发展的瓶颈。当前，现有的农药不能有效的控制猕猴桃软腐病的发生，还缺乏高效、低毒、低残留的药剂。而相应的问题在火龙果、刺梨、葡萄、蓝莓等果树上也十分凸显。围绕当前水果病害防治需求，也成为水果产业中必须面对和解决的重要课题。因此，针对猕猴桃果树病害，开展高效、低毒和对环境友好的新杀菌剂的创制研究，对新农药的创制及果树病害的有效防控，都具有重要意义。

在新农药的创制中，嘧啶类化合物一直受到研究者的高度重视，是当前农药结构中的常见基团，在已经登记的农药中，许多除草剂（如：嘧啶磺酰胺类、嘧啶氧醚类）、杀虫剂（如：有机嘧啶磷类及脲嘧啶类）以及杀菌剂（嘧啶胺类、嘧啶丙烯酸甲酯）等都是含有嘧啶结构的农药，这些品种普遍具有低毒、高效的特点，具有独特的作用方式，被广泛用于农业生产中。嘧啶类衍生物因其具有广泛的生物活性，而引起了人们对这类化合物的广泛兴趣并进行了深入的研究。

此外，酰胺结构是农药结构中最常见的一类结构，因其具有高效、对环境安全、杀菌

* 资助项目：国家自然科学基金项目（31701821）；中国博士后基金（2017M623070）；贵州自然科学基金（黔科合基础［2016］1006）；贵州教育厅自然科学基金（黔教合KY字［2016］091）

** 第一作者：吴文能，男，博士后，研究方向为害虫生物防治；E-mail：wangjuan350@163.com

*** 通信作者：杨茂发；E-mail：rhdai69@163.com

欧阳贵平；E-mail：oygp710@163.com

谱广等特性，已成为新药物创制研究与开发的热点。特别是在杀菌剂中，酰胺结构的杀菌剂占所有杀菌剂总数的 1/4，现在农业病害的防控上发挥着巨大的作用。目前商品的杀菌剂如萎锈灵、邻酰胺、甲呋酰胺、麦锈灵、灭锈胺、氟酰胺、叶枯酞、环酰菌胺、噻酰菌胺、噻氟菌胺、呋吡菌胺、啶酰菌胺、氟吡菌胺、吡噻菌胺、双环氟唑菌胺、环苯吡菌胺、联苯吡菌、氟唑菌苯胺、氟唑菌酰胺、氟吡菌酰胺和苯并烯氟菌唑。众多研究结果表明，多数酰胺类杀菌剂主要是通过影响病原菌的呼吸链电子传递系，从而达到抑制病原菌的生长，最终导致其死亡。

鉴于此，我们将含三氟甲基嘧啶醚结构的酰胺类化合物，设计合成一系列嘧啶氧醚取代酰胺类化合物。以盐酸乙咪和三氟乙酰乙酸乙酯为原料，通过环化、氯化、醚化与缩合得到目标化合物，并对所合成目标化合物对猕猴桃软腐病主要致病菌葡萄座腔菌（*Botryosohaeria dothidea*）和拟茎点霉菌（*Phomopsis* sp.）抑制活性，发现部分化合物具有很好的抗猕猴桃软腐病活性，建立了初步的构效关系，为新型高效低毒的抗猕猴桃软腐病治疗药物及设计提供了一定的理论指导。

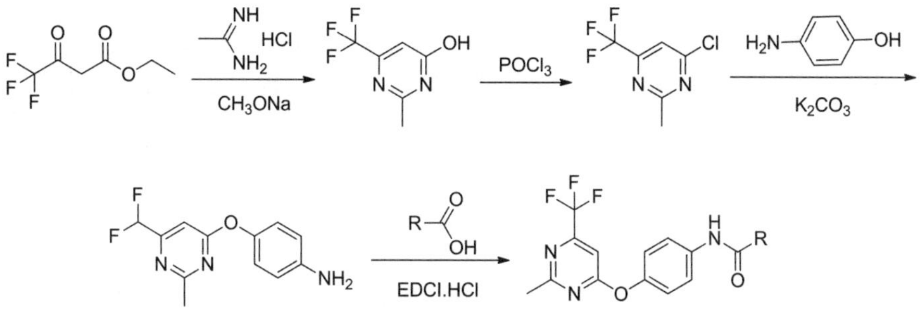

$$\mathrm{CF_3COCH_2COOEt} \xrightarrow[\mathrm{CH_3ONa}]{\mathrm{CH_3C(=NH)NH_2 \cdot HCl}} \text{(OH-pyrimidine)} \xrightarrow{\mathrm{POCl_3}} \text{(Cl-pyrimidine)} \xrightarrow[\mathrm{K_2CO_3}]{\mathrm{H_2N\text{-}C_6H_4\text{-}OH}} \text{(amine)} \xrightarrow[\mathrm{EDCI.HCl}]{\mathrm{RCOOH}} \text{(amide)}$$

Scheme 1 嘧啶氧醚取代酰胺衍生物的合成路线

关键词：猕猴桃软腐病；嘧啶；酰胺；合成

农业昆虫新方向——秸秆转化与应用

New Direction of Agricultural Insects—Straw Conversion and Application

束长龙*

（中国农业科学院植物保护研究所，植物病虫害生物学国家重点实验室，北京　100193）

农作物秸秆合理化利用是我国农业的重大需求。作物秸秆是农作物生产系统中一项重要的生物资源，如何合理化利用这一资源是目前引起人们关注的重要问题。据统计，随着粮食产量增加，我国秸秆年产量已经超过 8 亿 t，可转化利用秸秆在 5 亿 t 左右。目前，秸秆不合理的处理方式，不仅浪费资源，而且带来了严重的大气污染与水体污染，甚至导致一些重要土传病害、地下害虫的加重发生。为了引导秸秆的资源化利用，2014 年，国家发改委和农业部编制发布了《秸秆综合利用技术目录》，提出了秸秆资源肥料化、饲料化、原料化、基料化和燃料化等“五料化”利用途径。

白星花金龟在秸秆资源化利用方面具有独特优势。近年来，围绕秸秆的合理高效利用，国内外学者不断进行新的探索。白星花金龟（*Protaetia brevitarsis*）是鞘翅目金龟甲科昆虫。其成虫食性杂，为害农作物，是一种农业害虫；而其幼虫是腐食性，可取食发酵秸秆、腐烂落叶、发酵木屑、菌糠、牛粪等，不为害植物，并且其消化上述废弃物产生的粪便对植物生长有较好的促进作用。目前，国内外已经有不少利用白星花金龟转化秸秆等废弃物的研究报道，结果显示，白星花金龟幼虫具有较好的秸秆转化效率，除了其粪便可以作为肥料之外，其虫体还含有大量优质的蛋白、脂肪以及对部分疾病有效的活性分子。上述研究结果显示，与其他秸秆利用技术相比，利用白星花金龟处理秸秆可以产生更多有价值的产品。

研究白星花金龟粪便成分及其秸秆转化机制具有重要意义。干燥的白星花金龟粪便呈棕黑色、米粒状、水泡不散、透气性好，直接施用即可有效促进植物生长，然而白星花金龟粪便成分尚不清楚。本项目组近期研究发现白星花金龟粪便可以溶于碱性溶液，可溶组分超过粪便干重的 50%，进一步 ^{13}C 核磁共振碳谱分析结果显示，与秸秆主要成分相比，粪便及其可溶成分的碳谱发生较大改变（图 1），说明秸秆中含碳分子的结构发了改变。上述结果说明大部分秸秆在白星花金龟肠道中转化为碱溶性成分，并且与秸秆主要成分的分子结构不同，是秸秆在白星花金龟肠道中转化形成的不同于木质素、纤维素的产物。进一步研究还发现，该粪便及其碱溶性成分除了能促进植物生长外，还可以提升油菜对菌核病的抗性（图 2）。因此，对白星花金龟粪便中活性成分进行鉴定分析，不仅可以明确虫粪的有效成分与价值，还可以促进其在秸秆转化领域的应用。此外，进一步研究秸秆在白星花金龟幼虫肠道中的转化机制以及关键酶，也可以为秸秆高效转化提供新思路。

---

* 通信作者：束长龙，男，博士，副研究员；E-mail：clshu@ ippcaas. cn

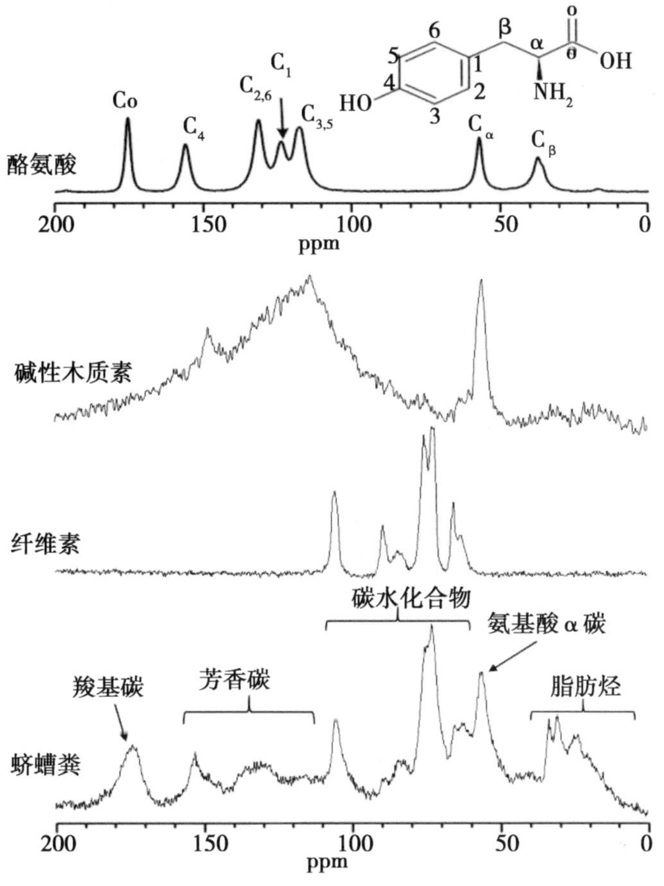

图 1 蛴螬粪便可溶组分^{13}C 核磁共振碳谱

虫粪处理组

对照组

图 2 白星花金龟虫粪提高油菜抗病性

关键词：农业昆虫；秸秆转化；抗病性

五株水稻内生菌对水稻的促生长及促进毒死蜱代谢作用研究*

Enhanced Degradation of Chlorpyrifos in Rice (*Oryza Sativa* L.) by Five Strains of Endophytic Bacteria and Their Plant Growth Promotional Ability

葛　静**，冯发运，余向阳***

（江苏省农业科学院农产品质量安全与营养研究所，南京　210014）

植物与微生物互作是一种很普遍的现象，植物内生菌包括内生真菌和内生细菌，它们存在于植物的各种组织器官中，与宿主形成互惠互利的关系，如促进植物生长；增强植物耐受能力；促进植物对营养物质的吸收；协同宿主代谢宿主体内及环境中污染物等。本研究从毒死蜱处理的水稻中分离纯化出五株内生菌同时具有促进植物生长及促进宿主体内毒死蜱代谢的功能。通过 16S rRNA 基因序列分析和生理生化实验结果鉴定，五株菌分别为绿脓杆菌 RRA、巨大芽胞杆菌 RRB、鞘氨醇杆菌 RSA、寡养单胞菌 RSB 和短小杆菌 RSC。所有的五株菌都具有促进水稻生长的作用：RRA、RRB、RSB 和 RSC 都具有合成分泌吲哚乙酸和产生载铁蛋白；除了 RSB，其他四株菌都能产生溶磷作用；RRB、RSA 和 RSB 能分泌氨基环丙烷羧酸脱氨酶。五株内生菌同时也都具有体外代谢毒死蜱的功能，当毒死蜱浓度低于 5mg/L 时，五株内生菌在 24h 均能降解 90%以上的毒死蜱。五株内生菌用绿色荧光蛋白标记后都可以成地在水稻中定殖，并能从水稻的根、茎、叶组织中被再分离出来。接菌的水稻植株、稻米及所种植的土壤中毒死蜱的浓度都低于对照（未接菌的水稻）。接菌水稻植株中毒死蜱残留可最低减少 74%（RRB）；接菌水稻稻谷中毒死蜱残留量降低高达 84%（RRA）；而种植接菌水稻的土壤中毒死蜱残留量降低高达 62%（RSA）。结果显示该五株内生菌都有促进水稻生长的作用，同时还能协同宿主加速宿主体内及种植环境中残留毒死蜱的代谢，具有较好的应用前景。

关键词：水稻内生菌；绿色荧光标记；定殖；毒死蜱代谢；促进水稻生长

---

* 基金项目：国家自然科学基金项目（31601660）；江苏省自主创新基金（NO. cx（12）3090）

** 第一作者：葛静，女，博士，助理研究员；E-mail：cherrygejing@126.com

*** 通信作者：余向阳，男，博士，研究员；E-mail：yuxy@jaas.ac.cn

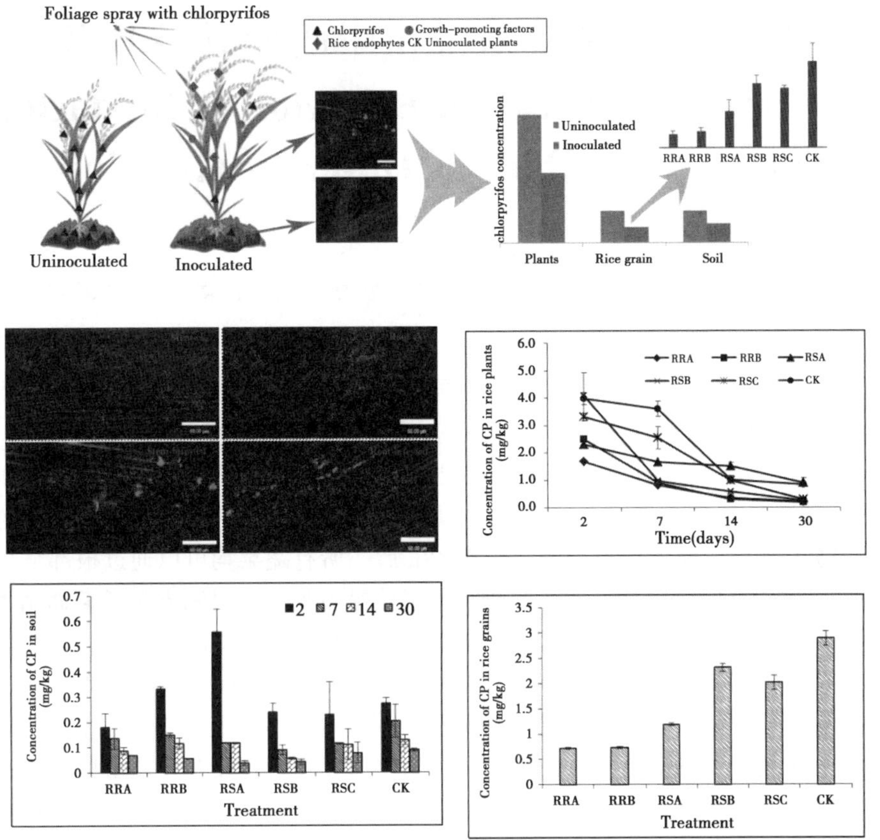

左上：内生菌定殖的荧光共聚焦图像；右上：空白和接菌水稻植株中毒死蜱的代谢；

左下：空白和接菌水稻根围土壤中毒死蜱的浓度；右下：空白和接菌水稻稻谷中毒死蜱残留浓度。

参考文献

Guo H, Luo S, Chen L, et al. 2010. Bioremediation of heavy metals by growing hyperaccumulaor endophytic bacterium *Bacillus* sp. L14 [J]. Bioresource Technol. 101 (22): 8599-8605.

Rashid S. Charles T C, Glick B R. 2012. Isolation and characterization of new plant growth-promoting bacterial endophytes. Appl [J]. Soil Ecol, 61: 217-224.

Wang Y, Dai C C. 2010. Endophytes: a potential resource for biosynthesis, biotransformation, and biodegradation. Ann [J]. Microbiol, 61 (2): 207-215.

Weyens N, Truyens S, Dupae J, et al. 2010. Potential of the TCE-degrading endophyte Pseudomonas putida W619-TCE to im-prove plant growth and reduce TCE phytotoxicity and evapotrans-piration in poplar cuttings [J]. Environ. Pollut, 158: 2915-2919.

Wilson D. 1995. Endophyte: the evolution of a term, and clarification of its use and definition [J]. Oikos, 73 (2): 274-276.

Zhu X, Ni X, Liu J, et al. 2014. Application of endophytic bacteria to reduce persistent organic pollutants contamination in plants [J]. Clean-Soil, Air, Water, 42 (3): 306-310.

不同叶菜类蔬菜对吡虫啉吸收转移规律*

Uptake and Translocation Behavior of Imidacloprid by Six Leafy Vegetables at Different Growing Stages

李　勇**，杨丽璇，余向阳***

（江苏省农业科学院农产品质量安全与营养研究所，南京　210014）

摘　要：采用水培试验研究了不同品种叶菜类蔬菜对吡虫啉吸收转移规律。供试蔬菜品种包括夏帝青梗菜（DXC）、华冠 F_1 青梗菜（HGC）、高梗白（GGB）、上海青（SHQ）、紫油菜（ZYC）、抗热四季青（KRSJQ），每种蔬菜分三个生长时期，即幼苗期（S-stage）、快速生长期（R-stage）、成熟期（M-stage），水培液中吡虫啉浓度分别为 0.5mg/L 和 5.0mg/L。试验结果表明，水培 48h 后，所有蔬菜均可以通过根部从培养液中吸收吡虫啉，并向茎叶中转移。同一品种蔬菜吸收吡虫啉的总量随着生长期而增大，但同一品种不同时期及不同品种蔬菜根和茎叶中吡虫啉浓度差别较大。通过比较富集因子（SCF）、转移因子（TF）和蒸腾流因子（TSCF）发现，同一蔬菜不同生长期中，华冠 F_1 青梗菜在幼苗期时根中易富集吡虫啉，而不易向茎叶中转移；上海青的三个生长期对吡虫啉的吸收及转移能力无明显差异（$P<0.05$）；高梗白和夏帝青梗菜在幼苗期时易在根中富集吡虫啉，而快速成长期易向茎叶中转移吡虫啉；不同蔬菜（除了华冠 F_1 青梗菜）在成熟期时，蒸腾流因子均小于前两个时期，这表明单位质量茎叶从营养液中吸收转移吡虫啉的速率要弱于前两个时期，这可能与不同时期的蔬菜质量及蒸腾量有关。不同品种蔬菜中，抗热四季青和紫油菜的富集因子最大、转移因子最小，说明这两种蔬菜的根部易富集吡虫啉，但向茎叶中转移相对较弱；高梗白转移因子和蒸腾流因子明显高于其他品种蔬菜，说明高梗白由根向茎叶中转移吡虫啉的能力是最强的。通过相关性分析发现，不同品种蔬菜吸收转移吡虫啉差异可能与蒸腾量和根富集吡虫啉的能力有关（图）。

关键词：吡虫啉；吸收转移；富集因子；转移因子；蒸腾流因子

---

* 基金项目：国家自然科学基金项目（31601665）；江苏省自然科学基金项目（BK20160576）

** 第一作者：李勇，男，博士，助理研究员；E-mail：liyong_ 213@ 163. com

*** 通信作者：余向阳，男，博士，研究员；E-mail：yuxy@ jaas. ac. cn

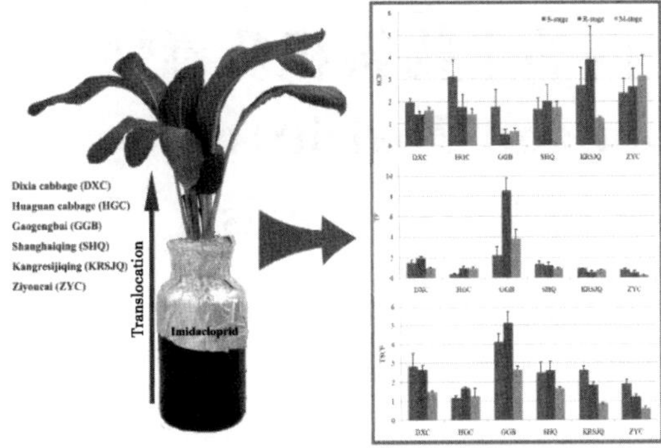

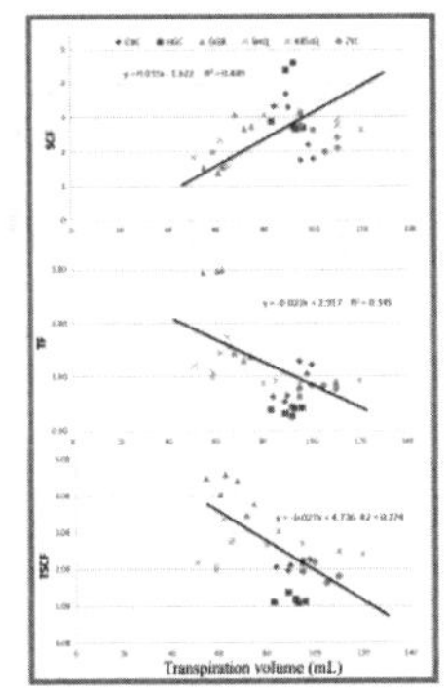

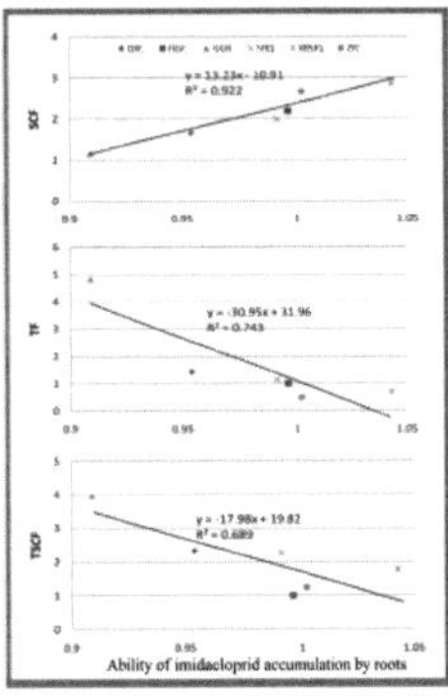

图　不同叶菜类蔬菜对吡虫啉吸收转移差异

氯虫苯甲酰胺在蚯蚓体内的生物累积及毒性*

The Bioaccumulation and Toxicity of Chlorantraniliprole in Earthworms

刘　通**，王凤龙***
（中国农业科学院烟草研究所，青岛　266101）

双酰胺类杀虫剂由于其全新的作用机理近几年来成为杀虫剂研究领域的热点。双酰胺类杀虫剂可以通过高效激活昆虫体内主要的钙离子释放通道——鱼尼汀受体，使其过度释放细胞内钙库中的钙离子。钙离子是细胞内最重要的第二信使之一，细胞内钙离子浓度失衡会导致机体趋向死亡。由于双酰胺类杀虫剂作用机制新颖、高效、与传统农药无交互抗性、对非靶标生物安全和对环境相容性好等特点，使其成为杀虫剂研究开发的一大热点。据统计，2015 年全球杀虫剂销售总额 170.16 亿美元，其中双酰胺类杀虫剂的销量仅次于新烟碱类、菊酯类和有机磷类杀虫剂，位居第四位，占全球杀虫剂销售总额的 8%。但是，与目前广泛使用的烟碱类和菊酯类杀虫剂不同的是，双酰胺类杀虫剂虽然对靶标生物具有较高的毒性和选择性，但对非靶标生物，如蜜蜂、鱼类和鸟类，毒性却很小。随着我国农业现代化进程的加快、种植结构的改变以及高毒农药品种替代步伐的加快，双酰胺类杀虫剂凭借其高效、低毒、环境行为优异且具有独特作用机理的特点势必会成为新农药创制的重要领域。1998 年杜邦公司推出了第一代双酰胺类杀虫剂产品——氯虫苯甲酰胺，这种化合物对几乎所有的鳞翅目害虫都有很好的防治效果。

然而，随着氯虫苯甲酰胺的广泛使用及不科学施用，其最终会通过叶面喷射散落、水田施药径流、种子处理剂和土壤用药等方式进入到土壤环境中去，成为潜在的土壤污染物。然而，目前关于氯虫苯甲酰胺毒性报道却很少，特别是对土壤生物的毒性报道。此外，目前农药的施用特点是大范围、高剂量、多次施用，这就提高了氯虫苯甲酰胺在土壤中存在的风险。有研究表明氯虫苯甲酰胺在土壤中的半衰期为181～222天，因此很可能会成为潜在的土壤污染物。因此，本研究选取了一系列环境相关的浓度，采用液相色谱-串联质谱法研究氯虫苯甲酰胺在土壤中和蚯蚓体内的迁移转化规律以及对蚯蚓的毒性效应。

研究结果表明，随着暴露时间的延长，氯虫苯甲酰胺在土壤中的含量呈下降趋势。在第 42 天，各处理组氯虫苯甲酰胺的浓度与第 0 天相比减少了 17.14%、10.99%、13.10% 和 16.73%（图 1）。减少的氯虫苯甲酰胺有一部分被微生物降解，另外一部分被蚯蚓吸收。结果也表明，蚯蚓体内氯虫苯甲酰胺的含量随着暴露时间的延长呈上升趋势。在第

* 基金项目：中国博士后科学基金面上项目（2016M600566）；山东省自然科学基金博士基金项目（ZR201702170228）

** 第一作者：刘通，男，博士后；E-mail：liutongdsg@126.com

*** 通信作者：王凤龙，男，博士，研究员；E-mail：wangfenglong@caas.cn

42天，各处理组蚯蚓体内氯虫苯甲酰胺的浓度达到了0.03mg/kg、0.58mg/kg、4.28mg/kg和7.21mg/kg（蚯蚓，湿重）（图2）。此外，由图3可以看出，在暴露初期，各处理组吞噬活性没有显著变化，从第14天起，5.0mg/kg和10.0mg/kg处理组吞噬活性显著高于其他处理组。然而，在第28天和第42天，5.0mg/kg和10.0mg/kg处理组吞噬活性显著低于其他处理组。此外，由图4可以看出，在暴露后第3天，各处理组DNA损伤程度没有出现显著升高。从第7天起，10.0mg/kg处理组DNA损伤程度显著高于对照组，0.1mg/kg和1.0mg/kg处理组。从第14天起，5.0mg/kg处理组DNA损伤程度显著高于对照组，0.1mg/kg和1.0mg/kg处理组。研究结果表明，当土壤中氯虫苯甲酰胺的含量达到5.0mg/kg和10.0mg/kg时，会对蚯蚓的生长造成影响。

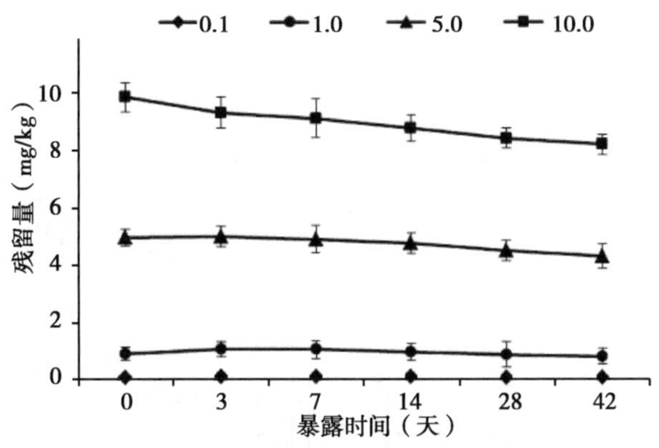

图1　氯虫苯甲酰胺在土壤中残留量动态变化

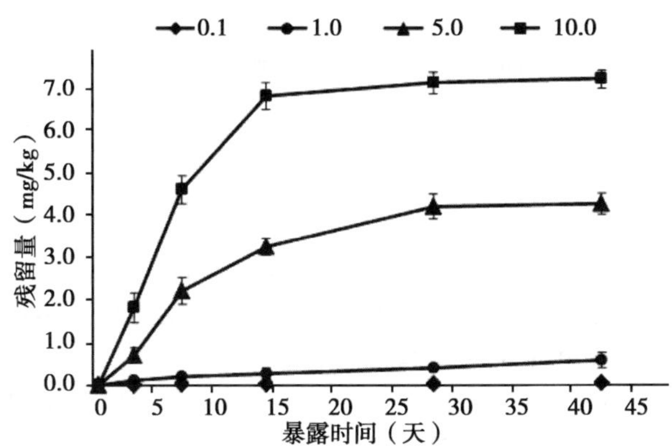

图2　氯虫苯甲酰胺在蚯蚓体内累积量动态变化

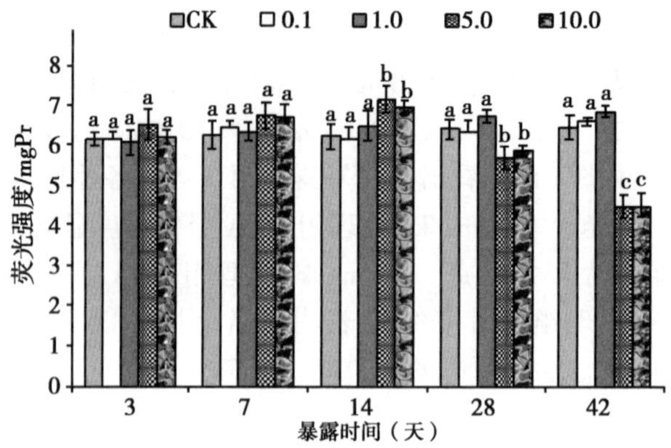

图 3 蚯蚓体内吞噬细胞活性变化

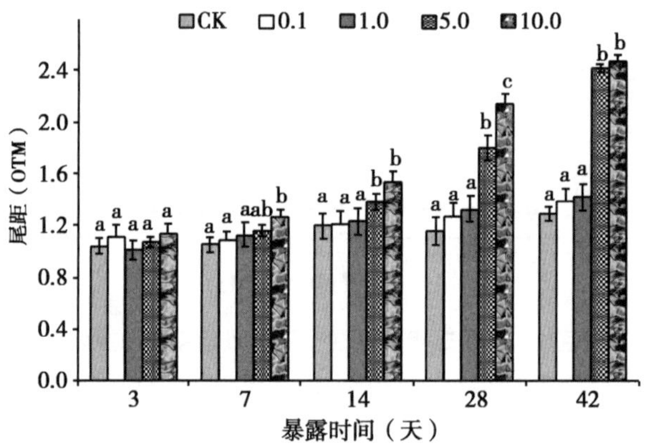

图 4 蚯蚓体内 DNA 损伤程度变化

关键词：农药残留；液相色谱-串联质谱；吞噬活性；基因损伤

参考文献

EPA. 2008. Pesticides-fact sheet for CAP [J]. Environmental Protection Agency.

Malhat F M. 2012. Determination of chlorantraniliprole residues in grape by high-performance liquid chromatography [J]. Food Anal. Method., 5: 1492-1496.

Sparks T C, Nauen R. 2015. IRAC: Mode of action classification and insecticide resistance management [J]. Pestic. Biochem. Phys., 121: 122-128.

枯草芽胞杆菌应用与1，3-D消毒土壤配合应用对番茄的促生作用及土壤微生态的改良效应研究*

Study of Application of *Bacillus subtilis* in Conjunction with 1，3-D Fumigation to Promote Growth of Tomato and Improvement of Soil Microecology

张典利**，姬小雪，王红艳，乔　康***，王开运
（山东农业大学植物保护学院，泰安　271018）

我国设施蔬菜栽培面积居世界首位，但由于高度集约化种植，连作障碍和病虫害问题成为制约其可持续生产的重要因素。研究表明，对连作土壤进行消毒处理和添加有益微生物能有效防治土传病虫害和克服连作障碍，但同时会对土壤中非靶标微生物产生影响。本项目拟通过枯草芽胞杆菌施用与1，3-D消毒土壤配合，研究对连作土壤根结线虫的防效及对番茄生长的影响，以及对土壤微生态系统的影响，为在设施蔬菜上的安全合理应用提供科学依据。主要研究结果如下：①通过田间试验研究表明 10^9 CFU/g 枯草芽胞杆菌 9g/m^{2}应用与1，3-D 40 g/m^{2}消毒土壤配合对南方根结线虫的防效及番茄产量的影响。结果表明，增施枯草芽胞杆菌的1，3-D处理小区和中高剂量的1，3-D处理小区内线虫数量最少，相对防效最高，而单独施用枯草芽胞杆菌防效较差。最大株高和产量均出现在增施枯草芽胞杆菌的1，3-D处理小区和中高剂量的1，3-D处理小区。②采用传统平板计数方法研究枯草芽胞杆菌应用与1，3-D消毒土壤配合对可培养细菌数量和枯草芽胞杆菌定殖的影响。结果表明，增施枯草芽胞杆菌用于1，3-D消毒处理对可培养细菌整体表现出一定的刺激作用，而各1，3-D处理表现出抑制-恢复-激活的趋势。对于枯草芽胞杆菌定殖而言，在8 WAT之前，增施处理和单独施用枯草芽胞杆菌处理小区中的枯草芽胞杆菌数量均呈现下降趋势，到8 WAT后趋于稳定。在整个取样周期，增施枯草芽胞杆菌用于1，3-D消毒处理小区的枯草芽胞杆菌数量都高于单独施用枯草芽胞杆菌处理小区。③采用传统方法研究枯草芽胞杆菌应用与1，3-D消毒土壤配合对脲酶和蛋白酶的影响。结果表明枯草芽胞杆菌应用与1，3-D消毒土壤配合对脲酶和蛋白酶活性整体表现出短暂抑制-恢复-激活的过程。特别是在8 WAT之后，增施枯草芽胞杆菌用于1，3-D消毒处

* 基金项目：国家自然科学基金项目（31601661）；山东省博士后创新项目专项资金（201402018）资助

** 第一作者：张典利，男，硕士研究生，主要从事农药毒理与有害生物抗药性研究；E-mail：2625196470@qq.com

*** 通信作者：乔康，男，副教授，博士，主要从事土壤消毒技术和农药毒理学研究；E-mail：qiaokang11-11@163.com；qiaokang@sdau.edu.cn

理小区的两种酶活性都处于最高；单独施用枯草芽胞杆菌次之，而各1，3-D处理小区酶活较小，且随施用剂量的提高，抑制程度越大。④在番茄连作土壤中细菌16S rRNA、AOB和AOA amoA基因丰度分别在（0.85~1.73）$\times 10^9$copies/g土、（1.78~5.01）$\times 10^6$ copies/g土和（0.88~2.83）$\times 10^7$copies/g土。枯草芽胞杆菌应用与1，3-D消毒土壤配合处理的细菌16S rDNA基因丰度始终处于最高水平，其次是单独施用枯草芽胞杆菌处理，其细菌丰度与对照间始终没有显著性差异，而各1，3-D处理小区的细菌16S rDNA基因丰度在1 WAT受到严重抑制，后期才逐渐恢复至对照水平。AOB-amoA基因丰度变化趋势与细菌类似，而枯草芽胞杆菌应用与1，3-D消毒土壤配合处理小区的AOA amoA基因丰度表现出抑制-激活的趋势。由相关性分析可知pH是影响硝态氮含量、可培养细菌数量、氨氧化微生物丰度以及脲酶活性的最重要因素。

关键词：1，3-D；枯草芽胞杆菌；土壤；番茄

淡水浮游硅藻光胁迫机制研究新进展*

Novel Insights into the Mechanism of Light Stress on Freshwater Planktonic Diatom

石彭灵[1**]，刘兰海[2]，杨品红[1***]

（1. 湖南文理学院，水产高效健康生产湖南省协同创新中心，常德　415000；
2. 湖南应用技术学院，常德　415000）

硅藻水华在世界范围内普遍发生，常引发沿岸居民饮水困难，并造成了严重的环境问题。从 1992 年至今，汉江下游段暴发春季硅藻水华十余次。自 2009 年以后，汉江的支流东荆河段每年春季几乎都会发生不同程度的硅藻水华。

南水北调中线工程自 2014 年 12 月 12 日正式通水后，丹江口水库每年有 95 亿 m^3 的水被调往京津地区，汉江中下游流量由之前的 200 亿 m^3 降至 100 亿 m^3。为弥补汉江下游水量的严重缺失，南水北调配套工程“引江济汉”工程预计长江常年为汉江补水 21.9 亿 m^3，但补水量仅占调水量的 20%。据计算，南水北调工程开始调水后，汉江硅藻水华的暴发概率与调水前相比，将上升 10.87%～47.83%。据网媒“中国潜江”报道，2015 年的汉江硅藻水华全面暴发，其水华暴发面积扩张至东荆河整条河流、汉江大部分区域，暴发面积之大为历史之最。

控制河流水华较为理想的方法是通过增大上游水库下泄量来稀释下游藻类密度和抑制藻类增殖，但该方法也常因枯水季节上游水库存水较少、泄水造成水资源大量浪费等原因难以施行。汉江自南水北调中线工程通水后，上游开闸放水控藻与枯水期蓄水的矛盾更为突出。因此，探明优势硅藻对环境的适应局限性，可以为控制汉江硅藻水华提供新的方向。

分析发现将具有明显光适应特性的硅藻置于与生境相反的光强条件下培养，该硅藻则会表现出显著降低的光合作用效率、光合作用速率、比生长速率等特征，同时对光胁迫表现出不同的生理响应。当硅藻高光适应种处于低光胁迫时，会通过增加细胞内叶绿素含量和叶绿体表面积来增加对光量子的吸收。当硅藻低光适应种处于高光胁迫时，会通过降低内叶绿素含量和增加非光化学淬灭（NPQ）来降低进入光合作用反应链的光量子数量。进一步研究发现，硅藻对光胁迫进行的生理调节并不持久，从第 3 天开始出现生理调节，至第 10～15 天时生理调节效率逐渐降低，硅藻的生长和光合作用活性显著下降。通过不同光强条件下硅藻的营养盐吸收动力学实验，发现硅藻生长所需最适光照强度与磷吸收高亲和力所需光照强度具有一致性。因此，控制光强可以达到控制硅藻光合作用和磷竞争力

* 基金项目：国家自然科学基金青年基金“淡水浮游硅藻光适应（Light，adaption）策略研究”（31600315）；中国博士后科学基金第 61 批面上资助“淡水浮游硅藻的光胁迫机制研究”

** 第一作者：石彭灵，博士，讲师，主要从事藻类生理生态学研究；E-mail：shuichan051@126.com

*** 通信作者：杨品红；E-mail：yph588@163.com

的双重效果（图 1~图 4）。

上述研究成果探明优势硅藻对环境的适应局限性，为汉江硅藻水华防控提供了新的思路。“引江济汉”工程主要目的不是蓄水、发电，而是为调节汉江中下游生态环境而建。根据硅藻对光环境的适应特性和光胁迫机制，通过增加或减少“引江济汉”工程中长江水进入汉江的水量来调控汉江浊度，控制汉江水下光照强度，在短时间内通过调节较少水量达到高效抑制硅藻生长，控制硅藻水华的目的。

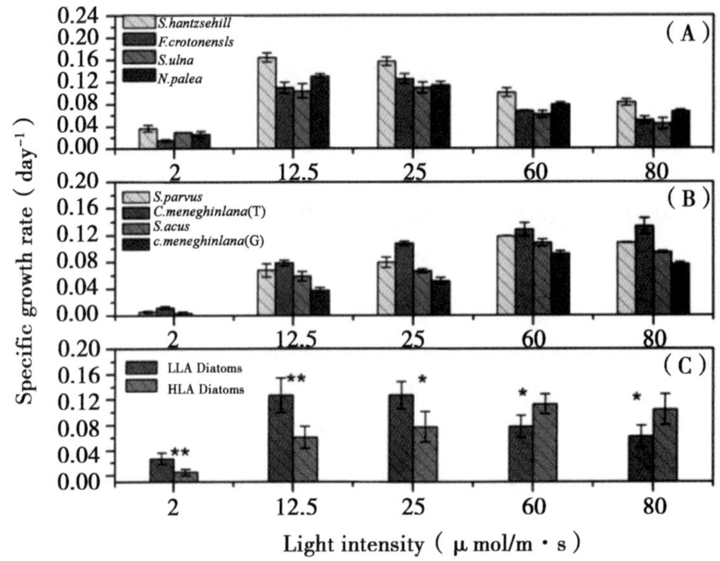

图 1　低光适应种和高光适应种在不同光强下的比生长速率

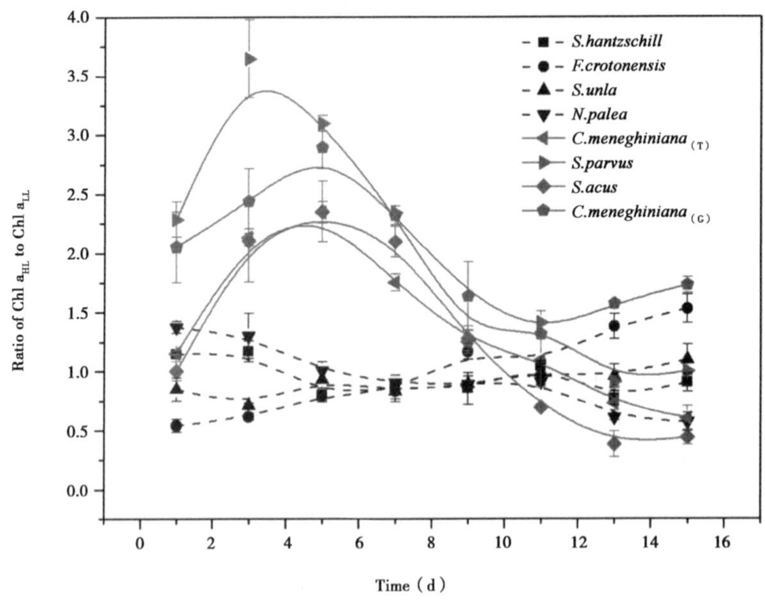

图 2　低光适应种（虚线）和高光适应种（实线）在 $Chla_{LL}/Chla_{HL}$ 值

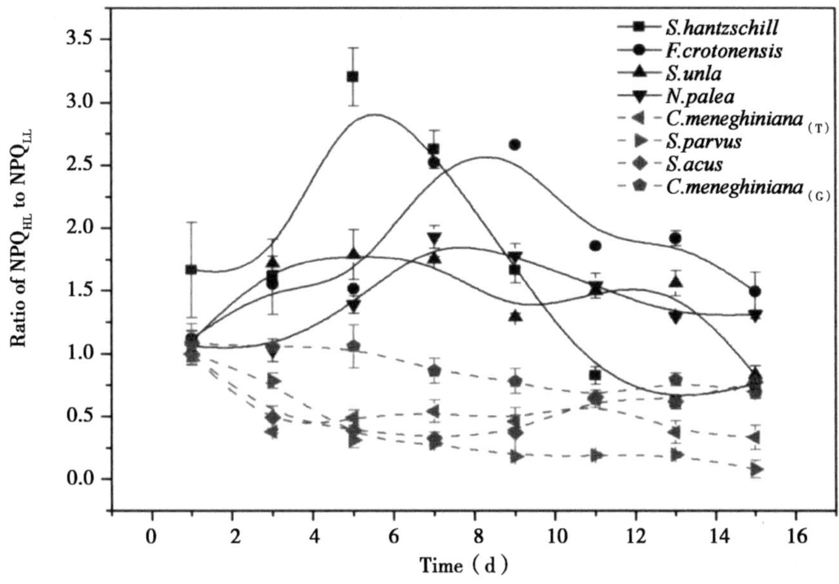

图 3 低光适应种（实线）和高光适应种（虚线）的 NPQ_{HL}/NPQ_{LL} 值

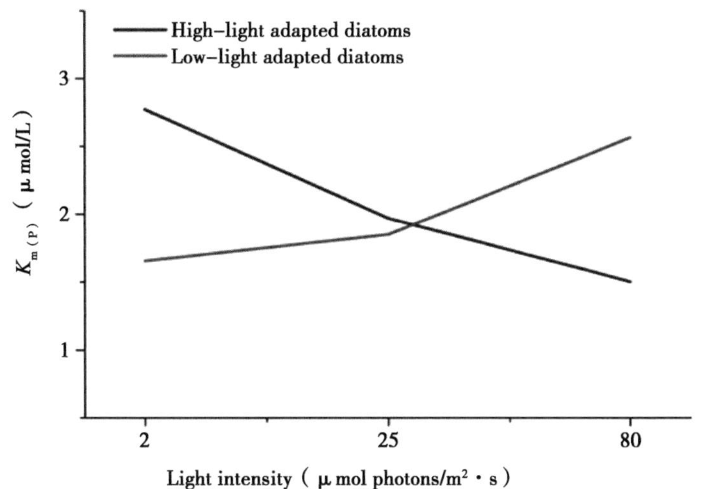

图 4 硅藻高光适应种和低光适应种在不同光强下的磷吸收半饱和浓度（$K_{m(P)}$）

关键词：硅藻；光胁迫；水华防控

参考文献

梁开学，王晓燕，张德兵，等. 2012. 汉江中下游硅藻水华形成条件及其防治对策［J］. 环境科学与技术，35：113-116.

谢平，窦明，夏军. 2005. 南水北调中线工程不同调水方案下的汉江水华发生概率计算模型［J］.

水利学报，36：727–732.

Hijnen W A，Dullemont Y J，Schijven J F，et al. 2007. Removal and fate of *Cryptosporidium parvum*，*Clostridium perfringens* and small–sized centric diatoms（*Stephanodiscus hantzschii*）in slow sand filters［J］. Water Res，41：2151–2162.

Leland H V，Brown L R，Mueller D K. 2001. Distribution of algae in the San Joaquin River，California，in relation to nutrient supply，salinity and other environmental factors［J］. Freshw Biol，46：1139–1167.

嘧菌酯对烟草赤星病的防治及其压力下病原菌代谢表型分析

Efficacy of Azoxystrobin against Tobacco Blown Spot and the Metabolic Phenomics of *Alteraria alternata* under Pressure of Azoxystrobin

汪汉成[1,2*]，张之矾[3]，陈兴江[1]

（1. 贵州省烟草科学研究院，贵阳 550081；2. 西南大学植物保护学院，重庆 400715；3. 遵义市烟草公司正安县分公司，遵义 563400）

摘 要：由链格孢属（*Alternaria* spp.）病原菌引起的烟草赤星病是国内外重要的烟草病害之一，不仅直接导致产量损失，而且严重影响烟叶品质，威胁着烟草生产，亟待解决。

关键词：烤烟；赤星病；嘧菌酯；作用机理

采用生物测定的方法测定了水杨肟酸协同前后，嘧菌酯对烟草赤星病菌的毒力。结果表明：嘧菌酯抑制病原菌菌丝生长和孢子萌发的 EC_{50} 值分别为 25.83mg/L 和 0.05mg/L，在 100mg/L SHAM 协同下，EC_{50} 值分别降低为 15.52mg/L 和 0.0038mg/L；SHAM 对烟草赤星病菌菌丝的生长和分生孢子的萌发没有影响。SHAM 增强了嘧菌酯对烟草赤星病菌的毒力，线粒体电子传递的旁路氧化途径存在于烟草赤星病菌中，且在孢子萌发中的增效强于菌丝生长阶段。

田间防效结果表明：嘧菌酯和苯醚甲环唑+嘧菌酯的混合物对烟草赤星病的田间防治效果良好。嘧菌酯 3 次田间喷雾使用剂量分别是 0.094kg a.i./hm^2，0.19kg a.i./hm^2 和 0.28kg a.i./hm^2，其田间防效范围在 86.00%~89.67%；嘧菌酯+苯醚甲环唑田间使用剂量分别是 0.15kg a.i./hm^2，0.22kg a.i./hm^2 和 0.29kg a.i./ha，其田间防效范围在 86.14%~89.23%；2 种药剂在田间的单独使用及其混合使用时均未发现对烟草叶片产生药害的现象。为此，这些药剂可用于烟草赤星病菌的防治。

采用微生物表型芯片技术，研究了嘧菌酯压力下烟草赤星病菌菌丝生长阶段的病原菌的代谢表型，嘧菌酯与水杨肟酸共同协作用下，病原菌菌丝生长阶段的烟草赤星病菌的 950 种代谢表型。结果表明，随着嘧菌酯药剂浓度的增加，烟草赤星病菌的代谢能力逐渐下降。作用于菌丝生长阶段时，在 1mg/L、10mg/L 和 100mg/L 嘧菌酯作用下，病原菌分别能够代谢 21.5%、15.8%、10% 的碳源；89.2%、88.6%、76.6% 的氮源；98.3%、98.3%、67.8%的磷源；94.2%、94.2%、91.6%的硫源；100%、100%、9.4%的生物合成途径（95/95 PM 5 板）；及有 90.53%、89.47%、75.79%的渗透压代谢表型；嘧菌酯在低浓度（1mg/L、10mg/L）时不影响赤星病菌的 pH 值代谢表型。在 100mg/L 水杨肟酸

* 第一作者：汪汉成；E-mail：xiaobaiyang126@hotmail.com

协同下，10mg/L 与 100mg/L 嘧菌酯均增强了对赤星病菌表型代谢的抑制，特别是磷、硫源和生物合成途径的代谢均被完全抑制，病原菌分别能够代谢 5.26%和 2.1%的碳源、及 18.16%和 8.61%氮源；仅有 3.2%和 0%的渗透压代谢表型；同时失去脱羧酶活性，仅在 pH 值 6.0 时具有代谢活性。

基于环介导等温扩增技术检测致病疫霉

Rapid Detection of *Phytophthora infestans* Using a Loop-mediated Isothermal Amplification Assay

汪慧斌，董莎萌*

（南京农业大学，南京　210095）

致病疫霉（*Phytophthora infestans*）侵染马铃薯引起的晚疫病是马铃薯生产上能造成巨大经济损失的毁灭性病害之一，每年在世界范围内造成的损失超过 60 亿美元，也是我国的一类对外检疫对象。选育和使用抗病品种防治农作物病害是防治晚疫病最经济有效的措施，但是由于病原物的变异进化快，抗病品种会迅速的丧失抗病性，其使用年限也越来越短。

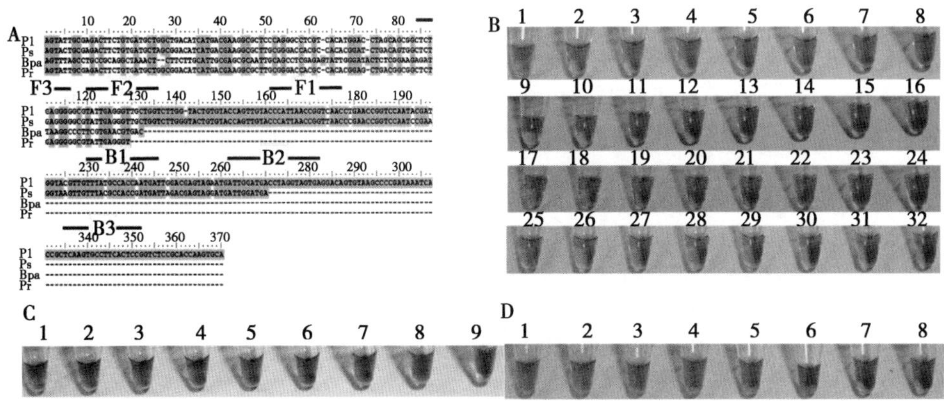

A. LAMP 引物的结构图和引物所在靶基因的位置；B. 致病疫霉菌 *PiA3aPro*-LAMP 反应特异性验证（1：致病疫霉菌标准菌株 B13；2-31：不同属菌株；32：阴性对照）；C. PiA3aPro-LAMP 反应的灵敏度实验（以 10 倍递度稀释的致病疫霉的基因组 DNA 作为反应模板，从左到右 1-8 浓度依次为 100 ng/μL、10 ng/μL、1 ng/μL、100 pg/μL、10 pg/μL、1 pg/μL、100 fg/μL、10 fg/μL；9：阴性对照）；D. PiA3aPro-LAMP 检测人工添加致病疫霉孢子的土样（1：阳性对照 2-7：添加不同数量孢子的土壤，孢子添加数分别为 10000、1000、100、50、10、0；8：阴性对照）。

有效切断并控制晚疫病传播关键之一在于快速准确的诊断出病害，在之前的研究中已经有多种方法运用到了致病疫霉的检测中。但是，目前所使用的致病疫霉检测方法至少都需要热循环设备和电泳仪，甚至有时候需要更为昂贵的荧光分析设备。与传统 PCR 技术相比，由于环介导等温扩增技术（Loop-mediated isothermal amplification，LAMP）具有操作便捷、特异性强、灵敏度高、产物易检测等特点，所以非常适合在实际中的应用。

* 通信作者：董莎萌，男，博士，教授；E-mail：smdong@ njau. edu. cn

本研究基于 LAMP 技术选取致病疫霉转座子基因 *PiA3aPro* 为靶标设计并筛选了一套特异性强、灵敏度高的 LAMP 引物，在此基础上建立了检测致病疫霉的技术体系。该体系反应条件为 64℃，70min，选用 HNB 为指示剂，用肉眼即可观察结果。在特异性检测中，对来自世界各地分离到的 15 株致病疫霉进行检测，结果发现均能显示为阳性，而其他多种疫霉、腐霉、真菌以及细菌的供试菌株中仍显示为阴性。在灵敏度检测中发现，该体系最低能检测到浓度为 10fg/μL 的致病疫霉 DNA。通过在土壤中人工添加孢子的实验发现，*PiA3aPro*-LAMP 体系能够从每 0. 25g 土壤中含 10 个致病疫霉游动孢子的样品中检测出该病原菌。综上所述，本研究在建立了一种快速、灵敏、特异、可视化的致病疫霉菌的 LAMP 检测方法，该 LAMP 检测体系可在 70min 内检测完样品，在显著的缩短了检测时间的同时，也显著地降低了检测成本，能在基层和出入境口岸等大批量植物的快速检测中发挥巨大的作用。

关键词：致病疫霉菌；*PiA3aPro*；环介导等温扩增技术

参考文献

Llorente B, Bravo-Almonacid F, Cvitanich C, et al. 2010. A quantitative real-time PCR method for in planta monitoring of *Phytophthora infestans* growth [J]. Letters in applied microbiology, 51 (6): 603-610.

Lees A K, Sullivan L, Lynott J S, et al. 2012. Development of a quantitative real-time PCR assay for *Phytophthora infestans* and its applicability to leaf, tuber and soil samples [J]. Plant Pathology, 61 (5): 867-876.

大草蛉感觉神经元膜蛋白（SNMP）基因克隆与表达研究*

Gene Cloning and Expression Analysis of Sensory Neuron Membrane Protein Gene from *Chrysopa pallens*

王　娟**，张礼生，王孟卿，刘晨曦***，陈红印***
（中国农业科学院植物保护研究所，农业部作物有害生物综合治理重点实验室，北京　100193）

大草蛉是一种非常优良的天敌资源，在自然界对多种害虫种群数量的消长有显著的控制效果，其主要捕食蚜虫、粉虱、螨类、小型鳞翅目幼虫、蓟马、介壳虫和斑潜蝇的幼虫等。然而，成虫释放之后易飞离靶标区域，形成“无天敌”空间。因此，对大草蛉嗅觉系统的深入研究，明确其嗅觉识别机制，研究引诱大草蛉的信息化学物质，对促进其在农田生态系统中的重要生物防治作用至关重要。通过 RACE PCR 的方法克隆了大草蛉 SNMP 基因全长序列，并对其进行了生物信息学分析。利用荧光定量 qRT-PCR 技术研究了大草蛉 SNMP 基因在成虫不同组织、不同发育阶段的触角，以及交配前后在触角中的表达情况，同时对大草蛉 1-3 龄幼虫中 SNMP 基因的表达情况也做了相关研究。克隆得到了大草蛉感觉神经元膜蛋白 SNMP 基因全长，BLASTx 比对发现其与多种昆虫 SNMP2 序列比对上，因此，将该 SNMP 基因命名为 CpalSNMP2。序列分析表明，CpalSNMP2 编码区全长 1 716bp，其 mRNA 编码的蛋白为 571 个氨基酸。预测的蛋白分子量为 65.06 ku，等电点为 5.25。采用 TMHMM 程序预测 CpalSNMP2 蛋白的跨膜区，结果表明其具有两个跨膜区，分别位于 N 端和 C 端。亲脂性分析该蛋白包含有几个疏水区域，主要分布于 N 端和 C 端。序列比对结果显示，不同目昆虫 SNMP2 蛋白序列之间存在几个保守位点，且序列相似性为 48.51%。包括转录组鉴定得到的 CpalSNMP1 序列在内的系统发育进化树结果显示来自不同目的所有昆虫 SNMPs 被分为两种 SNMP 家族基因，分别是 SNMP1 和 SNMP2，CpalSNMP1 和 CpalSNMP2 分别聚在进化枝 SNMP1 和 SNMP2 中。qRT-PCR 结果显示 CpalSNMP2 在雌、雄触角及翅膀中表达量显著高于在其他组织中的表达量，其次在腹部和胸部的表达量也较高，在头部和足中的表达量最少。其中在雄虫翅中的表达量是在雌虫翅中表达量的 2.0 倍（$P<0.05$）。此外，在成虫雌、雄触角中表达量均显著高于幼虫期表达量。对其在成虫不同发育阶段的触角（第 1 日龄、第 10 日龄、第 25 日龄的成虫雌、雄触

---

* 基金项目：国家自然科学基金项目（31572062）；948 重点项目（2011-G4）

** 第一作者：王娟，女，博士研究生，研究方向为害虫生物防治；E-mail：wangjuan350@163.com

*** 通信作者：陈红印；E-mail：hongyinc@163.com
刘晨曦；E-mail：liuchenxi2004@126.com

角）中的表达量情况研究结果显示随着成虫龄期的增加，CpalSNMP2 基因在雌、雄触角中的表达量也随之增加，在成虫 25 日龄时表达量达到最高。上述研究结果旨在明确大草蛉 CpalSNMP2 基因表达分布特征的基础上，推测其可能的功能，为进一步进行功能研究奠定基础。

关键词：大草蛉；触角；感觉神经元膜蛋白；RACE PCR；荧光定量

氟磺胺草醚对板蓝根保护酶活性及光合特性的影响*

Effects of Fomesafen on the Protective Enzyme Activity and Photosynthetic characteristics of Indigowoad Root

王　鑫[2**]，李胜才[1***]，郭平毅[1]
（1. 山西农业大学农学院，太谷　030801；
2. 山西省投资咨询和发展规划院，太原　030009）

摘　要：板蓝根为试验材料，研究除草剂氟磺胺草醚不同剂量处理对板蓝根保护酶（SOD、POD）活性、丙二醛（MDA）含量、叶绿素相对含量、光合作用等指标的影响及变化规律，为中药材田安全使用除草剂提供科学依据。主要结果如下：氟磺胺草醚各剂量处理下的 MDA 含量和膜透性在第 3 天达到最大值，第 4 天有所下降，剂量 1~3 处理，叶片 MDA 含量呈现先下降后升高的趋势。随着氟磺胺草醚施用剂量的升高，POD、SOD 活性随剂量的增加而降低。氟磺胺草醚剂量 1 对板蓝根的光合作用影响较低，其他剂量均对光合作用产生显著影响，抑制了光合作用，剂量增加药害加重。

关键词：氟磺胺草醚；板蓝根；保护酶活性；光合特性

板蓝根（常用别名：靛青根、蓝靛根、大青根）是一种中药材。中国各地均产。板蓝根分为北板蓝根和南板蓝根，北板蓝根来源为十字花科植物菘蓝（*Isatis tinctoria* L.）和草大青（*I. indigotica* Fort.）的根；南板蓝根为爵床科植物马蓝［*Baphicacanthus cusia*（Nees）Brem.］的根茎及根。具有清热解毒、凉血消肿、利咽之功效。板蓝根在种植过程中受到杂草的为害日益显现，利用除草剂安全防除板蓝根田杂草非常必要。氟磺胺草醚，是一种具有高度选择性苗后除草剂，能有效地防除大豆、花生田阔叶杂草和香附子，对禾本科杂草也有一定防效。本研究选取氟磺胺草醚除草剂，研究其对板蓝根的光合生理特性的影响，探索其安全使用剂量，为其安全使用提供理论依据。

---

* 基金项目：山西农业大学博士后基金项目、山西省科技攻关项目

** 第一作者：王鑫，男，博士，山西农业大学农学院博士后，硕导，副研究员，主要从事作物化控与逆境生理研究；E-mail：534295253@ qq. com

*** 通信作者：李胜才，教授、博导

1 试验设计与方法

1.1 供试材料

1.1.1 供试材料

板蓝根，山西农业大学作物化学调控重点实验室提供。

1.1.2 供试药剂

氟磺胺草醚，山东侨昌化学有限公司生产。

1.2 试验地点

大田试验在山西农业大学试验田进行，室内测试在山西农业大学作物化学调控实验室。

1.3 试验设计

2015 年 5 月 2 号，在试验田种植板蓝根，5 月 12 日，早上 9：30—10：00 喷施除草剂，采用随机区组试验设计，试验小区面积 6 m^2，长 3m，宽 2m，施药量见表 1，配 50mL 水进行喷施，重复 3 次，从处理后第 1~4 天每天上午 8：00—8：30 取样进行测定。实验数据用 SAS 和 Excel 进行分析处理。氟磺胺草醚按下表剂量处理

表 1 剂量

除草剂	CK	剂量（1）	剂量（2）	剂量（3）	剂量（4）
25%水剂氟磺胺草醚	0	50μL	100μL	200μL	400μL

1.4 测定指标及方法

1.4.1 细胞质膜相对透性测定

标准称取样品 0.5 g，用去离子水洗净，真空抽气 15min，室温放置 30min，用 DDSJ-308A 电导仪测外渗电导值，在沸水中煮 10min，冷却后测定外渗电导值。用样品煮前电导率占煮后的电导率的百分比表示。

1.4.2 粗酶液制备

取 0.1g 鲜重板蓝根叶片，置于研钵中，加入 1.5mL 50mmol/L 磷酸缓冲液（pH 值 7.8）于冰浴上研磨，12 000r/min 冷冻离心 15min，取上清液供酶活测定。

1.4.3 MDA 含量、SOD、POD 活性测定

过氧化物酶（POD）活性测定采用愈创木酚法。超氧化物歧化酶（SOD）采用 NBT 光还原法。MDA 含量测定方法稍加修改。1mL 提取液加 4mL 含 0.5%（w/v）硫代巴比妥酸 20%（w/v）三氯乙酸溶液，沸水中煮沸 30min，冷却后离心（1 000g，15min），测定 OD_{532}和非特异性吸收值 OD_{600}。按 155nmol/cm 消光系数计算 MDA 含量。

1.4.4 叶绿素含量测定

用 KONICA MINOLTA SENSING，INC. 生产的 SPAD-502 叶绿素仪进行叶绿素相对含量的测定。

1.4.5 光合作用测定

用 CI-便携式光合仪测定光合速率（Pn）、气孔导度（Gs）及胞间 CO_2浓度（Ci）等指标。

2 结果与分析

2.1 氟磺胺草醚对板蓝根保护酶活性及脂质过氧化作用的影响

2.1.1 氟磺胺草醚对板蓝根 MDA 含量的影响

活性氧自由基攻击细胞膜，与膜脂中的磷脂与不饱和脂肪酸发生过氧化或脱脂化反应，产生丙二醛（MDA），以至于膜的孔隙变大，透性增加，最终导致细胞结构的破裂。由图可知，4 个浓度下 MDA 含量在第一天时差差异不显著，随着时间延续而升高，到第三天后开始小幅度的降低；经过不同浓度氟磺胺草醚处理后，随着处理浓度的增加，MDA 含量升高；在剂量 4 处理下 MDA 含量达最高，膜脂过氧化程度加重，其他浓度处理下的 MDA 含量较低，说明中低浓度处理对板蓝根细胞结构影响不大（图 1）。

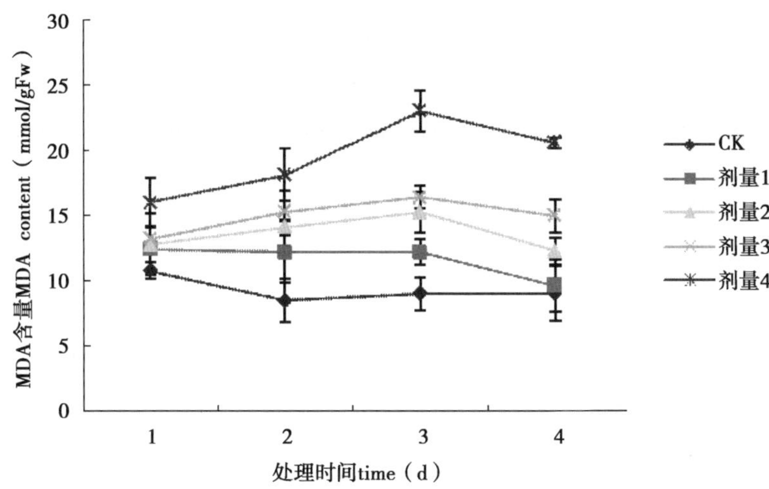

图 1 氟磺胺草醚对板蓝根 MDA 含量的影响

Fig. 1 Effect offomesafen on MDA content of Indigowoad Root

2.1.2 氟磺胺草醚对板蓝根膜透性的影响

细胞质膜受到破坏，细胞电解质就会外渗，破坏越是严重，外渗量就越多。测定结果表明，板蓝根膜透性随氟磺胺草醚浓度的增加而逐渐增大；在 4 个浓度下，膜透性随时间先上升，在第 3 天时出现一个小峰值，然后有所下降。在剂量 4 下，细胞膜过氧化加中严重，细胞膜透性最大，细胞的抗性差，其他剂量处理对魔头性影响不显著（图 2）。

2.1.3 氟磺胺草醚对板蓝根 POD 活性的影响

POD 能催化对自身有害的过氧化物的氧化分解，POD 活性越大，对抵御逆境是能力越强。由图可知，经过四个剂量的氟磺胺草醚处理后，板蓝根 POD 活性都高于对照；随着氟磺胺草醚浓度的增加，板蓝根的 POD 活性呈下降趋势。各浓度条件下，在 4 天内 POD 活性都呈是先升高后降低趋势；当处理剂量最低时 POD 活性达最大，最高剂量处理时 POD 活性最小（图 3）。

2.1.4 氟磺胺草醚对板蓝根 SOD 活性的影响

SOD 是生物防御活性氧毒害的关键性保护酶，具有清除自由基的作用，对于维持细胞膜的结构和功能具有重要的作用。测定结果表明，四个剂量处理的 SOD 含量都大于对

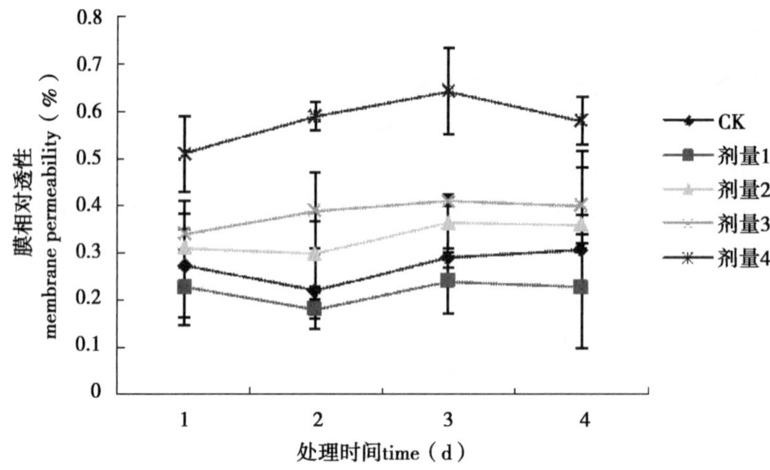

图 2　氟磺胺草醚对板蓝根膜相对透性的影响

Fig. 2　Effect of fomesafen on membrane permeability of Indigowoad Root

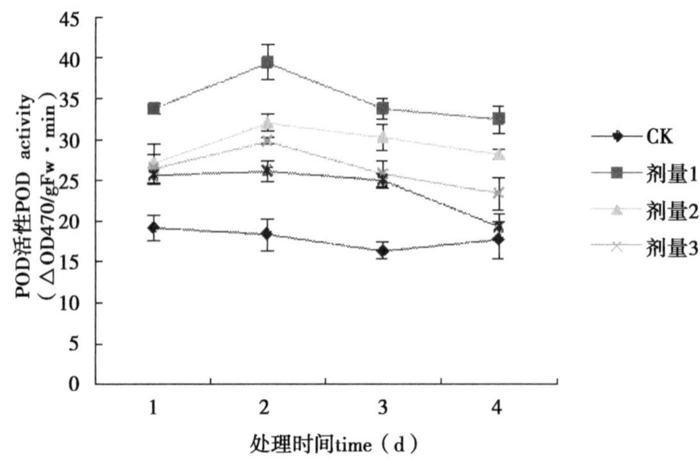

图 3　氟磺胺草醚对板蓝根 POD 活性的影响

Fig. 3　Effect of fomesafen on POD activity of Indigowoad Root

照的；在剂量 1 处理下 SOD 活性达最高，在剂量 4 处理下叶片 SOD 活性最小；随着氟磺胺草醚浓度的增加，板蓝根 SOD 活性下降。在四个处理下，SOD 活性随着时间延续先降低后升高，在第 4 天又下降。剂量 1～3 处理 SOD 活性高于对照，且变化趋势不大，而剂量 4 处理时过多的超氧自由基破坏了细胞的功能，使细胞的生理代谢紊乱，SOD 活性最低（图 4）。

2.2　氟磺胺草醚对板蓝根叶绿素含量及光合作用的影响

2.2.1　氟磺胺草醚对板蓝根叶绿素含量的影响

从图 5 中可以看出，氟磺胺草醚处理后的板蓝根叶片叶绿素相对含量影响不显著，氟磺胺草醚剂量 1～3 对叶绿素相对含量变化的影响不显著，剂量 4 处理后的叶片叶绿素相对含量在 2 天达最大值，4 天含量最低。叶绿素含量随剂量增加含量降低。

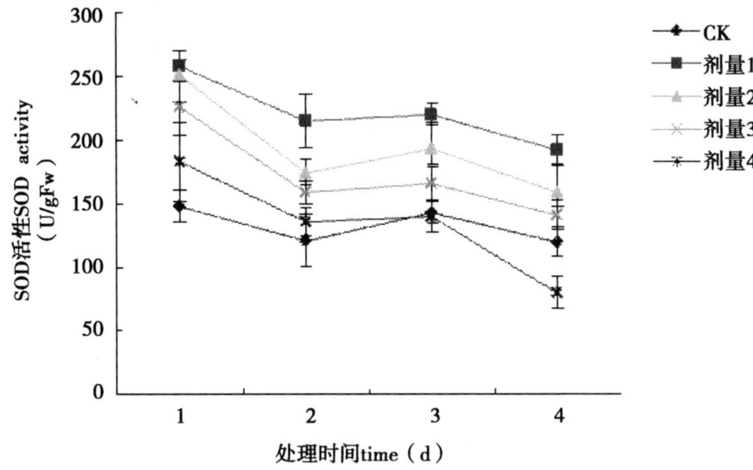

图 4　氟磺胺草醚对板蓝根 SOD 活性的影响

Fig. 4　Effect of fomesafen on SOD activity of Indigowoad Root

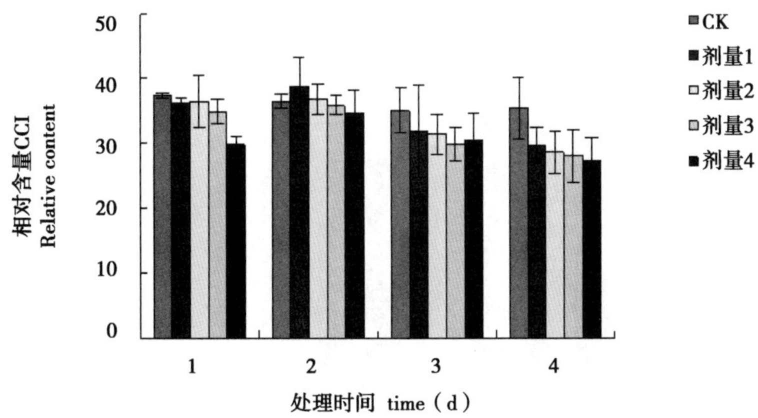

图 5　氟磺胺草醚对板蓝根叶绿素相对含量的影响

Fig. 5　Effect of fomesafen on Cholorophyll relative content of Indigowoad Root

2.2.2　氟磺胺草醚对板蓝根光合作用的影响

结果表明，随着时间的变化和氟磺胺草醚处理剂量的不同板蓝根光合作用有产生一定差异。各浓度处理的光合速率（Pn）、气孔导度（Gs）、胞间 CO_2浓度（Ci）均随处理时间的延续而下降，在同一时间内光合速率（Pn）、气孔导度（Gs）、胞间 CO_2浓度（Ci）均随处理浓度的增加而降低。由图可知在处理后板蓝根的光合速率随处理时间的延长而下降，但下降趋势不大，各同一剂量处理 4 天内的差异不显著，处理后 4 天光合速率较低的水平，均低于对照，各处理间有一定差异，剂量 4 处理的光合速率显著其余对照。各浓度处理下的 Gs 随时间的延长呈降低的趋势。处理后 1 天除剂量 4 处理外其他处理的 Gs 均高于 CK，2 天后 Gs 逐渐降低，且都低于 CK。氟磺胺草醚各处理下 Ci 随处理时间延长而降低，处理后 1 天各处理的 Ci 于 CK 相比差异不显著，2 天后 Ci 降低，3 天的 Ci 与 2 h 的 Ci 差异不显著，最高浓度处理显著低于 CK（图 6~图 8）。

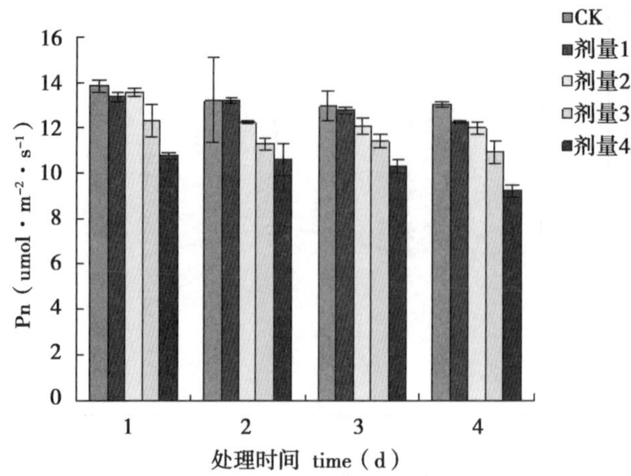

图 6　氟磺胺草醚对板蓝根光合速率的影响

Fig. 6　Effect of fomesafen on Photosynthesis rate of Indigowoad Root

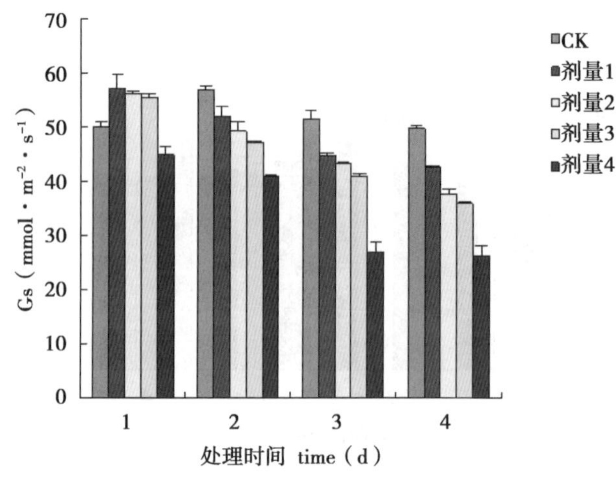

图 7　氟磺胺草醚对板蓝根气孔导度的影响

Fig. 7 Effect of fomesafen on Gs of Indigowoad Root

3　结论与讨论

大量研究指出，当植物处于逆境条件及衰老等都会导致植物细胞内自由基产生和消除的平衡遭到破坏而出现自由基积累，并由此引发或加剧了细胞的膜脂过氧化。MDA 是膜脂过氧化的主要产物之一，具有很强的细胞毒性，对膜和细胞中许多功能分子蛋白如蛋白质，核酸和酶等均有很强的破坏作用，并引起生物膜的结构损伤。MDA 含量高低和细胞质膜透性变化是反映细胞膜脂过氧化作用强弱和质膜破坏程度的重要指标。氟磺胺草醚的各处理剂量处理下的 MDA 含量和膜透性都是先升高，在第 3 天达到峰值，在第 4 天植株有所下降，这可以认为是膜脂的过氧化引起了膜一定程度的损伤剂量 1～3 处理下叶片 MDA 含量呈现先下降后升高的趋势，在前 3 天呈明显下降趋势，第 3 天后明显上升。

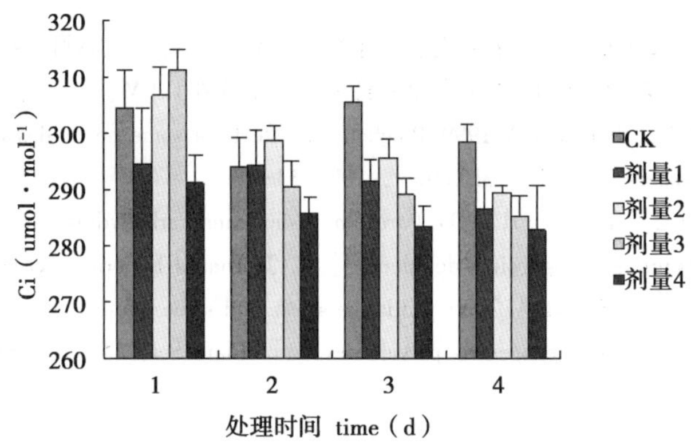

图 8　氟磺胺草醚对板蓝根胞间 CO_2 浓度的影响

Fig. 8　Effect of fomesafen on Ci of Indigowoad Root

MDA 含量和膜透性在低浓度处理期间都有个降低过程，说明有其他的生理反应参与膜损伤的修复过程，可以看做是植物的一种避逆反应。随着氟磺胺草醚施用剂量的升高，POD、SOD 活性和相对含水量随剂量的增加而减弱。

植物通过光合作用形成碳水化合物，为植物的生长提供能量。叶绿体是植物进行光合作用的细胞器，叶绿素则是光合作用中吸收光能的光合色素。所以说植物体内叶绿素含量的高低直接影响光合作用强弱，结果表明：喷施不同剂量的氟磺胺草醚对叶绿素的含量有轻微影响，高剂量的除草剂施用下叶绿素相对含量偏低。氟磺胺草醚剂量 1 对板蓝根的光合作用影响较小，可安全施用，剂量处理对的光合作用影响，各项光和指标显著低于对照。

在本试验中所采用的在推荐用量及推荐以内均可在板蓝根田安全施用在实际应用时会受环境条件的影响，要尽量做到施用除草剂的同时不危害环境，根据具体条件选择适当的除草剂品种。本章是板蓝根田化学除草的初步研究，尚有大量的问题需要在今后的研究中发现并解决，希望本文的结果能为药用植物化学除草技术的研究提供理论依据。

参考文献

陈国宝，王世明，王振成 . 2010. 豆田杂草综合防治效果好［J］. 植物保护，1：29.

郭平毅. 1996. 农田化学除草［M］. 北京：中国农业科技出版社 .

李光熙 . 2013. 提高科技含量迈向新世纪的除草剂开发、研制与应用［J］. 杂草科学，1：2-5.

刘宛，李培军，周启星，等 . 2003. 短期菲胁迫对大豆幼苗超氧化物歧化酶活性及丙二醛含量的影响［J］. 应用生态学报，14（4）：581-584.

谢凤勋 . 2002. 中药原色图谱及栽培技术［M］. 北京：金盾出版社.

肖维 . 1993. 美国除草剂的发展和杂草防除市场化［J］. 农药译丛，1：20-24.

王有志，张亚云 . 1994，中药柴胡的物种调查和鉴定［J］. 中国药学杂志，29（1）：16-18.

吴征益，庄璇，苏志云，等. 1999. 中国植物志（第三十二卷）［M］. 北京：科学出版社 .

韦直，何业祺 . 1993. 浙江植物志（第三卷）［M］. 杭州：浙江科学技术出版社 .

张朝贤 . 2008. 合理用药，预防长残效除草剂残留药害［J］. 杂草科学，2：2-4.

张玉聚，张德胜，刘周扬，等. 2013. 苯氧羧酸类除草剂的药害与安全应用［J］. 农药，42（1）：

41-43.

中国农垦进出口公司. 1992. 农田杂草化学防除大全 [M]. 上海：上海科学技术文献出版社.

中国农业百科全书编委会. 1991. 中国农业百科全书（生物卷）[M]. 北京：农业出版社.

Banerjee B D, Seth V, Bhattarya A. 1999. Biochemical effects of some pesticides on lipid peroxidation and free-radical scavengers [J]. Toxical Letters, 107: 33-47.

Cakmak I, Hengeler C, Marchner H. 2004. Partition of shoot and carbohydrates in bean plants suffering from phosphrus, potassium and magnesium deficiency [J]. Journal of Experimental botany, 45: 1245-1250.

Velikova V, Yordanov I, Edreva A. 2000. Oxidative stress and some antioxidant systems in acid rain treated bean plants protective role of exogenous polyamines [J]. Plant Sci, 151: 59-66.

致病疫霉 Nudix 效应分子的生物学功能研究

The Study on Biological Functions of Nudix Effectors from Potato Late Blight Pathogen *Phytophthora infestans*

闫亭秀，董莎萌*
（南京农业大学，江苏 210095）

马铃薯晚疫病由致病疫霉菌（*Phytophthora infestans*）侵染马铃薯引起，是一种毁灭性植物卵菌病害。致病疫霉可通过向寄主植物分泌效应分子抑制寄主免疫反应，本实验室先前研究首次报道了大豆疫霉菌分泌一个具有 Nudix 水解活性的效应分子 PsAvr3b 来操控植物的免疫反应，但是有关 Nudix 效应分子诱导寄主感病性的具体生化机理尚不清楚。笔者试图通过从致病疫霉中克隆得到 3 个 Nudix 效应分子方面来进一步解决这些问题。通过生物信息学初步研究分析，笔者选择从致病疫霉中克隆得到 3 个 Nudix 效应分子基因：*nud*1（PITG_ 15679）、*nud*2（PITG_ 05846）和 *nud*3（PITG_ 06308），这 3 个基因都具有两个内含子，其中 *nud*3 通过可变剪切可产生两种转录本 *nud*3. 1 和 *nud*3. 2。Real-time 反转录 PCR 发现这些基因在致病疫霉侵染番茄的早期显著上调表达，其中 *nud*3. 2 在侵染 6h 时表达量最高，*nud*2 其次，而 *nud*1 在侵染各个阶段的表达量都很低。在本氏烟草细胞中过表达 3 个致病疫霉 Nudix 效应分子，结果发现只有 NUD3. 2 可以显著增强植物的感病性。通过构建序列进化树分析发现这些效应分子的 Nudix 水解酶功能域与已知的以 AP6A 为底物的水解酶聚类在一起，利用 UPLC-ESI-MS/MS 结合体外生化实验证实重组 Nudix 效应分子 NUD3. 2 具有水解 Ap6A 的活性。通过显微观察技术发现致病疫霉 Nudix 效应蛋白定位到细胞膜和细胞质，并且发现 3 个 Nudix 效应分子在本氏烟草上均具有抑制致病疫霉菌胞外激发子 INF1 诱导细胞坏死的能力，但是只有 NUD3. 2 可以抑制新型激发子 PiXEG1 诱导的细胞坏死，并且发现致病疫霉 Nudix 效应分子的细胞质定位对其毒性功能的发挥起到了重要的作用。本论文研究结果揭示病疫霉菌 Nudix 效应分子彼此间的功能在进化过程中发生明显的分化。

关键词：致病疫霉；Nudix 效应分子；毒性功能；植物免疫

* 通信作者：董莎萌，男，博士，教授；E-mail：smdong@ njau. edu. cn

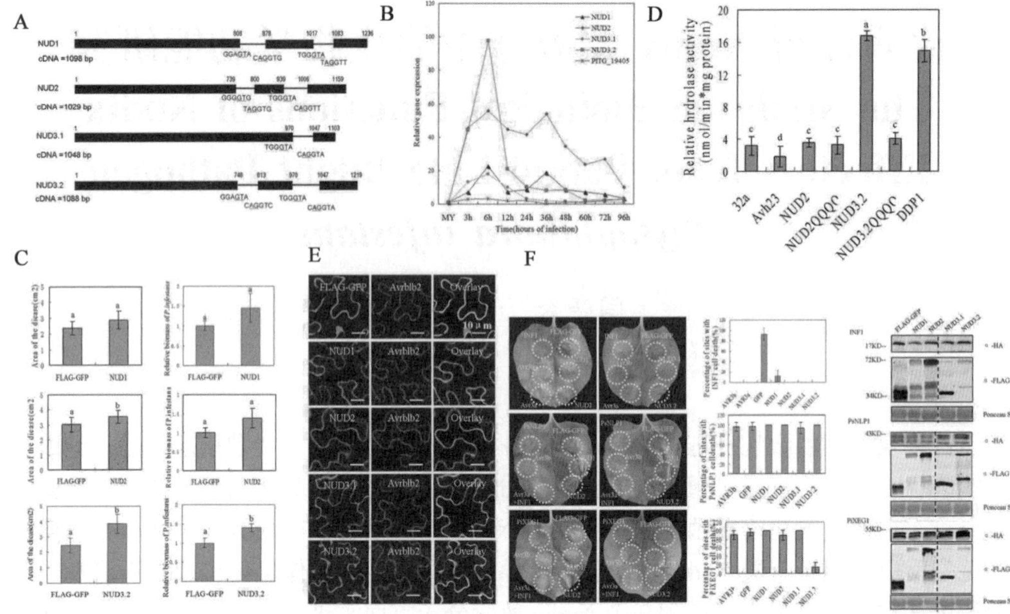

A. Nudix 效应分子结构存在内含子剪切；B. 致病疫霉 Nudix 基因转录表达 qRT-PCR 分析；C. 致病疫霉效应分子 NUD3. 2 增强植物感病性；D. 致病疫霉 Nudix 效应分子 NUD3. 2 具有 AP6A 水解酶活性；E. 致病疫霉 Nudix 效应分子定位细胞膜和细胞质；F. Nudix 效应分子抑制疫霉菌激发子引发的细胞坏死

参考文献

Dong S, Yin W, Kong G, et al. 2011. Phytophthora sojae avirulence effector Avr3b is a secreted NADH and ADP-ribose pyrophosphorylase that modulates plant immunity [J]. Plos Pathogens, 7 (11): e1002353.

Huang G, Jiang P, Li X F. 2017. Mass spectrometry identification of N-chlorinated dipeptides in drinking water [J]. Analytical Chemistry.

Huang Y, Sun H Y, Qin X L, et al. 2017. A UPLC-MS/MS method for simultaneous determination of free and total forms of a phenolic acid and two flavonoids in rat plasma and its application to comparative pharmacokinetic studies of *polygonum capitatum* extract in rats. [J]. Molecules, 22 (3) .

Kong G, Zhao Y, Jing M, et al. 2015. The activation of phytophthora effector Avr3b by plant cyclophilin is required for the nudix hydrolase activity of Avr3b [J]. Plos Pathogens, 11 (8): e1005139.

Olejnik K, Kraszewska E. 2005. Cloning and characterization of an Arabidopsis thaliana, Nudix hydrolase homologous to the mammalian GFG protein [J]. Biochimica Et Biophysica Acta, 1752 (1752): 133-141.

Olejnik K, Murcha M W, Whelan J, et al. 2007. Cloning and characterization of AtNUDT13, a novel mitochondrial *Arabidopsis thaliana* Nudix hydrolase specific for long-chain diadenosine polyphosphates [J]. Febs Journal, 274 (18): 4877-4885.

基于 LC-MS 的水稻鞘脂检测及其在抗病应答中的应用

Quantitative Analysis of Sphingolipids in *Oryza sativa* by HPLC-MS and Its Application in Immune Response

尹 健*

（中山大学生命科学学院，广州 510000）

鞘脂作为膜结构的重要组成部分之一，是一类含有鞘氨醇骨架的两性脂，由鞘氨醇、脂肪酸和头部基团构成。不同链长的脂肪、不同的鞘氨醇种类，以及各种不同的头部基团组合可以形成上百种的鞘脂结构。鞘脂结构的多样性也决定了其功能的复杂性，不同结构的鞘脂往往具有不同的生理功能（Markham et al.，2013）。先前的研究一直认为鞘脂是作为细胞膜的结构成分来维持膜结构的稳定性，而随着质谱的出现和丰富的鞘脂突变体库，科学家们发现鞘脂还能作为一种信号分子参与调节多种重要的细胞生理过程（Hannun et al.，2008）。

水稻（*Oryza sativa* L.）作为世界上最重要的粮食作物，同时也是单子叶模式植物，如何提高水稻产量和抵抗病虫害能力关系国家民生，是目前水稻研究的重要课题。大量研究表明，鞘脂可以作为一种活性分子在生长发育和抵抗病菌入侵中发挥着重要作用，暗示着鞘脂在水稻中增加产量和增强抗病性方面具有巨大的潜力（Li et al.，2016）。近年来，尽管拟南芥鞘脂研究取得实质性的进展，但在单子叶模式生物的水稻中，笔者对其鞘脂的功能以及鞘脂代谢途径上的酶知之甚少，研究水平相对滞后。究其原因主要是因为缺少一种有效的分析方法能系统地检测水稻内源鞘脂含量的动态变化。此外，由于水稻的鞘脂含量低，其鞘脂代谢产物的结构更为复杂、种类繁多，对检测灵敏度和分析手段都有较高的要求。

目前，检测植物鞘脂含量动态变化最有效的方法是借助于高效液相色谱串联质谱联用系统（high-performance liquid chromatography electrospray ionization tandem mass spectrometry，HPLC-ESI-MS/MS），它可以对植物鞘脂进行准确的定性定量分析，帮助有助于研究人员进一步揭示植物鞘脂在生物和非生物胁迫中的功能。本研究开发了一种快速灵敏地检测水稻鞘脂组分含量的分析方法，能够准确的定性水稻鞘脂的种类以及更灵敏地对水稻鞘脂含量进行检测。并结合 SWATH（Sequential Windowed data independent Acquisition of the Total High-resolution Mass Spectra）扫描技术，实现真正意义上的水稻鞘脂组学研究，对于鞘脂的功能研究具有重要意义。通过检测病原菌侵染和褐飞虱侵食水稻前后鞘脂含量的变化，深入研究水稻与病原菌互作中鞘脂的功能，将为发掘和寻找抗病机制的研究以及水稻育种的遗传改良

* 第一作者：尹健，博士；E-mail：yinjian6@ mail. sysu. edu. cn

提供新思路。

关键词：水稻；鞘脂；液相质谱联用技术；SWATH

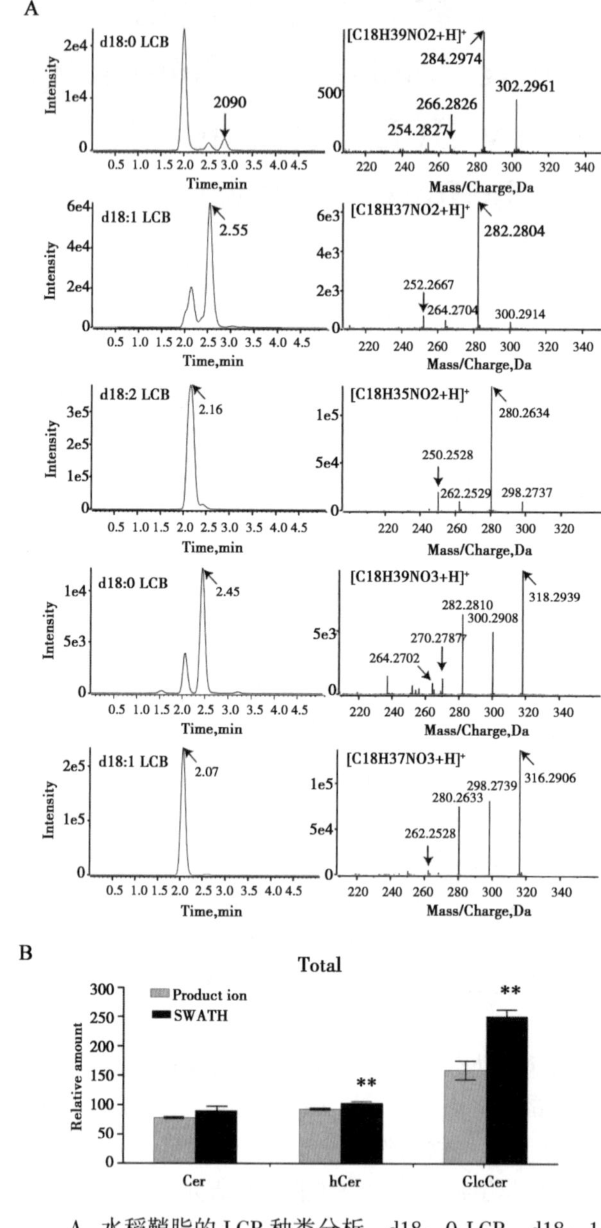

A. 水稻鞘脂的 LCB 种类分析，d18：0 LCB、d18：1 LCB、d18：2 LCB、t18：0 LCB 和 t18：1 LCB 的一级谱图和二级碎片离子图；B. 用 PI 或者 SWATH 模式检测水稻不同鞘脂种类的总量

参考文献

Hannun Y A，Obeid L M. 2008. Principles of bioactive lipid signalling：lessons from sphingolipids [J].

Nature Reviews Molecular Cell Biology, 9: 139-150.

Li J, Yin J, Rong C, et al. 2016. Orosomucoid proteins interact with the small subunit of serine palmitoyltransferase and contribute to sphingolipid homeostasis and stress responses in arabidopsis [J]. The Plant cell, 28: 3038-3051.

Markham J E, Lynch D V, Napier J A, et al. 2013. Plant sphingolipids: function follows form [J]. Current Opinion in Plant Biology, 16: 350-357.

红铃虫性信息素合成激活肽的 cDNA 克隆、序列特征及时空表达分析

Cloning, Sequence Analysis and Spatio-temporal Expression of the Pheromone Biosynthesis Activating Neuropeptide (PBAN) in the Cotton Pink Bollworm Moth

许 冬，丛胜波，王 玲，万 鹏

（农业部华中作物有害生物综合治理重点实验室，湖北省农业科学院植保土肥研究所，武汉 430064）

本研究对红铃虫（*Pectinophora gossypiella*）性信息素合成激活肽基因进行克隆鉴定，并对其序列特征、表达规律进行研究，为阐明该虫求偶交配机制、利用干扰昆虫生殖行为来进行害虫防治提供依据。利用 Race 技术克隆了一个红铃虫性信息素合成激活肽基因，Genbank 登录号：KY987647。该基因 cDNA 序列全长 1 461bp，618 个碱基的开放读码框，编码 205 个氨基酸，5′端的非翻译区有 121 个碱基，3′-UTR 有 722 个碱基。该蛋白的预测分子量为 2. 41ku，等电点 PI 为 9. 25。以 SignalP 4. 0 推导出蛋白序列 N 端有一条潜在的信号肽：M1-A23。具有 PBAN 典型的 6 个保守的识别切割位点。对红铃虫 PBAN 氨基酸序列进行同源性比较以及进化树分析，发现其与鳞翅目灯蛾科的旋古毒蛾（*Orgyia thyellina*，登录号为 BAE94185. 1）、舟蛾科的分月扇舟蛾（*Clostera anastomosis*，登录号为 AAV59460. 1）的 PBAN 聚在同一分支上，同源相似性较高，表明其很可能源自一个共同的基因。经不同发育阶段检测发现，PBAN mRNA 在红铃虫雌、雄虫体中均有表达，但在不同发育阶段的表达水平有所差别，其中，以成虫期的相对表达量最高，若虫期次之，蛹期最低。交配对红铃虫雌、雄成虫体内 PBAN 的表达有一定的影响，棉花挥发物则对红铃虫 PBAN 的表达未表现出调控作用。

关键词：红铃虫；性信息素合成激活肽；序列分析；交配

小贯小绿叶蝉气味结合蛋白和化学感受蛋白基因的鉴定及表达谱分析*

Identification and Comparative Expression Analysis of Odorant Binding Protein and Chemosensory Protein Genes in *Empoasca onukii*

赵云贺[1**]，谷少华[2***]，张正群[1***]

（1. 山东农业大学，泰安 271018；2. 植物病虫害生物学国家重点实验室，中国农业科学院植物保护研究所，北京 100193）

小贯小绿叶蝉（*Empoasca onukii* Matsuda）是中国分布最广泛、为害最严重的茶树害虫。前期研究表明茶树挥发物（如：反式-2-己烯醛，反式-罗勒烯，芳樟醇等）对小贯小绿叶蝉表现出强烈的引诱作用，非寄主挥发物（如：*p*-伞花烃，柠檬烯，1，8-桉树酚等）对小贯小绿叶蝉表现出强烈的驱避作用。然而，小贯小绿叶蝉嗅觉感知这些挥发物的分子机制尚不清楚。气味结合蛋白（odorant binding proteins，OBPs）和化学感受蛋白（chemosensory proteins，CSPs）在昆虫感知外界气味信息和运送气味信号中发挥着重要的作用。

本研究以小贯小绿叶蝉成虫触角及身体（不含触角）RNA 为模板，构建了两个非均一化的触角和身体 cDNA 文库，采用二代高通量（Illumiuna RNA-seq）测序平台，对触角和身体 cDNA 文库进行转录组测序。通过进一步的生物信息学分析从小贯小绿叶蝉转录组中共鉴别出 33 个气味结合蛋白（OBPs）基因和 24 个化学感受蛋白（CSPs）基因。在鉴定到的 33 个 OBPs 中 29 个为全长序列，具有完整的开放阅读框（ORF），ORF 的长度从 408~705bp 不等。根据保守半胱氨酸残基的数量和位置以及多序列比对结果，33 个 OBPs 分为两类，其中 20 个为典型 OBPs，13 个为 Plus-C 型 OBPs。鉴定的 24 个 CSPs 中 18 个为全长序列，ORF 的长度从 321~477bp 不等。采用半定量和荧光定量 PCR 对这些基因进行表达谱分析，结果表明：24 个 OBPs 基因和 13 个 CSP 基因特异性或主要在小贯小绿叶蝉触角中表达，表明了这些基因在小贯小绿叶蝉嗅觉识别过程中发挥着重要的作用。此外，小贯小绿叶蝉的 1 个 OBP 基因和 4 个 CSP 基因在身体中表达量显著高于触角，表

* 基金项目：国家自然科学基金（31501651）；国家重点研发计划（2016YFD0200900）；山东省自然科学基金（ZR2015CQ017）；山东省现代农业茶产业体系专项资金（SDAIT-19-04）

** 第一作者：赵云贺，博士，主要从事蔬菜害虫防治及化学生态；E-mail：zhaoyunhe0827@163.com

*** 通信作者：张正群，博士，主要从事昆虫化学生态研究；E-mail：zqzhang@sdau.edu.cn

谷少华，博士，副研究员，主要从事昆虫嗅觉识别的分子和细胞机制；E-mail：shgu@ippcaas.cn

明这些基因可能在小贯小绿叶蝉嗅觉识别过程中与其他 OBPs 和 CSPs 基因起着完全不同的作用。上述研究成果为进一步研究小贯小绿叶蝉 OBPs 和 CSPs 基因的功能提供了重要的理论基础。

关键词：小贯小绿叶蝉；气味结合蛋白；化学感受蛋白

一种新型吡啶基嘧啶醇类植物抗病激活剂与水稻抗性

A Novel Pyridyl Pyrimidine Plant Activator and Rice Defense

李　俭*

（中山大学生命科学学院，广州　510000）

我国是世界第一大农药生产国和使用国，其中毒性较高、在植物中残留较多、会渗透到土壤和水体中造成环境污染，进而影响人类身体健康的化学农药占据主导地位。目前我国每年农药市场份额大概2 000亿元，其中95%是化学农药，生物农药只占5%。植物激活剂是一类新型的生物农药，通过多种方式激活植物天然免疫系统来抵御病虫害的侵染，并具有对病原菌无直接的杀伤作用，不易产生抗药性，环境友好等特点，是生态农业发展的一个重要方向。传统植物激活剂苯并噻二唑（BTH）是商品化最成功植物抗病激活剂，可以诱导多种植物包括烟草，拟南芥对多种病原菌广谱的抗性虽能诱发植物对病原菌的抗性，但同时也会对植物的生长发育产生不利影响，如造成植物生长缓慢以及植株矮小等。笔者鉴定到一种新型的植物激活剂，命名为WSA（Water Soluble Activator）（专利号：ZL2013 10535851.1）。与商业化的植物激活剂BTH对比，WSA并不抑制植物的生长和根系统发育（图C），此外，WSA还能诱导可诱导水稻中激素JA及OPDA的含量（图A），并显著增强重要粮食作物水稻对白叶枯病的抗性（图B）。

关键词：生物农药，植物抗性，绿色环保

* 第一作者：李俭，博士；E-mail：lijian76@mail.sysu.edu.cn

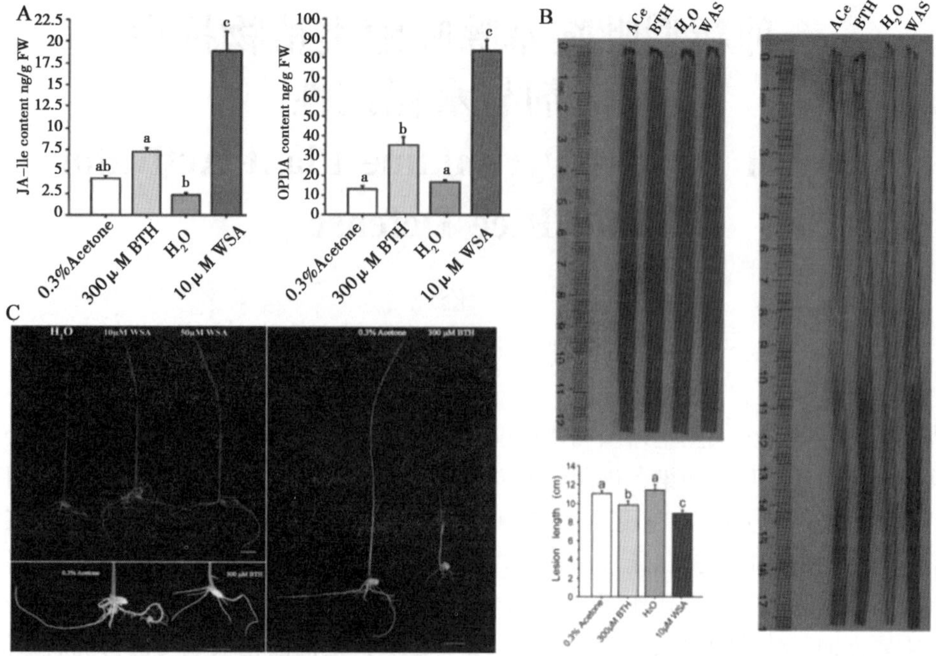

A. 单独喷施植物激活剂对激素含量的影响；B. 受白叶枯病原菌侵染后的不同处理组水稻叶片表型；C. 经过不同植物激活剂处理的水稻幼苗表型

图　WAS 对水稻生长和抗性的影响

小菜蛾对氯虫苯甲酰胺抗性相关 lncRNA 的鉴定

朱　斌，徐曼宇，石海燕，高希武，梁　沛*
（中国农业大学昆虫学系，北京　100193）

长链非编码 RNA（lncRNA）是一类具有多种生物学功能的重要调控因子，能够在多个层面调控基因的表达。lncRNA 广泛存在于包括昆虫在内的多种生物体内。已有研究表明，一些 lncRNA 可以参与调控昆虫对外界刺激和部分杀虫药剂的应激响应，但是截至目前为止，有关小菜蛾对氯虫苯甲酰胺抗性相关的 lncRNA 还未见报道。

本研究利用实验室长期筛选的一个小菜蛾敏感品系（CHS）以及两个氯虫苯甲酰胺抗性品系（CHR，ZZ），构建了 9 个 RNA 文库，通过转录组测序共鉴定得到了 1 309条 lncRNA，包括 877 条基因间 lncRNA，190 条内含子 lncRNA，76 条反义链 lncRNA 和 166 条正义链 lncRNA。在鉴定得到的 1 309条 lncRNA 中，有 1 059条是新发现的。通过对三个品系间 lncRNA 的差异表达分析，在 CHR 和 CHS 之间共检测到了 64 条差异表达的 lncRNA，在 ZZ 和 CHS 之间共检测到了 83 条差异表达的 lncRNA，其中有 22 个差异表达的 lncRNA 是两个抗性品系共有的。除此之外，笔者进一步预测了差异表达 lncRNA 的顺式（上游或者下游 <10kb）以及反式（Pearson's correlation，$r > 0.9$ or < -0.9，$P < 0.05$）作用靶标，发现许多差异表达的 lncRNA 与多种常见的抗药性基因具有表达相关性，例如鱼尼丁受体（ryanodine receptor），UDP-葡萄糖基转移酶（uridine diphosphate glucuronosyltransferase，UGTs），细胞色素 P450（cytochrome P450），酯酶（esterase）和 ATP 结合盒式转运蛋白（ATP 转运蛋白 me P450hate glucuronosyltra ABC transporters）等。相关结果发表在 BMC Genomics 上（Zhu et al.，2017）。

本研究系统鉴定了小菜蛾对氯虫苯甲酰胺抗性相关的 lncRNA，为进一步在小菜蛾和其他目标昆虫中研究 lncRNA 介导的氯虫苯甲酰胺抗性机制提供了重要线索，也为深入研究 lncRNA 对害虫抗药性中的调控作用提供了借鉴。

参考文献

Zhu B，Xu M Y，Shi H Y et al. 2017. Genome-wide identification of lncRNAs associated with chlorantraniliprole resistance in diamondback moth *Plutella xylostella*（L.）[J]. BMC Genomics，18：380.

* 通信作者：梁沛，男，研究员；E-mail：liangcau@ cau. edu. cn

VSL2 调控水稻细胞死亡和免疫反应*

Regulation of VSL2 on Cell Death and Immunity in Rice

朱孝波**，梁瑞红，泽　木，尹俊杰，王文明***，陈学伟***

（四川农业大学，水稻研究所，成都　611130）

植物免疫系统依赖于细胞提供精确的蛋白运输网络，保证免疫相关分子能够及时准确的运输到正确的细胞部位，参与免疫相关过程，确保植物抗病免疫功能的发挥。过氧化物酶体是一类形态和代谢功能多样化的细胞器，该细胞器主要参与了植物脂肪酸 β 氧化、乙醛酸循环和光呼吸等过程，从而参与碳代谢、次级代谢产物合成、发育和植物对病原菌的抗性等。但国内外关于胞内运输影响过氧化物酶体进而影响植物免疫还鲜有报道。

笔者鉴定到一份水稻营养生长期致死突变体 vsl2（vegetative senescence lethal mutant 2），该突变体在播种后 30 天左右表现出自发、失控的细胞死亡表型，并伴随持续的抗病免疫反应激活，至抽穗期，突变植株死亡。遗传分析表明该性状受一对细胞核隐性基因控制；利用图位克隆策略，笔者成功克隆了基因 *Vsl2*。通过在水稻原生质体及烟草叶片瞬时表达 VSL2-GFP 蛋白并进行观察，笔者发现 VSL2 主要定位于细胞内质网上。利用稳定的 VSL2-GFP 表达水稻对 VSL2-GFP 蛋白复合物进行免疫沉淀及质谱分析，笔者鉴定获得了 VSL2 互作蛋白 V2IP3 和 V2IP6（VSL2 Interaction Protein 3 and 6）。V2IP3 预测为 COPI（Coat Protein Complex I）运输囊泡 β 亚基，V2IP6 为过氧化物酶体膜蛋白。双分子荧光互补（Bimolecular Fluorescence Complementation，BiFC）观察发现 VSL2 与 V2IP3 互作荧光分布于细胞质中，而 VSL2 与 V2IP6 互作荧光为环状的互作信号，极有可能为过氧化物酶体膜。

COPI 囊泡主要参与了蛋白从高尔基体往 ER 的逆向运输及高尔基体内部不同片层间蛋白的运输过程。也有报道显示，COPI 很有可能还参与了过氧化物酶体的形成、增殖或正常功能的发挥。本研究中鉴定的 VSL2 是一个定位在内质网上的蛋白，能与 COPI 运输囊泡 β 亚基蛋白（V2IP3）相互作用；同时，VSL2 的另一个互作蛋白 V2IP6 为过氧化物酶体膜蛋白，能定位到过氧化物酶体膜上，可能是 COPI 运输囊泡的运载蛋白（Cargo protein）。对该过程的进一步解析有望揭示内质网、COPI 囊泡和过氧化物酶体三者间的协调关系以及与此过程相关的水稻细胞死亡和免疫调控网络。

---

* 基金项目：中国博士后科学基金资助项目（2017M612984）

** 第一作者：朱孝波，男，博士，四川农业大学生物学博士后科研流动站博士后，助理研究员，主要从事水稻免疫反应与细胞死亡研究；E-mail：myself19861025@163.com

*** 通信作者：王文明，研究员；E-mail：j316wenmingwang@163.com

陈学伟，研究员；E-mail：xwchen88@163.com

关键词：水稻；细胞死亡；免疫反应；COPI；过氧化物酶体

参考文献

Gomez-navarro N, Miller E A. 2016. COP-coated vesicles [J]. Curr Biol, 26 (2): R54-57.

Hu J, Baker A, Bartel B, et al. 2012. Plant peroxisomes: biogenesis and function [J]. Plant Cell, 24 (6): 2279-2303.

Lay D, Gorgas K, Just W W. 2006. Peroxisome biogenesis: where Arf and coatomer might be involved [J]. Biochim Biophys Acta, 1763 (12): 1678-1687.

Passreiter M, Anton M, Lay D, et al. 1998. Peroxisome biogenesis: involvement of ARF and coatomer [J]. J Cell Biol, 141 (2): 373-383.

Wang W M, Liu P Q, Xu Y J, et al. 2016. Protein trafficking during plant innate immunity [J]. J Integr Plant Biol, 58 (4): 284-298.

Simple and Rapid Method for the Determination of Dithiocarbamate Fungicide Residues in Vegetables and Fruits by UPLC-MS/MS Following Methylation Derivatization*

Li Jing [1], Zhang Yuting [1], Dong Fengshou [2], Shao Hui [1], Liu Lei [1], Li Na[1], Li Hui [1], Wang Yong [1], Guo Yongze[1]**

(1. *Tianjin Institute of Quality Standards and Testing Technology for Agricultural Products*, *Laboratory of Quality & Safety Risk Assessment for Agro-products*, *Ministry of Agriculture*, *Tianjin*, 300381; 2. *Institute of Plant Protection*, *Chinese Academy of Agricultural Sciences*, *Key Laboratory of Pesticide Chemistry and Application*, *Ministry of Agriculture*, *Beijing*, 100193)

Abstract: A rapid and highly sensitive ultra-high performance liquid chromatography/electrospray ionization mass spectrometry (UPLC-MS/MS) method for simultaneous determination of dithiocarbamate (DTC) fungicide residues in fruits and vegetables was developed. The two DTC subclasses, i. e. ethylenebisdithiocarbamates (EBDCs; mancozeb, maneb and zineb) and propylenebisdithiocarbamates (PBDCs; propineb), were transformed into dimethyl ethylenebisdithiocarbamate (EBDC - dimethyl) and dimethyl propylenebisdithiocarbamate (PBDC - dimethyl), respectively, by methylation after their decomposition with ethylenediaminetetraacetic acid (EDTA). These processes were performed simultaneously in this method. Dimethyl sulfate was used as the methylation reagent. After the dispersive solid-phase extraction of the resulting methyl derivatives, they were measured by UPLC-MS/MS, based on reversed-phase separation and MS/MS detection with positive electrospray ionization. Quantification is based on external standard calibration curves made with EBDCs-spiked and PBDCs-spiked blank-matrices. The recoveries all through the procedure from EBDCs to EBDC-dimethyl and from PBDCs to PBDC-dimethyl in all matrixes were in the range of 82.8%~104.3% and 92.4%~102.8%, respectively. The limits of quantification of above two dithiocarbamate (DTC) fungicides were 0.5~2.0 μg/kg in the form of DMDC-methyl, and 0.3~3.0 μg/kg in the form of PBDC-dimethyl, respectively. The proposed method was successfully applied for simultaneously analysis of EBDCs

* Acknowledgments: This work was financially supported by the Nature Science Foundation of China (NSFC 31301686) and the Special Fund for Agro-scientific Research in the Public Interest (Grant No. 201303088-07)

** Corresponding author: Guo Yongze; E-mail: yongze_ guo@163.com and PBDCs fungicides in the real samples, indicating its efficacy in the surveillance of fungicidal dithiocarbamte residues in fruits and vegetables samples (Fig. 1–Fig. 2).

Key words: Dithiocarbamate (DTC); Ethylenebisdithiocarbamates (EBDCs); Propylenebisdithiocarbamate (PBDCs); UPLC-MS/MS; Dimethyl sulfate; Methylation

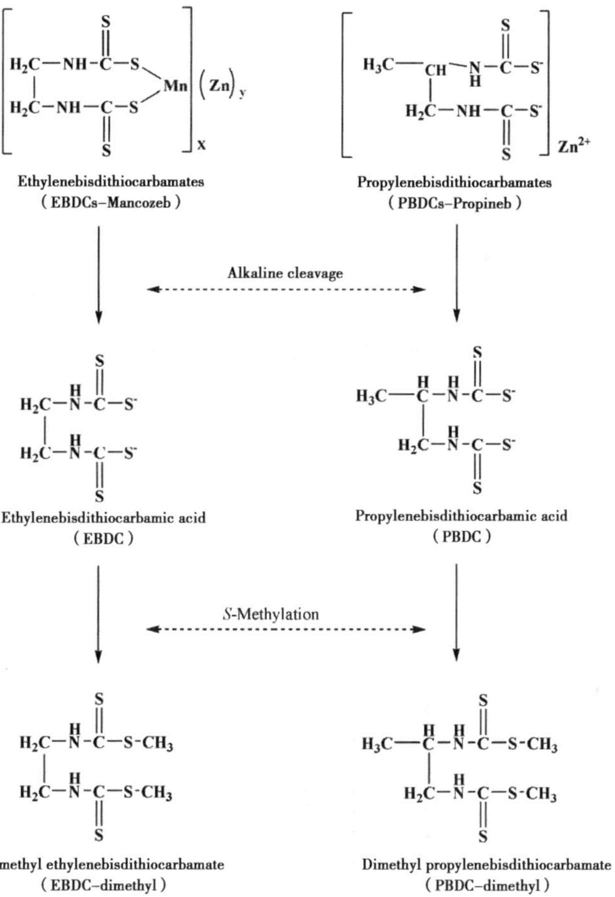

Fig. 1 Reaction pathway for the determination of EBDCs (e. g., Mancozeb) and PBDCs (e. g., Propineb) by using the methylation method

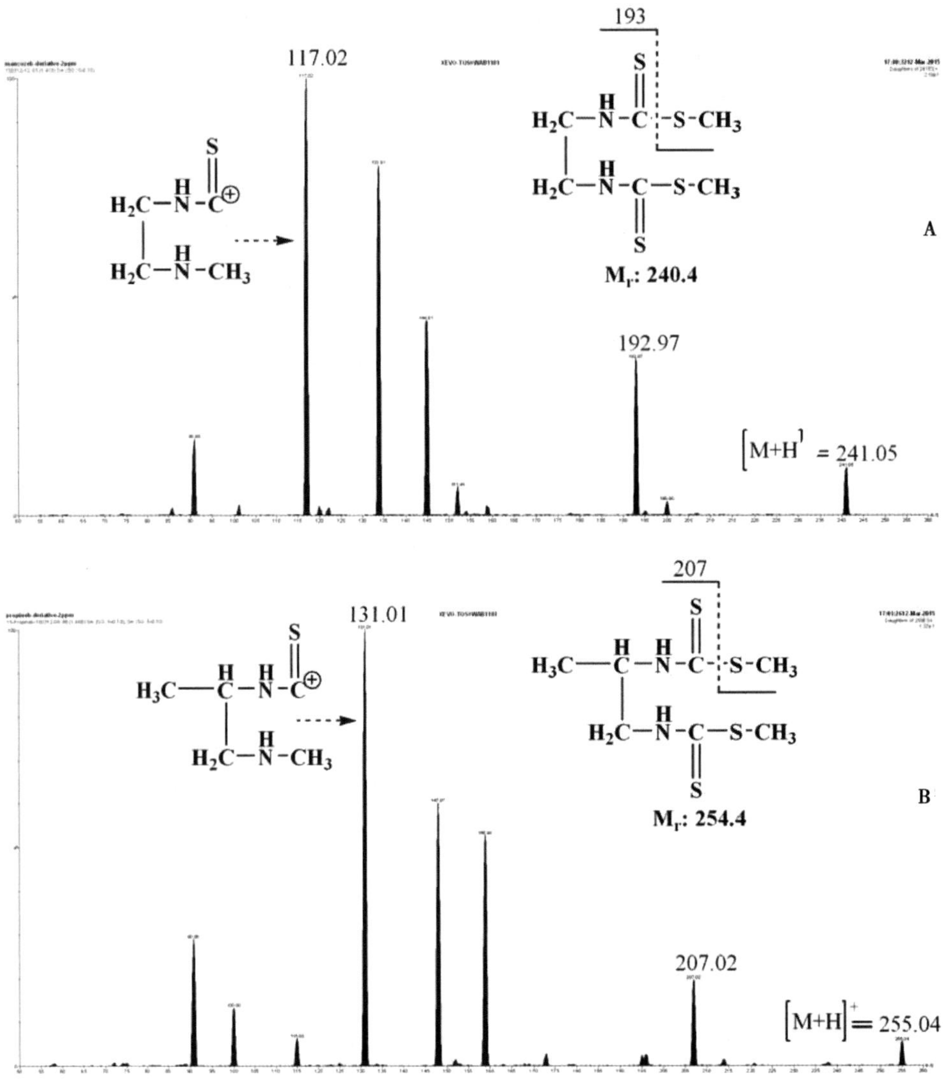

Fig. 2　Positive ESI-MS/MS spectra of the standard solutions（0. 2mg/L）of（A）EBDC-dimethyl and（B）PBDC-dimethyl. Precursor ions of MS/MS are m/z 241. 05 and m/z 255. 04 for EBDC-dimethyl and PBDC-dimethyl，respectively.

二化螟成虫、幼虫肠道细菌组成及其传递模式*

Gut Bacteria Community and Their Transmission in *Chilo suppressalis*

钟海英**，陈建明***
（浙江省农业科学院植物保护与微生物研究所，杭州　310021）

二化螟（*Chilo suppressalis*）俗称钻心虫，属鳞翅目 Lepidoptera 草螟科 Crambidae，是水稻、茭白生产中重要的钻蛀性害虫，严重危及我国水稻和茭白的安全生产。通过肠道细菌组成及传递模式的研究，可为从微生物角度出发进行害虫的综合治理提供重要性理论指导。本文利用 16S rRNA 测序分析技术研究了二化螟成、幼虫中肠和后肠、成虫卵巢及卵的微生物群落组成。结果表明：①卵中细菌群落的多样性最高，卵巢次之，成虫中肠菌群多样性最低。②成虫中、后肠、幼虫后肠主要为变形菌门（94.57%、81.45%、71.52%），其次是厚壁菌门（5.04%、18.02%、27.65%）。③幼虫中肠、卵和成虫卵巢厚壁菌门为主要细菌类群（56.93%、61.03%、48.02%），变形菌门细菌所占比例次之（42.14%、28.47%、50.64%）。④成虫中、后肠、幼虫中肠的优势菌属为克雷伯氏菌属（74.62%、63.59%、35.52%），其中，成虫中肠肠球菌属比例次之（3.95%）；后肠摩根氏菌属比例次之（1.69%）；幼虫中肠芽胞杆菌属比例次之（25.65%）。⑤幼虫后肠酸杆菌属为优势菌属（45.24%），克雷伯氏菌属比例次之（25.62%）。⑥卵巢优势菌属为肠球菌属（26.48%），克雷伯氏菌属次之（21.31%）；卵中芽胞杆菌属为优势菌属（31.02%），克雷伯氏菌属次之（1.51%）。以上研究表明，二化螟幼虫肠道菌群较成虫更为丰富，肠道菌群随着幼虫与成虫间变态过程的发生进行了重组，母代与子代之间细菌的传递模式为垂直传递。

关键词：二化螟；消化道；细菌；多样性；传递方式

---

* 基金项目：浙江省自然科学基金资助项目（LY16C140006）；浙江省公益性技术应用研究项目（2016C32G4010117）

** 第一作者：钟海英，女，博士，助理研究员；E-mail：zhy8085@163.com

*** 通信作者：陈建明，男，博士，研究员；E-mail：chenjm63@163.com

玉米大斑病菌遗传变异与有性生殖规律研究*

Research on Genetic Variation and Sexual Reproduction of *Setosphaeria turcica*

曹志艳**，杨贝贝，渠　清，戴冬青，杨　阳，贾　慧，刘　宁，董金皋***

（河北农业大学，河北省植物生理与分子病理学重点实验室，河北保定　071001）

近年来，由于玉米品种的不断更替、耕作方式的不断改变、气候条件的异常变化和生理小种的组成复杂化，玉米大斑病的发生呈不断早发生、大发生趋势，玉米生产受到了巨大威胁。明确大斑病菌变异原因和变异趋势，深入探究病菌的演替规律，寻找有效的病害防控措施具有重要意义。本研究连续8年对我国北方玉米产区，包括东华北春玉米区、黄淮海夏播玉米区、西北玉米区的玉米大斑病发生情况和生理小种组成进行了定点监测，分离获得了522株病原菌，在温室条件下利用鉴别寄主进行生理小种鉴定、交配型分子鉴定和有性态诱导，运用ISSR技术系统分析了我国玉米大斑病菌的生理小种组成及消长规律、病菌遗传多样性分化特点。检测结果显示，中国北方6省10个地区玉米大斑病菌生理小种组成较为复杂，存在0、1、2、3、N、13、12、1N、2N、12N、13N号生理小种，但以0号和1号为主；建立了玉米大斑病菌ISSR-PCR分析的最佳反应体系和反应程序，玉米大斑病菌菌株间存在较大的差异，具有丰富的遗传多样性，同一年份不同地理区域采集的菌株表现为区域间的亲缘关系远于区域内，说明来自同一地区的菌株遗传分化更相近，同一区域不同年份间采集的菌株表现出了年度间的变异，表明多态性分化与地理来源存在一定的关系，但与交配型之间的联系尚不确定；自然条件下大斑病病菌存在A（携带*StMAT*1-1基因）交配型、a（携带*StMAT*1-2基因）交配型和Aa（同时携带*StMAT*1-1和*StMAT*1-2基因）交配型菌株，其中A交配型菌株占7%，a交配型菌株占88%，Aa两性交配型菌株占5%；通过改变诱导条件观测有性态子囊壳、子囊、子囊孢子的发育状况，发现温度25℃、湿度55%、外源添加0.12 g/L的$FeCl_3$、黑暗条件培养更利于子囊孢子成熟；对有性后代进行生理小种鉴定发现，后代菌株出现了明显的遗传分化，生理小种组成更加复杂，由此进一步说明菌株的有性生殖导致了大斑菌的遗传变异。以上研究结果将有助于进一步解析大斑病菌在自然界中有性态的形成过程和菌株的遗传变异原因，为该病害的有效防治提供借鉴。

关键词：玉米大斑病；遗传分化；遗传多样性

---

* 基金项目：现代农业产业技术体系（CARS-02）

** 第一作者：曹志艳，女，副研究员，研究方向为植物病原真菌致病机理和真菌病害防控；E-mail：caoyan208@126.com

*** 通信作者：董金皋；E-mail：dongjingao@126.com

大丽轮枝菌生长发育与致病性关键基因功能研究

The functional Research of the Developmental and Pathogenic Gene in *Verticillium dahliae*

苏晓峰，郭惠明，程红梅*

（中国农业科学院生物技术研究所，北京　100081）

棉花黄萎病是一种土传、维管束系统性病害，被称为“棉花癌症”，给棉花的产量和棉纤维的质量都造成很大影响，其致病菌为大丽轮枝菌（*Verticillium dahliae*）（Fradin and Thomma，2006）。单就棉花而言，在全国范围内每年造成的经济损失可高达 3 亿美元（Wang et al.，2016）。此外，大丽轮枝菌的寄主范围极广，国外报道可危害 40 科 660 种植物，包括粮食、苗木和花卉，甚至部分杂草（Rowe and Powelson，2002）。由于大丽轮枝菌极易产生新的生理小种，给研究带来相当大的难度和很多的不确定性（Harrington and Dobinson，2000）。随着高通量测序技术以及分子生物学水平的不断发展，病原菌致病性关键基因的鉴定和功能分析成为了研究的热点（Santhanam and Thomma，2013；Tzima et al.，2011；Tzima et al.，2012；Xiong et al.，2015）。

目前，大丽轮枝菌的基因组以及转录组数据已经完成并公布（Duressa et al.，2013；Klosterman et al.，2011）。本实验室采用寄主诱导的基因沉默技术（Host-induced gene silencing），以高致病力的大丽轮枝菌株 V991 为实验材料，构建一系列针对大丽轮枝菌靶标基因的烟草脆裂病毒（*tobacco rattle virus*，TRV）干扰质粒。通过农杆菌注射的方法转化本氏烟草（*Nicotina benthamiana*），并进行大丽轮枝菌接种，统计病情指数以及抗性反应级，并通过分子生物学手段检测真菌生物量以及靶标基因的转录水平，初步筛选到了一批与病原菌致病与生长发育的关键基因（赵玉兰 et al.，2015）。

同时，本实验室建立了一整套高效大丽轮枝菌原生质体制备、外源基因转化、转化体再生体系，与常规方法转化方法相比，效率提高了 100 倍以上，且操作简单、节省了实验时间，为病原菌生长发育与致病性关键基因的深入研究提供了技术平台（Rehman et al.，2016）。在上述研究基础上，对其中部分基因的生物学功能进行了深入的研究。其中，病原菌 *AAC*、*Vdthit*、*FreB* 和 *PLP* 等基因敲除突变后，病原菌的菌丝量的生长、产孢量、细胞壁合成以及致病力等方面受到明显抑制。此外，针对其靶标区段构建 RNAi 干扰质粒，并获得转基因阳性植株，可以明显提高植株抗性，显著降低植物病情指数以及真菌生物量（Qi et al.，2018；Qi et al.，2016；Rehman et al.，2018；Su et al.，2018）。

总之，本实验利用 HIGS 技术在本氏烟草内进行大丽轮枝菌致病与生长发育关键基因的筛选，摸索一种更加直接和细致的观察植株与真菌互作的新方法，并对一些基因的生物学功能进行了验证，获得了有效提高植物抗性的病原菌靶标基因的 RNAi 区段，为农作物

* 通信作者：程红梅，教授；E-mail：chenghongmei@caas.cn

病虫害的防治提供了一定的实验数据和理论基础。

关键词：棉花黄萎病；大丽轮枝菌；致病机理

参考文献

Duressa D，Anchieta A，Chen D，et al. 2013. RNA-seq analyses of gene expression in the microsclerotia of *Verticillium dahliae* [J]. BMC Genomics，14（2）：498-498.

Fradin E F，and Thomma B P. 2006. Physiology and molecular aspects of *Verticillium wilt* diseases caused by *V. dahliae* and *V. albo-atrum* [J]. Molecular Plant Pathology，7（2）：71-86.

Harrington M A，and Dobinson K F. 2000. Influences of cropping practices on *Verticillium dahliae* populations in commercial processing tomato fields in Ontario [J]. Phytopathology，90（9）：1011-1017.

Klosterman S J，Subbarao K V，Kang S，et al. 2011. Comparative genomics yields insights into niche adaptation of plant vascular wilt pathogens [J]. PLoS Pathogens，7（7）：e1002137.

Qi X，Li X，Guo H，et al. 2018. VdPLP，a patatin-like phospholipase in *Verticillium dahliae*，is involved in cell wall integrity and required for pathogenicity [J]. Genes，9（3）：162-178.

Qi X，Su X，Guo H，Qi J，et al. 2016. VdThit，a thiamine transport protein，is required for pathogenicity of the vascular pathogen *Verticillium dahliae* [J]. Molecular Plant-Microbe Interactions，29（7）：545-559.

Rehman L，Su X，Guo H，et al. 2016. Protoplast transformation as a potential platform for exploring gene function in *Verticillium dahliae* [J]. BMC Biotechnology，16（1）：57-65.

Rehman L，Su X，Li X，et al. 2018. FreB is involved in the ferric metabolism and multiple pathogenicity-related traits of *Verticillium dahliae* [J]. Current Genetics，64（3）：645-659.

Rowe R C，and Powelson M L. 2002. Potato early dying：management challenges in a changing production environment [J]. Plant Disease，86（11）：1184-1193.

Santhanam P，and Thomma B P. 2013. *Verticillium dahliae Sge*1 differentially regulates expression of candidate effector genes [J]. Molecular Plant-Microbe Interactions，26（2）：249-256.

Su X，Rehman L，Guo H，et al. 2018. The oligosaccharyl transferase subunit STT3 mediates fungal development and is required for virulence in *Verticillium dahliae* [J]. Current Genetics，64（1）：235-246.

Tzima A K，Paplomatas E J，Rauyaree P，et al. 2011. VdSNF1，the sucrose nonfermenting protein kinase gene of *Verticillium dahliae*，is required for virulence and expression of genes involved in cell-wall degradation [J]. Molecular Plant-Microbe Interactions，24（1）：129-142.

Tzima A K，Paplomatas E J，Tsitsigiannis D I，et al. 2012. The G protein beta subunit controls virulence and multiple growth- and development-related traits in *Verticillium dahliae* [J]. Fungal Genetics And Biology，49（4）：271-283.

Wang Y，Liang C，Wu S，et al. 2016. Significant improvement of cotton *Verticillium wilt* resistance by manipulating the expression of gastrodia antifungal proteins [J]. Molecular Plant，9（10）：1436-1439.

Xiong D，Wang Y，Tang C，et al. 2015. VdCrz1 is involved in microsclerotia formation and required for full virulence in *Verticillium dahliae* [J]. Fungal Genetics And Biology，82（2015）：201-212.

赵玉兰，苏晓峰，程红梅 . 2015. 利用寄主诱导的基因沉默技术验证大丽轮枝菌糖代谢相关基因的致病力 [J]. 中国农业科学，48（7）：1321-1329.

河北省小麦冠腐病的发生及种衣剂的筛选*

Occurrence of Wheat Crown Rot in Hebei and Screening of Effective Seed Coating Agents

纪莉景**，栗秋生，王亚娇，孙梦伟，李聪聪，肖 颖，孔令晓***

（河北省农林科学院植物保护研究所，河北省有害生物综合防治工程技术研究中心，农业部华北北部作物有害生物综合治理重点实验室，保定 071000）

由假禾谷镰刀菌（*Fusarium pseudograminearum*）为主要病原菌引起的小麦冠腐病（wheat crown rot，WCR）是我国小麦生产上新发生的病害。本研究于2013—2017年调查了河北省9市86县191调查点小麦冠腐病的发生情况，小麦冠腐病发生主要集中在河北省中部、南部地区，而且发生程度呈逐年加重的趋势。2013年田间很少见由小麦冠腐病引起的枯白穗，枯白穗主要散布在干旱的田边地头弱小植株上，但是在之后的调查年份田间普遍存在由小麦冠腐病引起的枯白穗，枯白穗率从零星到10%不等，发生严重的地块引起成片植株早枯，白穗率达到20%~50%，对小麦产量造成影响；小麦冠腐病发生逐年从河北省中南部向北部扩展，2015年河北省北部调查地块中仅有0~16.7%的地块发生小麦冠腐病，到2017年北部地区有75.0%~100.0%的调查地块发生小麦冠腐病。小麦冠腐病有效种衣剂的筛选结果表明，4.8%苯醚甲环唑·咯菌腈对小麦冠腐病的防治效果最好，在400mL/100kg种子处理浓度下对小麦苗期和成株期的防治效果分别为100.0%和21.0%；进行4.8%苯醚甲环唑·咯菌腈400mL/100 kg种子包衣浓度对小麦冠腐病防治效果的田间示范，结果表明，种子包衣处理对小麦冬前苗期、拔节期、灌浆期冠腐病病株率的防治效果分别为60.4%、18.9%、4.2%，对病情指数的防治效果分别为45.5%、23.9%、8.1%，种子包衣处理显著提高了小麦的产量和籽粒千粒重，亩产量增长率和千粒重增幅分别达到37.0%和18.2%。

关键词：小麦冠腐病；假禾谷镰刀菌；种子包衣；筛选

---

* 资助项目：国家重点研发计划（2017YFD0201707）；国家重点研发计划（2016YFD0300705）；河北省二期现代农业产业技术体系创新团队项目（HBCT2018010204）

** 第一作者：纪莉景，女，博士，研究方向为植物病害防治技术；E-mail：jilijing79@163.com

*** 通信作者：孔令晓；E-mail：konglingxiao163@163.com

CaN 参与棉铃虫对 Cry2Ab 的防御作用
CaN Involved in the Defense Mechanism of *Helicoverpa armigera* Against Cry2Ab

魏纪珍*，杨　朔，刘晓光，杜孟芳，安世恒**
（河南农业大学植物保护学院，小麦玉米作物学国家重点实验室，郑州　450002）

Cry2Ab 蛋白是广泛应用的商业化杀虫剂，也是二代转双价基因作物中重要杀虫蛋白之一（Knight et al.，2016；Sivasupramaniam et al.，2008；Tabashnik et al.，2017）。然而，Cry2Ab 对棉铃虫的作用机制还不清楚，目前从抗性的角度出发，Tay 等（2015）首次发现 ABCA2（ATP binding cassette subfamily A member 2）的缺失突变导致棉铃虫对 Cry2Ab 产生了抗性。随后，Wang 等（2017）利用 CRISPR-Cas9 技术在棉铃虫中建立了 ABCA2 的两个突变品系，两个 ABCA2 突变系均对 Cry2Ab 产生了高抗性，同时结合实验表明，ABCA2 突变系棉铃虫中肠蛋白丧失了与 Cry2Ab 的结合能力，进一步确认了 ABCA2 是 Cry2Ab 的功能受体。最近的研究表明棉铃虫的另外一个 ABC 转运蛋白 ABCC1 能够特异性结合 Cry2Ab，并且通过细胞内转染该基因和活体中干扰该基因，证实 ABCC1 在 Cry2Ab 的毒理过程中具有受体功能（Chen et al.，2018）。

为了深入探究 Cry2Ab 的作用机理，我们用钙调磷酸酶（CaN）的特异性抑制剂 FK560 处理棉铃虫幼虫，结果发现抑制 CaN 的活性后，Cry2Ab 对棉铃虫的毒性增强，结果证实了 CaN 参与了 Cry2Ab 对棉铃虫的毒理过程。但是结合实验表明，CaN 并不能与 Cry2Ab 毒蛋白结合，我们推测，CaN 可能通过免疫途径参与到棉铃虫抵御 Cry2Ab 的过程。

上述研究结果有利于阐明 Cry2Ab 对棉铃虫的杀虫机制，丰富完善现有的 Bt 杀虫作用模型。同时，目前对 CaN 的研究多集中在哺乳动物和植物中，对 CaN 功能的阐述，将能发掘出重要的参与 Bt 毒杀活性的基因，CaN 是我们利用 RNAi+Bt 的转基因策略进行害虫防治和抗性治理策略中很有价值的靶标基因，这将为更好的利用 Cry2Ab，提高 Cry2Ab 杀虫效果提供理论参考。

关键词：抗虫蛋白；棉铃虫；钙调磷酸酶；转基因

参考文献

Chen L，Wei J，Liu C，et al. 2018. Specific binding protein ABCC1 is associated with Cry2Ab toxicity in *Helicoverpa armigera*［J］. Front Physiol，9：745.

* 第一作者：魏纪珍，女，博士，研究方向为昆虫生理生化与分子生物学；E-mail：weijizhen1986@163.com

** 通信作者：安世恒；E-mail：anshiheng@aliyun.com

Knight K, Head G, Rogers J. 2016. Relationships between Cry1Ac and Cry2Ab protein expression in field-grown Bollgard II ®, cotton and efficacy against *Helicoverpa armigera*, and *Helicoverpa punctigera*, (Lepidoptera: Noctuidae) [J]. Crop Prot, 79: 150-158.

Sivasupramaniam S, Moar W J, Ruschke L G, et al. 2008. Toxicity and characterization of cotton expressing *Bacillus thuringiensis* Cry1Ac and Cry2Ab$_2$ proteins for control of Lepidopteran pests [J]. J Econ Entomol, 101 (2): 546-554.

Tabashnik B E, Carriere Y. 2017. Surge in insect resistance to transgenic crops and prospects for sustainability [J]. Nat Biotechnol, 35: 926-935.

Tay W T, Mahon R J, Heckel D G, et al. 2015. Insect resistance to *Bacillus thuringiensis* toxin Cry2Ab is conferred by mutations in an ABC transporter subfamily a protein [J]. PLoS Genet, 11: e1005534.

Wang J, Wang H, Liu S, et al. 2017. CRISPR/Cas9 mediated genome editing of *Helicoverpa armigera* with mutations of an ABC transporter gene HaABCA2 confers resistance to *Bacillus thuringiensis* Cry2A toxins [J]. Insect Biochem Mol Biol, 87: 147.

不同饥饿水平和猎物密度对蠋蝽捕食能力和扩散行为的影响*

The Role of Hunger Level and Host Availability in Predation and Dispersal Behavior of a Stinkbug *Arma chinensis* in Greenhouse

潘明真[1,2]**，张海平[1]，张礼生[1]，陈红印[1]***

（1. 中国农业科学院植物保护研究所，农业部作物有害生物综合治理重点实验室，北京　100193；2. 青岛农业大学植物医学学院，山东省植物病虫害综合防控重点实验室，青岛　266109）

捕食能力和扩散速率是影响天敌昆虫控害效果的两大关键因素。天敌昆虫在贮藏、运输或释放到田间后经常遇到食物缺乏的情况（Ghazy et al.，2015），从而处于饥饿状态。饥饿水平能够调节天敌昆虫对寄主/猎物搜寻行为和食物消化速率，最终影响对猎物的捕食效率（Gui and Boiteau，2010）；短时间的饥饿能够刺激天敌昆虫扩散、搜寻和捕食猎物（Hénaut et al.，2010），但是长时间饥饿可能因为天敌昆虫自身能量缺乏而降低其扩散速率和捕食效率。

为了阐明饥饿状态和猎物对捕食性天敌蠋蝽的扩散行为和捕食能力的影响规律，筛选提高蠋蝽定殖效果的释放预处理方法，本试验通过研究饥饿水平对蠋蝽成虫捕食功能反映的影响，以及不同猎物密度下，饥饿水平对蠋蝽成虫扩散速率和空间分布的影响，探索蠋蝽释放前最佳饥饿处理时间，以实现其最大控害效果。结果显示，不同饥饿状态的蠋蝽成虫对黏虫的捕食均符合 HollingII 功能反应类型。饥饿胁迫可显著促使蠋蝽在低捕食密度（3 和 6）下的捕食量，提高瞬间捕食效率，缩短对单头猎物的猎取时间；但是在猎物密度较高时（12、18 和 24），饥饿对蠋蝽捕食量的促进作用不显著。在不存在猎物的情况下，饥饿状态能促进蠋蝽扩散，缩短其在供试区域的停留时间；在存在猎物时，饥饿对蠋蝽的扩散速率无显著影响。

根据以上结果，我们建议利用蠋蝽防治害虫时，在猎物发生初期释放或人为提供替代猎物（食物），并对其进行短期（2~4 天）的饥饿处理，能够提高它们的捕食效率，延长在靶标区域的停留时间。

关键词：蠋蝽；饥饿；捕食功能反映；扩散速率

---

* 资助项目：948 重点项目（2011-G4）

** 第一作者：潘明真，女，博士，研究方向为害虫生物防治；E-mail：panmingzh@ yeah. net

*** 通信作者：陈红印；E-mail：hongyinc@ 163. com

参考文献

Ghazy N A, Osakabe M, Aboshi T, et al. 2015. The effects of prestarvation diet on starvation tolerance of the predatory mite *Neoseiulus californicus*, (acari: phytoseiidae) [J]. Physiological Entomology, 12 (4), 123-128.

Gui L Y, Boiteau G. 2010. Effect of food deprivation on the ambulatory movement of the colorado potato beetle, *Leptinotarsa decemlineata* [J]. Entomologia Experimentalis Et Applicata, 134 (2), 138-145.

Hénaut Y, Alauzet C, Lambin M. 2010. Effects of starvation on the search path characteristics of *Orius majusculus* (Reuter) (Het. Anthocoridae) [J]. Journal of Applied Entomology, 126 (9), 501-503.

西瓜噬酸菌效应蛋白 Ace1 鉴定及功能研究

Identification and Functional Study of Effector Ace1 in *Acidovorax citrulli*

张晓晓[1*]，杨琳琳[1,2]，范泽慧[1]，杨玉文[1]，赵廷昌[1**]

（1. 中国农业科学院植物保护研究所，植物病虫害生物学国家重点实验室，北京 100193；2. 沈阳农业大学植物保护学院，沈阳 110161）

瓜类细菌性果斑病是葫芦科作物上的一种严重的世界性病害，其病原菌为西瓜噬酸菌（*Acidovorax citrulli*，Schaad et al.，2008），革兰氏阴性细菌。该病原菌可侵染多种葫芦科作物，尤其是西瓜、甜瓜等高附加值的瓜类经济作物，造成严重的经济损失（赵廷昌，2001）。由于西瓜噬酸菌对寄主植物免疫反应的调控机制目前尚不明确，瓜类细菌性果斑病的防治问题一直制约着瓜类产业的发展（Burdman and Walcott，2012；Yan et al.，2017；Zivanovic and Walcott，2017）。因此深入解析西瓜噬酸菌调控寄主免疫反应的分子机制继而制定新的防控策略是防治瓜类细菌性果斑病的关键所在。

革兰氏阴性植物病原细菌通过 III 型分泌系统（Type III secretion system，T3SS）分泌 T3Es 进入寄主体内并抑制寄主免疫反应，从而帮助病原菌成功侵染（Mudgett，2005，Block et al.，2008，Jiang et al.，2013）。T3Es 的功能研究为解析革兰氏阴性植物病原细菌调控寄主免疫反应的分子机制提供了重要的理论依据（Liu et al.，2014），例如研究历史较长的 *Xanthomonas* spp. 和 *Pseudomonas syringae* 等，多年来对于这些病原菌 T3Es 的功能研究已取得了许多令人称赞的成果（Stork et al.，2015，Xin et al.，2016），但 T3Es 在西瓜噬酸菌中还鲜有报道。为了寻找西瓜噬酸菌中可能参与调控寄主免疫反应的 T3Es，本项目前期构建了西瓜噬酸菌 T3SS 核心调控基因 *hrpG* 以及 *hrpX* 的缺失突变体，在野生型菌株为参照的基础上对其进行转录组分析。结果表明，有 42 个基因在 *hrpG* 以及 *hrpX* 突变株中都显著下调表达。通过生物信息学分析预测发现其中一个基因 *ace*1 具有 T3SS 识别的外泌信号肽序列，提取外泌蛋白后通过 Western blot 技术初步验证其具有外泌功能。qPCR 技术证实 *ace*1 在转录水平受到 T3SS 核心调控基因 *hrpG* 以及 *hrpX* 的调控。致病性测定结果显示，*ace*1 基因缺失后使得病原菌在低浓度条件下致病能力下降。这些结果暗示该基因编码的蛋白为西瓜噬酸菌一个重要的 T3E，笔者将其命名为 Ace1（*Acidovorax citrulli* secreted protein 1，Ace1）。由于模式植物本氏烟草（*Nicotiana benthamiana*）遗传操作简单，免疫反应信号通路比较清晰，已被广泛地用来研究 T3Es 的功能（Wei et al.，2015；Sun et al.，2017），且 Traore 等（2014）证实西瓜噬酸菌对 *N. benthamiana* 具有侵染能力

---

* 第一作者：张晓晓，男，博士后，从事植物与病原细菌互作机制的研究；E-mail：zhangxiao0719@126.com

** 通信作者：赵廷昌，研究员；E-mail：zhaotgcg@163.com

并且该团队利用西瓜噬酸菌与 *N. benthamiana* 的互作系统开展了西瓜噬酸菌中 YopJ 效应子同源蛋白的功能分析。因此本研究以西瓜噬酸菌-烟草互作的系统为研究体系，以西瓜噬酸菌潜在 III 型效应蛋白 Ace1 为研究对象证实 Ace1 主要通过抑制寄主 *N. benthamiana* 的活性氧爆发及胼胝质沉积来干扰寄主免疫反应。本研究通过开展 Ace1 的鉴定以及功能分析从而建立了西瓜噬酸菌 T3Es 鉴定的技术体系，这些结果为解析西瓜噬酸菌侵染过程中调控寄主免疫反应的分子机制提供了理论依据。

关键词：西瓜噬酸菌；效应蛋白；Ace1；鉴定；功能研究

参考文献

Zhang X，Zhao M，Zhao T. 2018. Involvement of *hrpX* and *hrpG* in the virulence of *Acidovorax citrulli* strain Aac5，causal agent of bacterial fruit blotch in cucurbits [J]. Frontiers in Microbiology，9：507.

Saul B，Ron W. 2012. *Acidovorax Citrulli*：Generating basic and applied knowledge to tackle a global threat to the cucurbit industry [J]. Mol Plant Pathol，13 (8)：805-815.

水稻靶标基因A·T向G·C单碱基定向替换技术的建立与优化*

Highly Efficient A·T to G·C Base Editing by Cas9n-guided tRNA Adenosine Deaminase in Rice

严　芳[1**]，旷永洁[1]，任　斌[1,2]，王敬文[1]，张大伟[2]，
林宏辉[2]，杨　兵[3]，周雪平[1,4]，周焕斌[1***]
（1. 中国农业科学院植物保护研究所，植物病虫害生物学国家重点实验室，北京　100193；2. 四川大学生命科学学院，生物资源与生物环境教育部重点实验室，成都　610065；3. Department of Genetics，Development and Cell Biology，Iowa State University，Ames，USA，IA 50011；4. 浙江大学农业与生物技术学院，水稻生物学国家重点实验室，杭州　310058）

基因编辑是一种利用人工核酸酶在生物体基因组特定位点人为地对遗传物质进行改造的基因打靶技术，该技术引起的遗传信息改变能够稳定遗传给后代。以CRISPR/Cas9技术为基础的单碱基编辑技术因其操作简单、成本低、效率高以及通用性强已被广泛应用于水稻等多种农作物的品种改良中，如利用胞嘧啶脱氨酶APOBEC1/AID家族开发形成的单碱基编辑工具已成功应用于水稻、小麦等农作物中，将靶基因位点C·G转换为T·A。与传统的CRISPR技术创制功能缺失突变体不同，单碱基编辑技术借助Cas9/sgRNA的引导，对基因组靶位点特定碱基进行修饰，经细胞DNA重新复制过程，实现4种遗传密码A、T、C、G之间的相互转换，从而创制全新的植物功能获得性突变体和遗传育种材料。

大肠杆菌腺嘌呤脱氨酶TadA能够对正常DNA上腺嘌呤脱氨，将腺嘌呤A转变为次黄嘌呤I，损伤DNA在重新复制过程中被聚合酶作用，导致A·T配对转换为G·C配对。本研究在此基础上，利用能够将正常DNA上腺嘌呤进行脱氨的酶ecTadA和TadA*7.10与CRISPR/Cas9技术结合建立了一套全新的水稻编辑器rBE14，并对水稻OsSERK2和OsWRKY45中的病原响应磷酸化位点成功实现了目标碱基的编辑替换（A>G），编辑效率分别为32.05%和62.26%。对所有的突变植株材料检测发现，其编辑活性发生在PAM前的-19～-12位。由于该编辑工具不需要切割DNA形成DSB，即在不引起DNA双链断裂的条件下能够高效编辑水稻内源基因，大大降低了编辑位点的插入缺失突变（Indels）和非目标基因的编辑（脱靶）。此外，该研究在rBE14系统中引入了全新的紫外激活GFP检测系统，通过手持式紫外灯直接照射水稻组织，使后代群体中的转基因分离与遗传检测十分

* 资助项目：国家重点研究发展计划（2017YFD0900900）和国家自然科学基金（31701780）

** 第一作者：严芳，女，博士，主要从事植物基因编辑和水稻抗病功能研究；E-mail：yanfang15108@163.com

*** 通信作者：周焕斌，博士生导师；E-mail：hbzhou@ippcaas.cn

便利。这些结果表明，rBE14 可实现靶基因定向功能激活或者丧失，进一步丰富了水稻基因组的单碱基编辑技术，将在基因功能研究和作物品种改良，特别是对水稻品种的缺陷型基因进行修饰矫正，中具有重要的应用前景。

关键词：碱基编辑；腺嘌呤脱氨酶；CRISPR/Cas9；GFP；功能性突变体

新烟碱类杀虫剂拌种对麦蚜的防治效果及对小麦的安全性评价*

Evaluation on the Safety and Field Effect of the Seed Dressing by Neonicotinoid to Control Wheat Aphids

安静杰**，李耀发，党志红，潘文亮，高占林***

（河北省农林科学院植物保护研究所，河北省农业有害生物综合防治工程技术研究中心，农业部华北北部作物有害生物综合治理重点实验室，保定　071000）

麦长管蚜 *Sitobion avenae*（Fabricius）（Hemiptera：Aphididae）是我国小麦上一类重要的害虫，近年来，随着麦田水肥条件的改善和小麦种植密度的加大，麦蚜的发生也呈逐年加重的趋势，而田间控制该害虫仍以药剂喷雾以主，且喷雾防治通常对麦田天敌具有杀伤作用。新烟碱类杀虫剂，由于具有独特的作用机理和超强的内吸活性，该药剂已被研究用于防治小麦蚜虫，其效果非常理想，且表现出超长的持效期。

为了降低人工成本，提高农药的利用率，明确新烟碱类杀虫剂拌种处理对麦蚜的防治效果极对小麦生长的安全性。本研究采用室内小麦拌种的方法，测定了吡虫啉、啶虫脒、噻虫嗪、噻虫胺、呋虫胺、烯啶虫胺对麦蚜的室内毒力，并测定了各供试药剂对三个小麦品种良星 66、保麦 10 号、石新 828 的室内安全性。发现供试新烟碱类杀虫剂中，噻虫嗪和噻虫胺拌种处理对麦蚜毒力最高，其 LC_{50} 值分别为有效成分 20.97g/100kg 种子和 28.84g/100kg 种子，其次为烯啶虫胺、吡虫啉和啶虫脒，呋虫胺对麦蚜的毒力水平最低，其 LC_{50} 值为有效成分 565.76g/100kg 种子。室内安全性方面，从小麦出苗率、株高和鲜重来看，吡虫啉、噻虫嗪和噻虫胺对供试小麦植株的苗期生长较安全，而烯啶虫胺、呋虫胺和啶虫脒对拌种处理对小麦的苗期生长存在着一定的风险。田间拌种试验进一步表明，噻虫嗪和噻虫胺各供试剂量处理对麦蚜的防治效果优于吡虫啉，至 6 月 4 日，其对麦蚜的防治效果仍在 90%以上；且对小麦的出苗率没有影响。试验结果表明：利用新烟碱类杀虫剂噻虫嗪和噻虫胺拌种处理在小麦的整个生育期内对麦蚜均有很好的防治效果，且对小麦出苗安全。

关键词：新烟碱类杀虫剂；拌种；安全性；噻虫嗪；噻虫胺

---

* 资助项目：国家重点研发计划（2017YFD0201707；2017YFD0201603；2016YFD0300705）。

** 第一作者：安静杰，女，副研究员，研究方向为农业害虫综合防治技术；E-mail：anjingjie147@163. com

*** 通信作者：高占林；E-mail：gaozhanlin@ sina. com